诗话桥

何继善

何旭辉　杨　雨◎主编

中南大學出版社
www.csupress.com.cn
·长沙·

编者序

吟诗忽觉到桥边

“青莎台上起书楼，绿藻潭中系钓舟。日晚爱行深竹里，月明多上小桥头。”（白居易《池上闲咏》）桥，不仅是人类聚居和日常交际的必由之径，也是构筑诗意境界的重要意象。无论是“独立小桥风满袖”的寂寞，还是“二十四桥明月夜”的浪漫；无论是“朱雀桥边野草花”的历史兴亡之叹，还是“又踏杨花过谢桥”的爱情得失之咏；无论是“鸡声茅店月，人迹板桥霜”的浓烈乡愁，还是“忆昔洛阳董糟丘，为余天津桥南造酒楼”的相逢一笑……桥，似乎已深深浸入中国文化的血脉之中，连接起了我们日常生活的现实与优美诗意的远方。

也许正是因为桥梁本身承载着中华文化的深厚底蕴，沟通着古今绵延的悠久历史，才让我们对桥梁产生了浓厚的兴趣。值得庆幸的是，几千年的中华文明留下了许多宝贵的古桥资源。一座座美丽的古桥不仅连接着两岸，还连接着过去、现在和未来，它们宛若一道道人间彩虹，静默地伫立，却以最美的姿态、最悠远的神韵激起人们对传统文化的敬畏，对无限乡愁的记忆和对美好生活的憧憬。

然而，由于年代久远和交通功能的逐渐丧失，加上洪水等自然灾害的破坏，古桥不再符合现代社会的发展需求，其现状和保护情况不容乐观。仅2020年，就有多座美丽的古桥被洪水冲毁，令人惋惜不已。出于加强对中国古桥的保护研究和传承优秀传统文化的使命感，中南大学于2019年成立了古桥研究中心，并成功举办了第八届中国古桥研究与保护学术研讨会。作为一名长期从事桥梁工程教学与科研工作的老师，我深深感到尽管现代桥梁工程技术日新月异，但全方位地了解学科专业历史文化和提升桥梁工程师的人文素养仍非常重要，开展古桥的多学科交叉研究仍具有必要性与迫切性。于是，中南大学古桥研究中心和法学院开展了文化遗产保护立法研究，和建筑与艺术学院开展了古桥建筑美学研究，都达到了预期效果。而古桥所蕴含的文化之美、诗意之美，还等待着我们进一步的探索与发现。

一次偶然的机会，我和中南大学文学与新闻传播学院的杨雨教授聊起了古桥。长期从事古典诗词研究的杨雨教授立即兴味盎然地谈道：“桥”在古典诗词中是非常重要、出现频次很高的一个意象，不仅内涵丰富，而且颇具文学审美的价值。没想到，古桥就此成了沟通文学与工学、展开跨学科交叉研究的“桥梁”，这真是一个令人惊喜的收获。很快，中南大学土木工程学院和文学与新闻传播学院成立了“诗话桥梁”课题组。我记得，那还是2020年新型冠状病毒肺炎疫情尚未完全得到控制的时候，学生没有返校，所有的授课都在线上进行，我们的“诗话桥梁”课题组的成立会议也只能在线上举行。但是，现实的障碍阻挡不了我们对古桥的热爱，具象的古桥在云端架设起了一座学术交流的文化之“桥”。湖南新媒体“星辰在线”发布的新闻稿中，这样评价这座抽象的、跨学科的文化之“桥”：“桥梁在中国古代文学经典中不仅具备建筑艺术的视觉之美，而且承载着深刻的文化内涵、美学意蕴。由此，桥梁建筑与文学的交叉研究才具备了可能性与必要性。作为建筑艺术与文学经典之间有机联系载体的桥梁，成为土木院与文新院跨学科交叉研究的主题……老师和同学们抱有极大的热情畅所欲言、各抒己见，古桥与古代文学经典之间会碰撞出怎样的火花？这正是该课题的吸引力所在。”

的确，古桥与古代文学经典之间会碰撞出怎样的火花？我们没有只停留在“拭目以待”的阶段，而是以最大的热情迅速付诸实践，田野考察与文献研究同步推进。从2020年7月开始，我们利用暑、寒假的时间首先展开了湖南省内的古桥调查研究，多次组队到湖南江华、安化、衡阳、岳阳、湘西、宁乡等地进行调研，实地考察古桥的现状与文化传承情况，并得到了当地相关部门的热情接待以及专家的指导和媒体的关注。杨雨教授指导的古代文学专业的学生以“古典文学中的桥梁”为主题撰写了系列学术论文，例如《〈全唐诗〉中的“桥”意象研究》《〈全宋词〉中的“桥”意象研究》《民间传说中的桥梁意象研究》等。“星辰在线”在“星辰头条”中为我们开设了“诗话桥”专栏，陆续推出课题组成员撰写的系列美文、原创古桥图库、古桥保护短纪录片等，单篇文章的阅读量保持在5万次以上，有的文章甚至有10万次以上的阅读量。不少古代文学和桥梁学术界的专业人士以及民间古桥的爱好者、诗词爱好者持续关注着专栏中的文章、视频、图片的更新，还成了“催更专业户”。同时，我受邀在第二届湖南省高等院校卓越教师发展年会暨课程思政研讨会、第六届湖南省高校土木工程学科院长（系主任）论坛和湖南农业大学“求真”学术讲座等场合，作了题为《诗话桥梁——融入中国古桥文化的土木工程课程思政探索》的报告，引起了与会专家和师生们的强烈兴趣和共鸣。

随之，我们申报的“传承中国古桥与古建筑文化，推进土木工程课程思政建设”湖南省普通高等学校课程思政建设研究项目和湖南省“十大”育人示范案例获得批准立项。“诗话桥梁”的初期成果取得如此良好的反响，既在我们的意料之外，又在情理之中。于是，我们萌生了编写一部以“诗话桥梁”为主题的专著或教材的想法。很幸运，这个想法得到了土木工程学院和文学与新闻传播学院师生的一致赞同与支持，团队成员认真地说：“我们做‘诗话桥梁’的课题，是在做自己喜欢的事，做有意义的事。”

在这本书中，除了简要介绍中国古桥的发展历史和建筑技艺，较为系统地梳理中国古典诗词及神话传说中的桥梁意象，重点分析具有代表性的古桥个案及其背后的故事之外，我们特意开辟了专章介绍中外经典电影中的桥。为了更准确地把握电影的主题思想和桥梁的象征意义，我们甚至组织课题组成员多次集体观影，并开展观后研讨。我们在主要执笔人撰写初稿的基础上，对书稿的每一节，甚至每一个桥梁的意象，都组织了集中讨论。大家一起斟酌细节，对有争议的问题进行反复的讨论。课题组的成员多有海外留学、访学的经历，积累了较丰富的国外古桥信息，这在我们的书稿中也有所体现。

学术当然是基于理性的研究，然而或许感性的热爱才更是推动学术深入的原动力，且更具有持久性。我欣喜地看到，因为热爱，我们的课题组在古老的桥梁研究领域依然怀有一颗仿佛初生的赤子之心。我们在烈日下实地测量西佛桥，我们在寒冬腊月里踏访朱熹、张栻曾经踏访过的马迹桥，我们在安化风雨桥流连的时候仿佛听到《廊桥遗梦》中的男主角罗伯特对弗朗西斯卡说，“这样确切的爱，一生只有一次”……

也许，我们编写的这部《诗话桥》不能展现古桥魅力之万一，亦不能完整地呈现我们在研究过程中那些难忘的点点滴滴，但这只是我们研究古桥与传播古桥文化的起点。我衷心期待古桥与古代文学经典还能继续带给我们更多的惊喜。因为，我们爱桥，也对桥梁所承载的传统文化充满自信。

中国现代桥梁工程的先驱茅以升先生曾创造性地提出“桥文化”理念，他在《〈桥话〉编写旨趣》一文中感叹：“今后有无闻风兴起者，亦难逆料。”其对后辈学人的寄望殷殷，溢于言表。我们愿追随茅以升《桥话》拓荒的足迹，在这个怀珠韫玉的领域持续深耕，为传承、传播和发展“桥文化”尽绵薄之力。

习近平总书记说过：“文化自信是一个国家、一个民族发展中更基本、更深沉、更持久的力量。”秉持着这样的信念，我们希望本书能为更多桥梁爱好者、诗词爱好者提供参考。本书亦可作为土木工程专业学生的参考书，以及大中学生的科普读物。

“一霎落花风满袖，吟诗忽觉到桥边。”美丽的古桥，不只是停留在历史的烟尘中，更在今日的盛世中继续展现着“她们”的绝代芳华。

对于古桥的研究，我们已经起步，无论风雨，无论甘苦，我们会一直在路上，执着前行。

何旭辉

2021 年 2 月 12 日于长沙

前言

桥梁是人类聚居和社会交往的产物，与人类社会的发展紧密相关，也反映着不同时代的科学技术水平和民族文化特征。桥梁既沟通着现实的两岸，亦支撑起人们抵达人生彼岸的信念。在几千年的中华文明史上，桥梁已经不仅仅是客观存在的建筑物，也不仅仅是展现不同时代建筑工艺进步的印记，更是艺术审美的对象和文化传承的载体。桥梁之美，是建筑之美，是文化之美，是情感之美，亦是梦想之美。

基于这样的理解，本书将从古桥建筑技术的发展历史、古桥基本建筑类型及艺术赏鉴、特定地域文化视野下的桥梁精神、影视作品及古代文学经典中桥梁意象所蕴含的丰富情感、历史古桥从实体建筑通往诗化意象的嬗变轨迹等诸多方面，试图全面而立体地呈现桥梁之美与桥文化之美。

首先，何谓“古桥”？我们需要有一个相对明确的概念，而学界对此尚有不同意见。

茅以升先生在《中国古桥技术史》中以铁路桥梁的出现为断代的标志，即公元 1881 年以前建成的桥为古代桥。项海帆院士在新版《中国桥梁史纲》中则是根据中国历史的划分，即 1840 年鸦片战争以前的桥为古代桥。有的学者还认为可以根据桥梁的设计寿命来划分，超过设计寿命的桥梁称为古桥似乎也有道理，因为从历史长河来看，每一座桥都终将成为古桥。

本书无意纠结于古桥的定义，而是重点关注桥梁所承载的历史文化内涵及其嬗变过程。出于这一考虑，我们将本书探讨的桥梁文化范围从其起源一直延伸到了中华人民共和国的成立，几乎囊括了从桥梁的雏形到现代桥梁转型的全部过程。一座桥当然不可能反映一个民族的历史，但一个民族历史上“走”过的所有桥梁汇聚在一起，则能震撼地呈现出这个民族经受的所有风霜雪雨、苦难沧桑，甚至桥梁的建造、损毁以及重建的种种过程，亦折射出一个民族的奋争历史和破茧成蝶的完美绽放时刻。因此，我们愿意将桥梁“新”与“旧”的界限，确立在中华人民共和国诞生这一伟大历史意义的时间节点上。

其次，何谓“诗话桥梁”？顾名思义，“诗话桥梁”应是用诗意的语言来勾勒桥梁历史、阐释桥梁文化，而非仅仅从材料结构、建筑工艺等层面来介绍不同类型桥梁的技术特点，故而本书始终贯彻了文学与桥梁工程“水乳交融”的宗旨，期待桥梁建筑实体在文学视野的观照中呈现出风情万种的魅力。古代桥梁早已凝固为建筑艺术的审美符号：“横木为梁”让“有狐绥绥，在彼淇梁”的忧伤余音袅袅；“筑石为虹”让“乘星开鹤禁，带月下虹桥”的浪漫化虚为实；“抛索为渡”承载着“泉浇阁道滑，水冻绳桥脆”的和平向往；“造舟为桥”体现了“真人开关梁，曾不费一弦”的智勇双全。不同建筑类型的桥梁在担负不同实用功能的同时，也在诗意化的审美过程中展现出与众不同的美学风貌。

随着古代桥梁技术的不断进步、经济生活的不断繁荣、人们的视野和足迹越来越辽远宽广，桥梁不仅越来越成为人们日常生活中不可或缺的交通要道，亦日渐成为文学经典中言志抒情的重要意象。以中国古典诗歌为例，桥梁意象不仅能够展现“相思一夜梅花发。梅花发。凄凉南浦，断桥斜月”的爱情相思之美，还能传递出“下亭漂泊，高桥羁旅”所蕴含的文化乡愁之美，更倾诉着“二十四桥仍在，波心荡、冷月无声”的家国忧思之美。

桥梁不仅成为中国传统文化中的重要审美符号，而且在现代电影镜头下依然延续了这份诗意化的浪漫与深邃。本书专设一章来探讨电影中的桥，尤其将重点放在了国外的经典电影作品上，希望在跨文化比较的视野中更清晰地呈现中国桥文化和桥梁意象的独特之处。例如南斯拉夫电影《桥》中的塔拉河谷大桥令人联想到中国钱塘江大桥的曲折命运；《魂断蓝桥》中的滑铁卢桥见证着身份悬殊的恋人之间的痛苦挣扎，而在注重门当户对的中国古代也同样上演过令人黯然神伤的爱情悲剧。“金风玉露一相逢，便胜却人间无数”既是中国式的古典爱情，又何尝不是《廊桥遗梦》里罗伯特与弗朗西斯卡一次邂逅情定一生的遥相呼应？当我们关注中西方文化在桥梁这一特定载体上的差异之时，不难发现，桥梁所寄托的人生理想和价值信念完全具备互相对话和彼此理解的可能。换言之，通过这样的方式，我们在“桥梁”这个主题上进行的跨文化比较，在某种程度上亦是搭建一座中西方文化对话之“桥”的有益尝试。

基于以上诸种考量，我们将全书分为上、下两编，各五章，共十章。上编主要探讨古桥历史文化传统与电影艺术中的桥梁。具体结构安排如下：

第一章梳理中国古桥的历史演变与文化传承，兼及有关桥的汉字渊源，并以湖南为地域个案，探析地方人文底蕴对桥梁文化形成的影响。本章第一、二节由何旭辉主笔，第三节由黄瑾迟、杜培功主笔。

第二章介绍木桥、石桥、索桥和浮桥等主要古桥类型的发展历史和建造技艺。本章第一、三节由刘文硕主笔，第二、四节由敬海泉主笔。

第三章立足跨文化比较的视域，将中国大运河与国外几大著名河流上的古桥进行比较鉴赏，力图呈现不同民族文化背景下的古桥特质。本章第一、二、三节由蔡陈之主笔，第四、五节由魏晓军主笔。

第四章着眼于历经战火洗礼的桥梁，从中挖掘经受战争的极端考验仍然顽强屹立的人文风骨与民族气节。本章由杜培功主笔。

第五章重点鉴赏中外经典电影中的桥梁及其背后的动人故事，并分析其中的桥梁被赋予的象征意义，探讨桥梁意象所承载的中西方文化精神的异同及其深刻背景。本章由黄瑾迟主笔。

下编重点梳理并深入分析中国古典诗词中的桥梁意象，包括第六至第十章：

第六章概述桥梁意象生成的基础、作为物象的“桥梁”与“桥梁意象”的形成、发展与丰富的历史轨迹，并简要综述学界对桥梁意象的相关研究成果。本章由常恒畅主笔。

第七章重点关注历史上的著名古桥，以灞桥、二十四桥、断桥、朱雀桥、渭桥、洛桥、垂虹桥等历史古桥为典型范例，探究历史古桥的诗化情意。本章第一节由张群芳撰写，第二、四节由唐苗撰写，第三节由雷蕾撰写，第五节由王雨墨撰写，第六节由耿璇撰写，第七节由陈雯、黄瑾迟撰写。

第八章主要分析蓝桥、鹊桥、谢桥和奈何桥等文学作品中虚构的桥梁意象及其承载的民族心理与思想内涵。本章第一节由丁一民撰写，第二、四节由李秋颐撰写，第三节由唐苗撰写。

第九章重点考察小桥、板桥、画桥、野桥和市桥等古典诗词中常见的“无名”桥梁。本章第一节由雷蕾撰写，第二节由苗碧琪撰写，第三节由黄瑾迟撰写，第四节由邱欣悦撰写，第五节由刘卓婕撰写。

第十章主要着眼于特定文人与特定桥梁之间的不解情缘，并分析文人与桥梁的结缘对文学题材与抒情风格的影响。本章第一节由丁一民撰写，第二节由张觅撰写，第三节由唐苗撰写，第四节由顾天成撰写，第五、七节由杨雨撰写，第六节由李佩撰写。

全书由何旭辉、杨雨、常恒畅、唐苗等组织统稿、校核。

在此，我们要特别感谢何继善院士亲赐墨宝，撰写“诗话桥”书名；感谢张尧学院士慷慨赐序，对我们的课题研究寄予厚望。

本书在编撰工作中还得到许多专家学者和朋友的持续关注与鼎力支持，有的在百忙之中帮我们查阅一手文献或提供原始数据，有的帮我们实地查访古桥遗址、拍摄现场图片，有的在我们的网页专栏文章推出后细心纠错或提出不同观点以供借鉴参考，有的在我们实地调研的过程中为我们提供诸多帮助并亲自充当向导陪同考察……凡此种种，均给予我们莫大的鼓励与信心，因篇幅限制，我们无法一一罗列他们的名字，但感谢将一直珍藏在我们心里，并成为我们继续前行的动力。

本书只是“诗话桥梁”课题的阶段性成果之一，我们的团队尚处于探索的初期，团队成员中既有资深学者，又有崭露头角的青年学者，还有初出茅庐的本科生。我们尝试着充分调动师生团队合作的积极性，但因水平和时间所限，本书还有诸多瑕疵，恳请方家指正，我们将在之后的修订版中进一步修改完善。

读万卷书，行万里路，跨万座桥，这是新时代读书人的理想。我们在不断攻克现代桥梁建设的技术难关，亦从未停止对桥梁文化精神的探索。其实，从某种意义上而言，当下的岁月又何尝不是一座桥？它的一头连接着过去，回眸历史、溯源传统让我们精神的根扎得更深更稳更牢固，就像桥基础，与地基相连，不仅承受着所有的荷载，而且源源不断地传送着力；它的另一头则牵系着未来，其腾空而起的姿态承载着我们执着于梦想的一切付出，引领着我们在追寻的大道上永不偏航。

而此刻的我们，正在桥上，细细雕刻着漫漫时光中属于桥的绝美风景。

作者

2021 年 3 月 20 日于长沙

目录

诗

上编

千步虹桥气象兼

——古桥历史文化传统与电影艺术中的桥梁

第一章

飞飞轻盖指河梁
——古桥演变与文化传承

水是一切生命之源，逐水而居是人类生存的本能，人类文明都是从河流边起源的，而“渡水”则是人类的必要活动之一。“渡”者，横过水面由此岸到达彼岸也。或许，从有生命那天开始，桥与“渡水”就成了人类生活中最基本，同时也是最浪漫的场景之一了。无论是为了劳动生产的需要，还是为了交流沟通的需要，桥都与人们的生活息息相关，而且因为所处地理位置、地势地貌、风土人情和历史背景的差异，不同地区的桥梁不仅在材料结构、造型工艺及建筑技术方面呈现出千姿百态的风貌，其所蕴含的精神内涵也随之呈现出各具魅力的地域文化特色。

本章将从桥梁的汉字渊源及其流变、不同时代桥梁建筑的发展脉络等方面来梳理中国古桥历史的演变轨迹与文化传承，并以湖南古桥为个案，分析湖南具有代表性的古桥建筑如何见证乃至亲历了湖湘文化的形成、发展与成熟，并且成为湖湘文化某种精神内核的象征符号，试图由此建立起桥梁与地域文化之间血脉相连的亲密关系。

第一节　桥的汉字渊源

作为世界上最古老的文字之一，已有数千年历史的汉字亦反映了古人生活的各个方面：饮食，服饰，交通，制造和使用的工具……既然桥和古人的生活尤其是和交通状况息息相关，故而本节将梳理与“桥”有关的汉字渊源及其流变，以期部分地呈现桥文化在先民生活中的初始面貌。

一、石桥——“矼”

水流有深有浅、有宽有窄，渡水而行的方式亦随之变化。《诗经·邶风·匏有苦叶》云：“深则厉，浅则揭。”这句话的大意是：稍深一点的水要借助“厉”渡水，很浅的水就撩起裙裳直接徒步涉水而过。这里，水的深浅是相对而言的。“厉”，又别作“砅（lì）”。《说文解字》释“砅”为“履石渡水也”，即踩着小河当中的石头过河。甲骨文中的“砅”字写作 ，字形像水的两边各有一块石头，以供跨越。

人们从踩着露出水面的石头过河受到了启发，懂得了把石头垫在水中，或大块或小块地堆积起来露出水面，踩着石头蹑步前行。早期人们主要是利用天然石块，后来，在经常渡水的地方或是相对较宽的河道上，人们把石头加工成规则的形状埋在水里，便成了原始形式的桥。

原始的石桥可用“矼（gāng）”字表示。《广韵》注“矼”字为“古双切，音江，聚石为步渡水也，通作杠”。《玉篇·石部》：“矼，石桥也。”今天我们称之为汀步桥、碇步桥，因墩石上没有梁或板，俗称蹬步桥、跳墩桥、石踏步等。这种原始的石桥在今天仍然比较常见。汀步桥如图 1-1 所示。

图 1-1 汀步桥

二、独木桥——“榷”“彴”“徛”

古人发现了一棵倒在河水之上的树，便沿着树过河。可能因为受到这样的启发，古人便学会了利用木头渡水。几乎是在出现汀步桥的同时，出现了木梁桥。当汀步桥跨径较大的时候，在石墩上放置木头，就成了最早的木梁桥，确切地说是独木桥。

《说文解字》：“榷（què），水上横木，所以渡者也。”《广韵》：“彴（zhuó），横木渡水。”《广志》曰：“独木之桥曰榷，亦曰彴。”这说的就是独木桥。《尔雅·释宫》说：“石杠谓之徛（jì）。”《说文解字》曰：“徛，举胫有渡。”“胫”就是脚，这是从行走方式的角度给出的解释，可以理解为“徛”是有“脚”的。郭璞注《尔雅》曰：“聚石水中以为步渡彴也。”后人解释“步渡彴”：“然则石杠者谓两头聚石，以木横架之，可行，非石桥也。”这句话中的“石桥”指的是“矼”；而“石杠”与“矼”是不同的。从形式上来讲，“石杠”是指石墩上放置了木头，木、石结合，可称为木梁桥。

这样一来，“榷”“彴”“徛”指的都是木梁桥，确切地说都是

表示早期的独木桥。但不只是单跨的，也有多跨的，故需要水中聚石。

三、浮桥——“梁”

“矼”“榷”“彴”“徛”对于小河流比较实用，若遇到大江大河，人们渡水则需要更为复杂的方式了。

《诗经·邶风·匏有苦叶》云：“匏有苦叶，济有深涉。”匏就是葫芦。闻一多认为，古人早就知道抱着葫芦浮水容易使身体漂浮起来，葫芦是他们常备的出行工具。葫芦挂在腰上，所以葫芦又有“腰舟”之称。《邶风·谷风》云：“就其深矣，方之舟之。”“方”是筏子。这句话的意思是遇到河水深时，便乘舟、乘筏渡过。

上古有“天子造舟，比舟为梁”之说，意思是统治者把小船（舟）造好排（比）起来，做成梁，用以渡水。《诗经·大雅·大明》中写道，周文王为迎娶“在渭之涘（sì）”的女子为妻，“造舟为梁”以便“亲迎于渭”。相比《诗经·蒹葭》中与自己的意中人相隔一水、只能在心里时时念着佳人的痴情人，桥梁使周文王得以亲自渡过渭水迎娶他的妻子，结成了婚姻。朱熹注：“造作梁桥也。作船于水，比之而加版于其上以通行者也。即今日之浮桥也……造舟为梁，文王所制。”这是古籍中最早的关于浮桥的记载。这说明，我国最早的浮桥被称为“梁”。

不过，“梁”除了可解释为桥梁之外，根据不同语境还可理解为堤梁、鱼梁等。筑土或砌石阻断水流所成的横在水中的堤，即所谓堤梁。人们可以在堤梁上行走以渡水。从今日桥梁的含义来讲，堤梁不能称为桥。

古人云：“鱼梁，水堰也。堰水为关空，承之以笱（gǒu），以捕鱼。梁之曲者曰罶（liǔ）。”这是说人们用鱼梁捕鱼。《诗经·齐风·敝笱》：“敝笱在梁，其鱼鲂（fáng）鳏（guān）。”“敝笱”为破旧的渔网。“梁”为鱼梁。“鲂”是鳊鱼，当时被认为是和鲤鱼一样的鱼。“鳏”为鲲鱼。《广雅》：“堰，潜堰也，潜筑土以壅水也。”“堰”字的本义为拦河坝。

《诗经》中独有“梁”而不见“桥”字，说明“梁”的出现略早于“桥”。《史记·秦本纪》指出昭襄王五十年（前257）时，“初作河桥”。这是黄河上第一座正式的浮桥。

《说文解字》解释“桥”字本义为“水梁也”，“梁”的本义为“水桥也”，可见两者的意义是相同的。“桥”和“梁”合在一起则是相对较晚的事了。

楚国人则把桥称为“圯（yí）”。《广韵》说：“圯，土桥名，在泗州。”颜师古注《汉书》引东汉服虔说：“圯音颐。楚人谓桥曰圯。”“圯”具体指的是什么样的桥，可惜没有相关资料可资考证了。

四、“桥”字趣解

从桥的字形结构来看，“桥”是个形声字，“木”是义符，表示材质，“乔”是声符，指示读音。早期汉字的声符往往能够揭示语源，指明其命名理据。“桥”字之声符“乔”所揭示的命名理据，反映了桥的功用及多方面的形貌特征。

从桥的功能来看，桥起沟通作用。如“桥梁”一词除了指供人通行的实体桥外，常用来比喻能起联系、沟通作用的人或事物。以“乔”作为声符的其他字也有系连义，如“敿”指系连，“繑”指套裤上的带子，它们自然是起系连作用的。

从桥的形貌特征来看，桥有高和弯曲两方面的特征，这两个特征都在其声符“乔”中有反映。《说文解字》：“乔，高而曲也。”

首先，要高出水面，故桥有高义。《大戴礼记》：“其桥，大人也。常以皓皓，是以眉寿。”卢辩注：“桥，高也，高大之人也。”《尔雅》：“乔，高也。”典籍中“桥”“乔”时见异文同义。《诗经·小雅·伐木》有“出于幽谷，迁于乔木”之句，“乔木”一词一直到现在还保留着其原来的意义。同时，由此还产生“乔迁”一词，用来比喻搬入好的居处或升官。这自然也有“人往高处走”的含义，只不过抽象些罢了。以“乔”为表义声符而具有高义的字不在少数。长足之鼎曰“鐈（qiáo）”，山高而锐曰“峤（qiáo）”，屋高曰“廧（qiào）”，皆为高之静态描摹。“挢”，从手，本义为举手，是高之行为的动态描写。“侨”字则兼包动静二者。《说文》：“侨，高也。”桂馥《说文解字义证》：“北方伎人足系高竿之上，跳舞作八仙状，呼为高橇，当作此侨。”于人为静，于舞为动，这就是北方民间的“踩高跷”了。

其次，段玉裁说：“大而为陂陀者曰桥。”所谓的“陂陀”就是弯曲有坡度，这是中国古代拱桥的典型形状。“拱”的目的是提升桥的高度，以便满足桥下的净空需要。

“乔”除了含有高义外，兼有曲义。“鞒”指马鞍拱起的地方。而“矫”本来指矫正箭杆使之变直，后泛指使弯曲的东西变直。黄侃曾有形声字“相反为义”之说，谓汉字多有一字两义、反复旁通者。“乔”本谓曲，在“矫”字中声符兼义，记录了事物由曲而直的过程。

“乔”之曲义，还可以追溯到其义符兼声符“夭”。

甲骨文、金文的“夭”字，像人甩开两个手臂奔跑的样子（见图1-2）。因为人跑动时，身体、胳膊会由于用力而呈现弯曲的形状，秦代小篆的“夭”字看起来像一个人侧弯着头（见图1-2），表示弯曲之义。《说文解字》：“夭，屈也。”本义为屈曲、倾斜。因为弯曲会产生柔美之感，“夭”便用来形容草木的娇艳，如繁杏夭桃、草夭木乔。[1]

商代甲骨文“夭”字

周代金文“夭”字

秦代小篆“夭”字

图1-2 商代甲骨文、周代金文、秦代小篆中的“夭”字

从褰裳涉水到履石渡河，再到聚石水中、水上横木、比舟为梁，人们不断积累、改进、创新着桥梁的建造工艺，人类的脚步也逐渐从蹚小溪、涉浅流到跨越江河湖海和深山峡谷，在桥梁的连接下，曾经遥不可及的远方或许只是咫尺瞬间。

1 本节关于汉字“桥”的演变主要参考张再兴教授《“桥”字杂谭》，原载星辰在线网站“诗话桥”专栏.

第二节 时代变迁下的古桥特征

中国古桥的造桥技艺之精湛在世界上是首屈一指的，只是由于年代久远，大量原始桥梁不可能在漫长的风吹雨打和战乱之后还能完整地保留下来，我们只能从考古发现或史籍诗文中窥见一二。

中国古桥的发展离不开各个历史阶段的经验积累，也与社会生产力和科技发展水平紧密相连，受到不同阶段的社会政治、经济文化、军事战略、审美观和价值观的影响。古桥的发展轨迹，根据中国历史分期大致可分为周秦时期、两汉时期、两晋隋唐时期、两宋时期、元明清时期。周秦以前的桥梁，已很难考据了。[1]

一、周秦时期

周秦时期，即自西周建立到秦朝灭亡（前 1046—前 206）的这一段时间，我国从奴隶社会进入了封建社会，农业、手工业和商业有一定发展，对交通的需求日益增长。春秋战国时期列国纷争，各诸侯国纷纷兴修水利、发展贸易、促进政治文化交流，以孔子为代表的思想家周游列国，纵横家们朝秦暮楚，外交使臣往来奔波，或结盟或联姻或“潜伏”……“游走”似乎是这一时期“士”的生活常态，桥梁亦因此得到了发展。此时的桥梁以浮桥、栈道、七星桥和渭桥等为代表。

1. 浮桥

从周文王姬昌“亲迎于渭，造舟为梁”开始，浮桥在典籍中经常出现。周穆王三十七年，穆王“伐楚，大起九师，至于九江，比黿（yuán）鼉（tuó）为梁”（《艺文类聚》卷九引《纪年》），渡过长江，南伐楚国。这是比较早期的将战争与浮桥联系起来的传

1 本节古桥历史主要参考：唐寰澄．中国科学技术史：桥梁卷[M]．北京：科学出版社，2000.

说了。黿和鼉都是爬行动物，黿亦称绿团鱼，俗称癞头黿；鼉一般穴居在江河岸边，皮可以用来蒙鼓，也称扬子鳄、鼉龙或猪婆龙。不过这显然是带有神话性质的传说，何况有关周穆王其人本来亦存在颇多神话故事，例如周穆王曾经在瑶池仙境见王母娘娘，这和"黿鼉为梁"一样虚妄不可稽考，后人早已对此质疑：不过是因为九江多黿鼉，于是将这一自然现象加诸颇具神话色彩的周穆王身上了。类似的传说还有"禹济巨海，黿鼉为梁"（《拾遗记》）；秦始皇为了渡海求仙，也曾于海中造石桥，海神为之竖柱。这样的故事不过是表达了先民渴望架桥渡水的浪漫想象而已，连浪漫不羁的李白也不相信这样的神话，尽情讽刺了一番求仙之虚妄，亦反对穷兵黩武："精卫费木石，黿鼉无所凭。"（《登高丘而望远》）唐代王起甚至因当时王师远征而专门写了一篇《黿鼉为梁赋》："周穆穷辙迹之所经，驾黿鼉而感灵。所以济浩汗，所以通杳冥。蝼蝼蜿蜿，以代造舟之利。"一开篇就提到了周穆王"驾黿鼉"为桥代替行舟的传说。

对于"黿鼉为梁"这一传说，学术界也存在着一些不同的看法："黿鼉为梁"的传说不是真的用黿、鼉这两种动物填河架桥，而是指代某种过河工具。已故原钱塘江桥总工程师罗英先生提出，四川有些地区使用竹笼、网笼装卵石，分堆成墩，并在其上搁置木梁以作桥，由于形状与龟鳖类似，故名"黿鼉"，因此他认为所谓黿鼉其实是石墩。唐寰澄则认为"黿鼉"与古代用来渡水的"浑脱"的形象、读音皆相近，按《续资治通鉴·元丰四年》"其济渡之备，军中自有过索、浑脱之类"及《元史·石抹按只传》"叙州守将横截江津，军不得渡，按只聚军中牛皮，作浑脱及皮船，乘之与战"等记载，"黿鼉为梁"实际上很有可能是使用"浑脱"这类浮桥渡水。

但诗文中的"黿鼉为梁"更多的是指用黿和鼉这两种动物为建桥材料、通往神仙异境之桥，具有浓厚的浪漫色彩。如南北朝诗人庾信的《忝在司水看治渭桥诗》："跨虹连绝岸，浮黿续断航。"江淹所作赋中多次用到"黿鼉为梁"的典故，如《赤虹赋》中写的"视鳣岫之吐翕，看黿梁之交积"，《恨赋》中写的"方架黿鼉以为梁"。小说如《西游记》中也可看到“鼋鼍为梁”传说的身影：第四十九回中，白鼋为感激唐僧一行人赶走金鱼精、为自己夺回府邸，主动载他们过通天河：“白鼋驮渡过天河。”第九十九回中，又是白鼋在通天河等候唐僧师徒一行，却因为三藏忘记了帮它问佛祖寿年之事，它便将四人连马并经书一起丢到了河里。总体而言，《西游记》中的白鼋两次出现，都扮演着帮助唐僧师徒四人渡河的重要角色，发挥着和桥梁、船只类似的作用。

同为幻想中的桥，“鼋鼍为梁”与鹊桥在本质上具有一致性，两者经常同时使用，如汤显祖《牡丹亭》中有“要问鼋鼍窟，还过乌鹊桥”（第五十四出《闻喜》）的唱词。杜甫曾作“难假鼋鼍力，空瞻乌鹊毛”来表达自己面对黄河泛滥、堤防难守的担忧，用“难假”“空瞻”来表示不能以鼋鼍、乌鹊为桥来渡过难关的遗憾心情。

“鼋鼍为梁”传说是古人丰富想象力的产物，在周穆王见西王母的神话中，鼋鼍架起的桥梁是连接周穆王所在的现实空间与西王母所处的昆仑山仙境的一种特殊媒介，这体现了中国先民超越边界、冲破阻碍的探索精神。

公元前 541 年，秦公子鍼投奔晋国时在黄河夏阳津建造了临时性浮桥。公元前 257 年，秦昭襄王为兼并韩、魏等国，在黄河上造了长期使用的蒲津浮桥。这时，我国已经能够真正在长江、黄河上架设浮桥了。

2. 栈道

栈道是我国独有的一种特殊桥梁，亦称栈桥。它是一种特殊的木结构道路，在险绝之处傍山架木为路。《战国策・秦策三》有“栈道千里于蜀汉，使天下皆畏秦”的记载。为了秦蜀两地的交通，在秦惠王以前已经修建了多条栈道，如褒斜栈道，司马迁《史记》也说，巴、蜀四塞，栈道千里，唯褒斜绾毂其口。秦惠王时又将之延伸，并修建了金牛栈道。自秦以后，由陕西汉中入蜀，必须取道于此。所以李白的诗中有“秦开蜀道置金牛，汉水元通星汉流”（《上皇西巡南京歌》）的句子，清代诗人梁佩兰的《秋怀》诗也说：“天府谁夸百二雄，帝

王原自出秦中。山河铁壁无人到，庸蜀金牛有路通。”（《梁佩兰集校注》）到秦始皇时，又发展了宫殿之间专供皇帝及随从使用的复道，也就是上下可通行且有廊屋的高架桥。

3. 七星桥

李冰是我国战国时期杰出的水利工程学家，为秦国兴建过几个大的工程，受到了昭襄王的重用。昭襄王派他到蜀郡（今四川一带）去做太守，他便主持兴建了都江堰，以此调节岷江之水为内外二江，使蜀郡平原成为水旱从人、河道纵横、沃野千里和胜若江南的“天府之国”，也成为后来秦始皇东出函谷关统一六国必不可少的巨大粮仓。

除兴修水利之外，李冰还修建了不少桥梁，其中最著名的是他在郫江、流江两条江上修建的七座桥，世称“七星桥”。《华阳国志·蜀志》曰：“长老传言，李冰造七桥，上应七星。”七星即北斗七星。上应七星即按北斗七星来布局七桥。李膺的《益州记》列举了七座桥的名字：一、长星桥（今名万里桥）。二、员星桥（今名安乐桥）。三、玑星桥（今名建昌桥）。四、夷星桥（今名笮桥）。五、尾星桥（今名禅尼桥）。六、冲星桥（今名永平桥）。七、曲星桥（今名升仙桥）。《水经注》则认为两江上的七桥分别为冲里桥、市桥、江桥、万里桥、夷桥、长升桥、升仙桥。汉武帝时，蜀地著名才子司马相如离开家乡赴长安时，曾于升仙桥题字：“不乘高车驷马，不过汝下也。”后来司马相如果然获得汉武帝赏识，率军出使蜀地，平定西南夷，这亦是司马相如为汉王朝做的最大政治贡献。东汉的时候吴汉伐蜀，光武帝刘秀还告诫他说：“安军宜在七桥连星间。”这说明了七星桥具有极为重要的军事意义。

4. 渭桥

铁质工具的出现，使开采和雕琢工料的能力得到了加强。《水经注》云：“渭水上有梁，谓之渭桥，秦制也。”渭桥也叫便门桥，秦始皇因在渭水南北建离宫，想要打通长乐、咸阳二宫，所以建造了渭桥。传说当年秦始皇造桥，由于铁墩太重，只好命人刻石做了大力士孟贲等人的像来祭祀，才终于将铁墩移动。渭桥“广六丈，南北三百八十步，六十八间，七百五十柱，百二十二梁。桥之南北有堤，激立石柱，桥之北首，垒石水中。故谓之石柱桥也”（《水经注》）。秦制6尺为步，10尺为丈，每尺约合23厘米，则桥宽约13.8米，长约524米。著名的桥梁科学家茅以升在《中国古桥技术史》一书中分析，渭桥是石柱桥的可能是有的。渭桥的规模十分宏大，桥头水中还有石刻半身水神雕像。据说，这位水神名叫忖留，他还曾经和鲁班聊天，鲁班叫他出来露个面，忖留说：“我长得很丑，您又那么擅长给人画像，我才不敢出来呢！”鲁班于是拱手说道：“您还是冒个头出来见我一下吧。”忖留这才露出一个脑袋来，鲁班赶紧用脚在地上画像，忖留察觉到了，于是又沉入了水里。所以忖留的神像只有半身置于水上。

二、两汉时期

西汉建国初期是战争之后的恢复时期，很少进行大型基础设施的建设。经过文景之治，西汉的国力渐强，汉武帝雄才大略，拓土开疆，也修建了不少桥梁。两汉的桥梁以樊河铁索桥、东西渭桥和圆弧拱桥等为代表。

1. 樊河铁索桥

汉高祖元年（前206），项羽封刘邦为汉王，封地在汉中。为谋图关中，刘邦采用韩信“明修栈道，暗度陈仓”的计划，派将士修筑栈道，以假象迷惑项羽，同时令樊哙修建道路。樊哙就修建了樊河铁索桥，为西汉立下了汗马功劳。这座桥是西汉第一项创新性地采用新材料来修建的桥梁。

关于这座桥，历史上也有一个著名的故事：在今汉中留坝县有一条古名寒溪的河流（今名马道河），据说当年韩信逃亡，当他逃到寒溪岸边时正赶上涨水，他一时无法渡河，这才让萧何追上了他。所以后人有谚云：“不是寒溪一夜涨，那得刘朝四百年。”没有寒溪夜涨，没有萧何追韩信，刘邦取得天下的历史恐怕也要改写了吧？樊哙建桥，即在此寒溪之上，樊河铁索桥亦成为褒斜古栈道的重要组成部分。

两汉时期的中国是世界上经济、文化、科技最发达的国家之一，随着“丝绸之路”的形成，索桥在西南、西北地区被广泛建造，索桥技术也传到了中亚、西亚各国。

2. 东西渭桥

渭水上原只有秦代的渭桥，称为中渭桥。汉高祖刘邦为便利长安和栎阳的交通，在渭水下游又修建了一座桥，即东渭桥，此桥以木为柱，为木柱桥。武帝时，在上游又建了一座桥，即西渭桥，又名便桥或便门桥。东、西渭桥均为木柱木梁桥。采用木柱、木梁是当时的建筑文化。汉晋的建筑以木构为主，举凡宫殿、楼阁、宅邸皆用木柱、木梁。两汉的木梁桥或为平桥，或为两端带折坡桥，或为骆驼虹桥（即桥面弯曲如虹的木梁桥）东汉武梁祠画像石中的折坡桥如图 1-3 所示。

图 1-3　东汉武梁祠画像石中的折坡桥（蒋英炬，吴文祺．汉代武氏墓群石刻研究（修订本）[M]．北京：人民美术出版社，2014.）

1986 年，咸阳附近发掘出了沙河桥木柱桩，桩顶焦枯，是火烧之后的残迹，其测定年代为西汉初期，这是中国较早的古桥梁的遗迹。

2018—2019 年，湖北荆州博物馆对郢城遗址的东城门及护城河开展了考古发掘工作，在东门外的护城河也发现了三座秦汉木桥的遗迹。

3. 圆弧拱桥

圆弧拱桥也是汉代桥梁的主要特色之一。拱桥结构的起源有多种假说，世界各国都有人在探讨。我国拱桥至迟应出现在东汉。

1965年在河南新野县出土的东汉中晚期画像砖上刻有拱桥图形，桥上有骑马、驾车、握弓之景象，桥下有两叶扁舟，这证明当时已经修造了跨河拱桥。

我国的圬工拱技术起自西汉时期。虽然地面上已经没有圬工拱桥的痕迹，但是从墓葬中可以判断最早的砖拱出现于西汉中期。汉武帝时期的汉墓画像石中的裸拱拱桥也许是泗水上第一座石拱桥。东汉末年，邺城（在今河北临漳县西、河南安阳市北郊一带）和满城的“石窦桥”以及《水经注》中的洛阳建春门石桥是较早的石拱桥历史记录。

三、两晋隋唐时期

西晋至唐代，在桥梁建设方面亦颇有成就，此时的桥梁以浮桥、石拱桥、木梁桥和索桥为代表。

1. 浮桥

《晋书·武帝纪》记载：泰始十年（274）九月，“立河桥于富平津”。“立河桥”的原因是杜预认为孟津渡十分险要，有覆没的危险，遂上书请求在富平津建造河桥。桥建成的时候，晋武帝司马炎还亲自参加了开通典礼。

东晋偏安江南百余年，成帝咸康二年（336），在今南京建设朱雀大桁浮桥。秦淮河并不宽广，三国时河上曾造有木桥。南北朝时，秦淮河上的二十四渡全是浮桥。

河阳浮桥在洛阳，西晋杜预始造，继造于北魏董爵。唐高祖武德三年（620）因战争桥断，后来得到了继续修缮。

隋大业元年（605）造洛阳天津桥，是一座用“铁索维舟”的铁链浮桥。

蒲津浮桥在今山西永济和陕西朝邑之间，秦时已有此桥，一直维持到隋末。据先秦史书《春秋》记载，鲁昭公元年，秦公子鍼出逃晋国，曾经“造舟于河”，《初学记》云：“公子鍼造舟处在蒲坂夏阳津，今蒲津浮桥是也。”李渊起兵太原，便与隋将争夺此桥。桥遭到破坏，唐高祖得手后即予以修复。唐太宗李世民过此桥，还甚为得意地赋诗歌颂。唐玄宗开元十二年（724），改蒲津浮桥的竹索浮桥为铁索浮桥。宋代时蒲津浮桥再次损毁，铁牛皆没于水中，陕西都转运使张焘在岸上排列巨大的木头，在木头的一段系上石块，将铁牛一一从水中拉出，“桥复其初”（《宋史·张焘传》）。

太阳浮桥在今河南三门峡市，贞观十一年（637），唐太宗遣丘行恭建造。

2. 石拱桥

东晋时建有一些石桥，如王羲之题扇的题扇桥、光相寺前的光相桥等，在浙江绍兴，现存的都是石拱桥。

隋代留下的最著名的石拱桥是小商桥和赵州桥。建于隋文帝开皇四年（584）的河南临颍小商桥，为单孔敞肩圆弧石拱桥。始建于隋开皇十五年（595）、完成于炀帝大业二年（606）的河北赵州桥，又名安济桥，是一座更大的单孔坦弧敞肩石拱桥，其建造工艺独特。此时，中国石拱桥技术达到了登峰造极的地步。

唐宗室的画家李昭道有两幅传世名画——《曲江图》和《湖亭游骑图》。前者绘长安曲江池馆，后者似绘江都隋离宫。两幅画中各有一座三孔薄墩薄拱驼峰式石拱桥，类似今日江南常见的玲珑联拱桥，如苏州的宝带桥。而其所绘的《洛阳楼图》画的便是洛阳大夏门，画下方有五孔尖墩实腹厚墩石拱桥。这座桥采用尖墩，可减小流水的冲刷，是唐代首创，并沿用至今。

唐代石拱已变化出多种轴线形式。唐杨昇《雪山朝霁图》画的是一座弯板三折边拱桥。浙江天台山国清寺收藏的《朝圣图》中的寺门口也是一座椭圆形拱桥。

隋唐的墓葬已有攒尖拱顶方形（直边或曲边）的墓室，以西安的唐永泰公主墓和广东韶关的张九龄墓最为精致。后来就有了尖或蛋圆形拱。石拱桥在唐代的发展非常快。

3. 木梁桥

据记载，唐时灞水上有南、北两座桥梁。北桥是秦汉遗物，原为木柱木梁桥，后重修为石柱桥。南桥为灞陵桥，唐代屡加修葺，建成了多跨石柱石梁桥。

唐代对长安的渭桥都进行了重建。20 世纪 80 年代出土的东渭桥遗址规模宏大，碑刻精良。唐时的西渭桥称咸阳桥，又称便桥，它是丝绸之路东到长安的最后一站。唐初和吐蕃的战争、结盟都和此桥有关。玄宗时的安禄山、德宗时的李怀光都从东渭桥入长安，而两帝从西渭桥逃往蜀地和汉中，杜甫《兵车行》中的“车辚辚，马萧萧，行人弓箭各在腰。耶娘妻子走相送，尘埃不见咸阳桥”，指的就是这座西渭桥。

木伸臂梁桥可增加桥梁的跨越能力。西晋永嘉之乱时，鲜卑族的一支自今东北地区西迁至今甘肃。首领吐谷浑建造了黄河上游的河厉桥，此桥就是一座木伸臂梁桥。简支的木梁变为伸臂梁，桥跨增长了近四倍之多，这是木桥的一大进步。

4. 索桥

隋唐时期，我国西南地区的索桥很多，如藤桥、竹缆索桥、铁索桥等，其中较有名的是云南丽江与维西之间的“铁桥”。唐时吐蕃有娑夷水藤桥、漾濞铁索桥。贞观十五年（641）文成公主入藏，携有百工，修建了布达拉宫金桥（铁索桥）。龙朔元年（661），修建了四川窦圆山的铁索桥。

四、两宋时期

与隋唐坊市制的都城长安不同，无论是北宋的开封还是南宋的临安（今杭州），城市居民区与商业区的界限逐渐被打破，城市繁华，商业发达，夜生活丰富多彩。加之开封和杭州等大城市都是水系纵横，人们日常的生活和沟通都更需要桥梁，桥梁进入了创新发展和大规模建设的时期。宋代独具特色的审美思潮也为这一时期的桥梁美学开启了新面貌。此时的桥梁以双伸臂梁和廊桥、贯木拱桥、石梁桥、联拱石桥、竹索桥、浮桥等为代表。

1. 双伸臂梁和廊桥

宋代的桥梁将木伸臂梁由单跨变为多跨，由单伸臂变为双伸臂。闽浙地区有 12 座宋代木伸臂梁桥，其中年代较早的是南宋乾道初的福建建瓯平政桥。此时，在浙江、福建开始出现风雨廊桥，即在木梁长桥上造廊屋以遮风雨。北宋王希孟《千里江山图》的中部即绘有有亭的长桥。

2. 贯木拱桥

宋时出现了新颖的木拱桥，学术上名之曰贯木拱桥。贯木拱首见于北宋画家张择端《清明上河图》中所绘的汴京虹桥。它由贯插众木成拱而无柱，可一跨过河，避免船只的碰撞。这在世界桥梁史上唯中国有之。传说这种桥创始于北宋明道二年（1033），夏竦守青州（今山东青州）时由“牢城废卒”所创，而《宋史》中却为北宋皇祐元年（1049）陈希亮在宿州（今安徽宿州）所创。

3. 石梁桥

宋建造了很多石墩石梁桥，以福建为最多。南宋庆元四年（1198），漳州一年内造桥 35 座。泉州地方志记载宋桥有 110 座之多。北宋皇祐五年（1053）至嘉祐四年（1059）建造的福建泉州万安桥最为著名，采用的是“筏型基础”，并开创了“种蛎于础以为固”（以海生贝类胶结基石）的方法。南宋绍兴八年（1138）至绍兴二十一年（1151）所建的福建泉州安平桥长约 2.5 千米。此桥是我国现存最长的石桥，也是中古时代世界最长的梁式石桥，有“天下无桥长此桥”之誉。还有福建漳州虎渡桥，其石梁重达 200 吨，计有 45 根之多，工程量巨大。福建的石梁墩构造相对比较简单，大部分桥跨过较浅的河道入海口，在沙层深厚之处采用抛石或锤木扩大基础的方法建成。

4. 联拱石桥

南宋乾道元年（1165）至绍熙二年（1191）建成的山西晋城景德桥，是继河北赵州桥之后现存最古老的敞肩拱桥。随着社会经济的发展，单跨石拱桥难以满足跨越更宽广河道的需要，多跨长大桥梁应运而生。典型的多跨联拱石桥有北宋政和四年（1114）造的洛阳洛水天津桥和金明昌三年（1192）建成的北京卢沟桥。卢沟桥有 11 个孔跨，铁石并用，坚实无比，因“卢沟桥事变”而更加著名。

5. 竹索桥

在宋代，索桥继续在西南地区得到应用和发展，其中较为有名的是始建于北宋淳化元年（990）的四川都江堰评事桥，这是一座多孔连续并列的竹索桥，是世界上第一座这种类型的桥梁。

6. 浮桥

宋开国之初，主要是以建造浮桥为主。北宋开宝七年（974），樊若水在浩瀚的长江上架浮桥渡兵，为统一江南立了大功。北宋期间，黄河上先后造过保德浮桥（咸平五年，1002）、安乡和永宁关浮桥（熙宁六年，1073）、滑州浮桥（元丰四年，1081）、大伾山浮桥（政和五年，1115）等浮桥。浮桥技术也有所创新，如滑州浮桥用脚船逐节升降路面而形成通航浮桥。

广东潮州广济桥，古称康济桥、丁侯桥、济川桥，俗称湘子桥，始建于南宋乾道七年（1171），是由 86 只船架设的浮桥。明嘉靖九年（1530），广济桥形成了“十八梭船廿四洲”的格局，其由东西二段石梁桥和中间一段浮桥组合而成，梁桥由桥墩、石梁和桥亭三部分组成，是古代广东通向闽浙地区的交通要道。中华人民共和国成立后，广济桥进行了几次维修，现在是潮州八景之一。

浮桥因战争需要而有所发展。元世祖于至元十一年（南宋咸淳十年，1274）自青山矶架设浮桥下鄂州（今武昌）。元至元十二年（南

宋德祐元年，1275），元军又自湖口架设浮桥下江州（今江西九江），然后挥兵东下，攻破池州，下江南，灭南宋。

五、元明清时期

元明清时期以石拱桥、栈道与廊桥、铁索桥、浮桥和园林桥等为代表。

1. 石拱桥

唐宋之后，随着开山能力的提高，我国的桥梁技术继续有所提高。元朝时，桥梁结构类型已经比较齐备。石比木坚硬，且不会腐朽，此时开始用石桥代替木桥，如宋代建的吴江垂虹木桥于元泰定二年（1325）由姚行满以63孔石拱桥代替。

万历十年（1582），在今河北邯郸永年仿建了一座安济桥式的敞肩圆弧拱桥，跨度较小。明清两代的长大石拱桥非常多，举不胜举。

2. 栈道与廊桥

元明清时期，栈道发生了质的变化，一小部分栈道由木栈变为石栈，一大部分路段变为碥道。碥道以土石为路基，坚实牢固程度和承载能力都优于木栈道。

闽浙的山区没有巴山蜀水之险，不用修栈道，但南宋传下来的贯木拱桥在这些地区长盛不衰，有些贯木拱桥竟能保存三四百年。湘桂山区则多架构风雨廊桥，其结构为木伸臂梁，很有地方和民族风格。

3. 铁索桥

云贵川地区多索桥。明代的景东桥已不存在，现存最古老的铁索桥是明成化年间（1465—1487）僧了然所建的云南保山霁虹桥。明末清初，朱家民、李芳先建造的贵州永宁盘江铁索桥非常奇特，可惜早已遭到破坏。清康熙四十五年（1706）建成、位于今四川泸定的泸定铁索桥，因中央红军曾于1935年“飞夺泸定桥”而闻名于世。在技术上，铁索桥的索链到清末发展为加工安装更为简单方便的铁眼杆。

4. 浮桥

浮桥在战争中仍然起了很大作用。在明初，徐达在金城关造浮桥以攻打河西走廊。到了清代，黄河上的众多浮桥只剩下金城关的一座。清咸丰二年（1852），太平军攻武昌，也在长江上搭架过三座浮桥，后来借助浮桥一路直逼南京。

5. 园林桥

明清的园林很有特点，主要取景于自然，其中各种类型的桥梁众多，而且具有园林的特色。除了圆明园等皇家园林中的桥梁外，江南私家园林中的桥梁亦各有特色。

到了清末，因国力渐弱，桥梁建设不多。此时，国外科技革命空前发展，技术先进，新材料、新技术引起了桥梁的技术变革。而中国则闭关自守，故步自封，中国的现代桥梁建设基本上被西方列强把持。直到 20 世纪 30 年代，茅以升才主持修建了钱塘江大桥。虽然大桥墩台及基础由丹麦公司承包施工，正桥钢梁由英国商人承包，引桥钢梁由德国西门子公司制造，但是从修建钱塘江大桥开始，中国的技术人员逐渐拉开了在大江大河上自主修建现代桥梁的序幕，因此具有里程碑意义。

如今，我们克服了难以想象的困难，在苏联专家的帮助下，于 1957 年建成万里长江第一桥——武汉长江大桥，使得“天堑变通途”。跨越长江天险一直是中华民族祖祖辈辈的夙愿，但由于受到生产力的限制和战争等原因，北洋政府和国民政府是心有余而力不足，一直未能实现。

1968 年，在中苏关系恶化、苏联专家拒绝提供任何帮助的情况下，我国又完全自主设计和建成了南京长江大桥。南京长江大桥既是新中国桥梁技术走向现代化的象征，也承载了无数国人的特殊情感和记忆。

改革开放后，随着九江长江大桥、芜湖长江大桥等具有代表性的大桥相继建成，仅长江上已建成和正在建设的跨江大桥便超过了230座，还不包括长江各大支流上的数百座大桥。[1] 从2005年建成上海东海大桥以来，跨海大桥发展迅速。2018年，建成了举世瞩目的港珠澳大桥。同时，随着我国高速铁路的飞速发展，铁路桥梁的建设也是日新月异。截至2020年底，高铁运营总里程已接近3.8万千米，其中桥梁占比超过50%。[2] 据不完全统计，我国公路和铁路桥梁的总量均遥遥领先于世界，各种桥型的跨度指标均居世界前列，而且还在不断增长。如此伟大的桥梁建设成就是我国社会稳定、经济发展和国富民强的最好体现。

1 刘建华，唐浩．天堑通途：长江桥梁建设70年［M］．武汉：长江出版社，2020.

2 陈良江，文望青．中国铁路桥梁（1980—2020）［M］．北京：中国铁道出版社有限公司，2020.

第三节 湖南古桥与湖湘文化

一、岳阳三眼桥与忧乐情怀

“南湖秋水夜无烟，耐可乘流直上天。且就洞庭赊月色，将船买酒白云边。”（李白《陪族叔刑部侍郎晔及中书贾舍人至游洞庭五首·其二》）一千多年前的谪仙人李白曾在岳阳南湖流连忘返。南湖的秋夜澄澈如画，水天相接，八百里洞庭俨然一位富有的主人，湖光山色都被他拥入怀中。这位主人也毫不吝惜，慷慨地将月色借与游人，正如李白所说：“清风朗月不用一钱买。”（《襄阳歌》）如此美景，诗人只能先“赊”着了。美景需美酒，在“浩浩汤汤”的洞庭湖中，又该去何处找酒家呢？且去白云边与仙人对饮、与湘君畅谈吧。

李白描绘南湖秋夜的诗句读来唇齿生香，让人心驰神往，而横跨南湖之上的三眼桥无疑又为南湖美景增添了一抹人文的风采。

三眼桥，初名通和桥，又名堤头渡桥、万由桥、万年桥，因桥为三拱连缀砌筑，故俗称三眼桥。全桥基本呈南北走向，由花岗岩砌筑，正桥全长48.6米，宽8.8米，通高约15米，三孔均为半圆形。桥面用麻石板铺设，两侧设置了封闭式石护栏，石护栏之间采用银锭铁榫卯连接，桥两头各有一对石狮，栩栩如生。三眼桥如图 1-4 所示。

三眼桥的建桥历史可追溯到宋代。“庆历四年春，滕子京谪守巴陵郡。越明年，政通人和，百废具兴，乃重修岳阳楼，增其旧制”，范仲淹在《岳阳楼记》中提到的这位谪守巴陵郡的岳州知州滕宗谅（字子京），不仅重修了岳阳楼，还集资修筑了一座桥。滕宗谅刚到岳州知州任上之时，见到东乡百姓往返郡城需渡经南湖，而南湖浩渺深远，时有溺水事故发生，便当即立碑劝民绕道陆路。可陆路遥远，还是有人冒险渡水。不久，一心为民的滕知州便筹集资金动工修筑了通和桥，桥名取“政通人和”之意。清光绪《巴陵县志》转载了明代严首升《万由桥碑记》：“名‘通和’，自庆历滕太守始。”

可惜通和桥后来多次被洪水冲毁。因为此处是出入府城的交通要道，嘉靖年间岳州知府萧晚又组织重修，并得到致仕回乡的户部尚书方钝的大力资助。据说方尚书不仅出资，而且亲自督修，认真修改设计方案，尽力帮桥工改善生活，因此有“方尚书苦修三眼桥”的故事口耳相传。方尚书死后就葬在桥侧的螺蛳山，足见他对此桥感情深厚。

清代三眼桥曾四次修葺，最后一次在同治十二年（1873），由岳阳人钟谦钧独资重修。钟谦钧字秉之，一字云卿，清末曾任两粤盐运

图 1-4 三眼桥

三眼桥

使等职。他因病致仕，回到家乡后，一次性捐资“二万八千有奇”，几乎倾注全部家产与积蓄重修三眼桥。

许多像李白这样的文人墨客都曾在南湖留下足迹，他们不仅留下了渲染美景的诗篇，更留下了他们对民生福祉的关心。三眼桥不仅仅有交通功能，更是政教功能与审美功能的凝练。岳州知州滕宗谅修建三眼桥这一举措本身就是关心民生的体现。谪守的滕宗谅并未自怨自艾、悲叹于自己的命运，而是忧民之所忧，喜民之所喜，修楼筑桥、清正廉明、勤政为民，这似乎是宋代知识分子的集体政治自觉。后来被贬惠州的苏轼，也曾以修桥的方式造福着一方百姓。

年近花甲的苏轼被贬到惠州后，发现在东江和西枝江的汇合处原有的一座小桥已经损毁严重，不能渡河，老百姓只能用小船来摆渡，时常发生溺亡事件。于是苏轼写信给他的表兄，也就是正担任广南东路提点刑狱公事的程正辅，请他支持造桥的事情，并且多次去信为程正辅出谋划策，包括如何既节约费用又保证桥梁质量，采取什么样的政策避免管事的官吏从工程中牟取私利，杜绝“豆腐渣工程”等。其实，苏轼这样做是冒了极大的风险的，因为他仍然处于朝中政敌严密的监视之下，如果被当朝者知道他竟敢擅自“干涉”地方政事，对他的迫害一定会变本加厉。这一点苏轼非常清楚，因此他的每一封书信都会再三嘱咐官员和朋友们一定要严守秘密。就这样，在他的极力促成下，北宋绍圣三年（1096）六月，东新桥和西新桥两座桥梁落成，解决了惠州交通的老大难问题，当地“父老喜云集”（苏轼《西新桥》），“喜笑争攀跻”（苏轼《东新桥》），老百姓的喜悦溢于言表。而苏轼正是这一喜事幕后的实际策划者和组织者。坚固美观的东新桥和西新桥的建成，是两年多时间内苏轼为惠州做的最能造福当地人民、最有口碑的一件事情。

无论是岳阳的通和桥，还是惠州的东新桥和西新桥，这些桥与它们的修筑者一起流芳百世，桥两头连接的是官员的爱民之心与百姓的感恩之心，如今它们也为岳阳南湖、惠州西湖增添了姿色，既是人文美景，又是历史佳话。

除了修筑三眼桥，滕宗谅留给岳州的文化遗产还有名扬天下的岳阳楼。今天，当游客们循着滕知州的政绩，来到岳阳楼，首先映入眼帘的便是那一百零二字长联：

一楼何奇？杜少陵五言绝唱，范希文两字关情，滕子京百废俱兴，吕纯阳三过必醉。诗耶？儒耶？吏耶？仙耶？前不见古人，使我怆然涕下。

诸君试看，洞庭湖南极潇湘，扬子江北通巫峡，巴陵山西来爽气，岳州城东道岩疆。潴者，流者，峙者，镇者，此中有真意，问谁领会得来。

长联的作者窦垿（1804—1865，云南罗平人）生活于清末，风雨飘摇的政局让他报国无门、力不从心，但心忧天下的他在岳阳楼找到了知己。“洞庭天下水，岳阳天下楼”，这座天下名楼留下了许多迁客骚人的足迹。杜甫曾吟咏：“昔闻洞庭水，今上岳阳楼。吴楚东南坼，乾坤日夜浮。亲朋无一字，老病有孤舟。戎马关山北，凭轩涕泗流。”（《登岳阳楼》）滕宗谅勤政爱民，重修岳阳楼。范仲淹曾为此感慨：“先天下之忧而忧，后天下之乐而乐。”（《岳阳楼记》）八仙之一的吕洞宾曾在这里度化梅精、柳精使其双双成仙。诗、儒、吏、仙的故事让岳阳楼更添了厚重的民生情怀和一丝浪漫色彩。“朝晖夕阴，气象万千”的自然美景和岳阳楼承载的忧乐情怀相互烘托，成就了岳阳南湖、洞庭湖这一方人杰地灵之处。

三眼桥、岳阳楼、南湖、洞庭湖承载着深厚的人文情怀，不论是贬谪于此还是生长于此的人，他们或多或少都会被这份情怀所感动。外界的富贵名利，个人的荣辱得失，都不是他们看重的，无论他们个人的人生道路是进还是退，是升还是贬，他们的心里始终装着国家和人民。在其位就要谋其政，“居庙堂之高则忧其民”；不在其位，也要一如既往地关心国家、民族的前途和未来，“处江湖之远则忧其君”。这正是“范希文两字关情”的“忧”与“乐”。

滕宗谅为官从政的具体措施让岳阳百姓的民生得到了改善，而范仲淹则从价值观上提炼出家国情怀对于知识分子的重要意义，忧国爱民、经世致用的湖湘精神也由此体现。忧国爱民是信念，经世致用是事功，正是两者的完美结合支撑着湖湘儿女继往开来。官员对人民福祉的关心与牵挂是一脉相承的，过去如此，现在也如此。岳阳如今政通人和的局面与岳阳官员忧国爱民的情怀是密不可分的。现在，南湖、洞庭湖上新增的几座现代桥梁壮观大气，越来越呈现出车水马龙的繁华景象。继洞庭湖大桥后，宽阔的湖面上又建成了多座非常有影响的特大跨度斜拉桥和悬索桥 。

不论是洞庭湖上雄伟壮观的新桥，还是南湖上朴拙典雅的三眼古桥，修桥的初衷都是一脉相承的——造福民生。

“洞庭西望楚江分，水尽南天不见云。日落长沙秋色远，不知何处吊湘君。”（李白《陪族叔刑部侍郎晔及中书贾舍人至游洞庭五首·其一》）三眼桥前生坎坷，却铭记着以民为本的先贤的厚德，如今的三眼桥仍然屹立在南湖之上，默默守护着岳阳子民。先贤已经离我们而去，但那份心忧天下、关心民生的情怀却在一代代传承，引领着现代社会的建设者治学为民、从政为民。

二、衡山马迹桥与经世致用

南宋乾道三年（1167），理学家朱熹、张栻及朱熹的弟子林用中同游南岳衡山，他们登山的起点是衡山脚下的马迹桥。朱熹乘着高扬的游兴赋《马迹桥》一诗：“下马驱车过野桥，桥西一路上云霄。我来自有平生志，不用移文远见招。”马迹桥本是早已矗立在衡山脚下的一座古桥，而朱熹此诗赋予了马迹桥以象征的寓意。“桥西一路上云霄”，过了马迹桥开始登山则有“上云霄”之感。此处的“上云霄”虚实结合：实写衡山之高耸挺拔，虚写平生志向的高远宏大，将登山的实景与攀登理想高峰的寓意结合在了一起。

马迹桥为单孔式石拱桥，全长 15 米，桥面宽 4.5 米，高 7 米，净跨度 10.1 米，主拱券接近半圆拱（见图 1-5）。桥面有条石护栏，桥两头各有 19 级台阶，与其他寻常的乡间石拱桥似乎并无太大差别。为了防止被洪水淹没，桥拱修砌时坡度较高，无法行车马。朱熹、张栻一行人当年也是在此处下马，换竹舆前行。后来王船山隐居续梦庵时亦曾多次经过此桥。时至今日，桥上依旧只能过行人，颇有古今同景的意味。桥底青苔攀缘，桥侧有斑驳的石碑图案14幅，由于时间久远，长时间的风雨侵蚀使得我们无从得知图案到底表达了什么含义。桥身的岩石呈赤、青两色，可见桥本身应该进行过多次修缮。

与众多古桥的来历相似，关于马迹桥的修建也有几个传说，其中较为主流的有两个。

其一，在商议修建之初，桥址定在何处众说纷纭，久议难决。一天晚上，建桥首事梦见一白髯老者对他说："修桥一事宜从速，以济乡民。我已在适宜建桥处留有足迹，望毋迟疑。"第二天首事与人沿溪查看，果真在一块青石板上看见一个马蹄印。众人大悟，白髯老者系天马化变，马迹桥也就在马蹄印位置修建起来。

其二，相传在风和日丽的一天，一匹天马由北向南飞驰，途经此地时发现地下有无数矿藏，便降落了下来。它见矿藏不曾被开采，实在可惜，于是心生一计，长啸一声后，在桥头青石板上留下深深

图 1-5 马迹桥

马迹桥

足迹，随后腾空而去。可惜的是，当年的村民并未能及时领悟天马留迹的“天意”。

直到清光绪二年（1876），衡山县境内的居民才开始开采瓷泥烧制日用瓷器。中华人民共和国成立后，衡山县地下的瓷泥、钾、钠长石等矿藏得到了有序开采。从这一点看来，第二个传说与现实的联系更加紧密，因此被编入衡山县的地方志。而第一个传说来源于衡山县高龄村民的诉说，“天马入梦”这一浪漫、梦幻的故事才得以代代相传。

关于马迹桥，代代相传的并不只有其得名的传说，更重要的还是湖湘理学精髓的传递，尤其是朱熹的潭州之行及其与张栻的衡山之行，对湖湘理学的发展起到了巨大的推进作用。

马迹桥，从外形上来看不过是一座乡野小桥，没有跨海大桥的雄伟气势，也没有悬崖铁索的奇绝险峻。可从文化意义上来看，这座小桥见证了传承千年的湖湘理学如何起步、如何壮大，也连接了今人与先哲。马迹桥与岳麓书院相呼应，都从建筑学的意义上被视为湖湘理学标志性的存在。岳麓书院几经损毁又几经重建；马迹桥则经历了上千年风霜雪雨，至今依旧伫立在衡山脚下，不曾一刻停歇地满足着周边居民的出行需求。它是湖湘理学传承千年的最好见证者，又何尝不是“经世致用”这一学说的最好践行者呢？

先哲勇攀思想高峰的风采、赏景吟诗的文思泉涌、辨理时的思维火花，虽已成为过去，却从不曾被历史的风尘所掩埋。它们与那桥上的青苔、人们口耳相传的传说以及一代又一代杰出的湖湘学子一道，在繁星密布的历史长河里熠熠生辉。

三、江华西佛桥与文化乡愁

你可知被誉为“南方卢沟桥”的古桥是哪座？你可知桥也能由糯米和石灰砌筑而成？你可知有一座桥的传说与一只千年麻拐（瑶族方言，即青蛙）有关？

这座似乎从诞生起便披着一层神秘面纱的桥，就是位于江华瑶乡沱江之上的西佛桥（见图 1-6）。

据说，西佛桥的修建与一则千年麻拐的有趣传闻有关。

西佛桥最初在修建时屡屡不能成功，或遭大水毁坏，或有工人不幸掉入水中。正在当地百姓对此头疼不已之时，一位大腹便便的和尚施施然走来，向大伙儿说明了缘由。原来桥前有一块麻拐岩，其中住着一只已经成精的千年麻拐，它一脚跨在河西，一脚跨在河东。而河西的建桥点恰好落在了麻拐的脚上，每逢下雨时节，麻拐总会抖落身上的水，于是桥也随之垮塌。百姓听罢急忙询问解决方法，和尚说："必须在麻拐岩上修一座宝塔，得镇住麻拐的头才行。"

今天西佛桥不远处的宝塔（见图 1-7）分明让传说又增添了几分浪漫色彩。而当地人更偏爱的是西佛爷的传说。

清光绪二十三年（1897），当时交通极其不发达，县城人民去往岭东瑶山、广东连州等地只能靠渡船，而若遇到极端的天气，渡江时则易发生船翻人亡的事故。当时的县令车莼村心急如焚，决意修桥。开工那天，人们烧香化纸，燃放鞭炮，乞求神灵保佑。

在修桥的过程中却发生了一桩怪事：在册之修桥劳工只有 99 名，但每天出工干活时，监工清点人数都有 100 人，而收工时又是 99 人。

图 1-6 西佛桥

西佛桥

图 1-7 西佛桥不远处的宝塔

每日均是如此，直到桥修成的那一日。七拱桥建好后，人们渐渐明白了：西河边上有位佛爷蒋永雄，点化和参与了整个修桥过程。故而此桥取名为“西佛桥”。

除有关建桥的浪漫传闻外，最让人念念不忘的是西佛桥在日出时的绰约身姿。山色空蒙，晨光熹微，远处的西佛桥在金光的映射之下犹如可望而不可即的仙境。

西佛桥是一座七跨石拱桥，属于上承式实腹式拱桥。桥梁的横断面为拱，矩形截面，板拱宽度约为拱券宽度；纵断面为七个近半圆，拱轴线近似圆弧，七跨等跨分孔。桥梁主桥全长 80.5 米，

桥面宽 6.2 米；拱券宽 7.2 米，厚 0.5 米；单拱净跨径 10.55 米，计算跨径 11.05 米，净矢高 5.16 米，计算矢高 5.41 米，计算之后的矢跨比约为 0.49；栏杆宽 0.3 米，高 1.02 米；人行道（或台阶）高 0.23 米。

西佛桥被誉为“南方的卢沟桥”。相比于卢沟桥，虽然西佛桥的建成年代没卢沟桥久远，桥梁孔数也没卢沟桥多，但它有独具特色的地方。首先，西佛桥是半圆拱，在拱脚位置，力基本上是垂向的，桥墩不需要承受水平力，故桥墩相对较薄，对河道的占用较少，河道的泄洪能力与通航能力因此提高。其次，西佛桥不需要承受水平推力，这样它对基础技术的要求相对较低，桥梁也更耐久。

与卢沟桥有着同样的经历，西佛桥也曾历经战火的洗礼，桥头上被炸秃的石狮见证了一段炮火纷飞的历史。

西佛桥始建于清光绪年间，至今基本完好，依旧是交通津要。作为乡村与县城的纽带，它是许多百姓每天的必经之路。西佛桥在为瑶乡人提供着便利的同时，也深深地融入了他们的生活。

横跨于沱江（潇水的一段）之上的西佛桥犹如一道长虹，见证了江华百年历史的巨变。《水经注·潇水》曰：“潇者，水清深也。”潇水作为瑶族的母亲河，水清深，人情深，生于潇水河畔的儿女们无一不对故土怀有深深的眷念。

对于外乡人来说，这里是天界一般的游览胜地，让他们离开之后仍然魂牵梦绕。而对于当地人来说，潇水之上的西佛桥早已与他们水乳交融，哺育着一代又一代瑶乡人。或许对于每日可见的美景，他们早已习以为常，但谁都无法比他们更能理解潇水与西佛桥的亲切与温柔。

除西佛桥外，江华还有一座桥也承载着满满的乡愁——这就是当地老百姓念念不忘的响桥。每当有外地游客来此地盘桓，惊叹于西佛桥的绝美之时，总有村民热情地介绍：“我们这里还有一座响桥，你一定要去看看啊！”

外地人初听到桥的名字时，会以为是思念之义的“想桥”，在吃力地理解了村民的瑶族方言之后，才知是表达声音之义的“响桥”。村民们会信誓旦旦地告诉外乡人：“不知道响桥就不是源田塘村人！”

顾名思义，走在响桥的桥面上会听到响声。那么，它是木桥，还是竹桥?

其实，响桥只是一座小小的石板桥，与其说是桥，不如说它是一块石板似乎更为贴切（见图 1-8）。

能发出声响的石板桥在老乡的记忆中一如既往的清晰，但其实，这座在当地赫赫有名的响桥已经像沉睡的美人一般一声不吭了。

响桥不响!

“响桥如今不响了……”这是乡亲们最为遗憾的叹息。

原来，自从当地政府在桥边修路之后，响桥便沉寂了。这是由于响桥的结构受力边界改变了，石板桥的固有频率发生了改变，再加之桥下的空间较之前也发生了变化，无法产生原来的共振现象，故而无法发出声响。据老乡回忆，之前的响声是清脆悦耳的“叮咚”的流水声，他们用美妙来形容这种让乡亲们魂牵梦绕的声音。

“要致富，先修路。”对于多年贫穷的村子来说，修路致富是众望所归。村民说在村里修路时特地避开了响桥，他满脸骄傲地说：“这是古迹，可不能动的！”

在淳朴的村民身上，这样的“顽固”看似是对响桥的依恋，其实骨子里是对历史的尊敬，是对文化的坚守。这已成了他们的一种集体无意识行为。他们也许说不出个所以然，但他们自觉这是值得他们一生守护的信仰。

图 1-8　响桥

道路的修建使响桥哑然失声，即使村民有意识地保护了古桥，但由于专业知识的缺乏，还是没能让古桥完整地保留下来。这成了乡亲们内心的一种隐痛，但万幸的是，那块沉默的石板依旧在潺潺的水流中静静地诉说着乡亲们永恒的守望与期待。

响桥！想桥！

每一座桥都是一个独特的文化地标，它们可能形态各异，但都承载着同样的文化乡愁。桥是最美的风景，游子即使身处异乡也会时常想起。西佛桥将永远在晨光中散发着金色的光芒，因为它肩负着守护瑶族子民的重任。响桥的悦耳声响也会永远珍藏在村民心中，因为它盛满了瑶族人民的文化记忆。

四、安化风雨廊桥与茶马古道

“坐酌泠泠水，看煎瑟瑟尘。无由持一碗，寄与爱茶人。”（白居易《山泉煎茶有怀》）闲坐时倒一壶清凉的水，正在煎煮的茶粉如碧色的尘末，这一碗茶虽无特殊之处，但这份情谊却只赠予同样爱茶之人。

一碗茶汤，仿佛安置着中国人精神生活的灵魂，安安静静，却又拥有灵动的气质。茶，不仅仅是中国人生活中不可缺少的饮料，也逐渐成了沟通中国文化与其他文化的一座“桥梁”。关于中国人饮茶的习惯，至迟在西汉的时候就已有记载。西汉蜀郡才子王褒在《僮约》中明确规定了他家的僮仆有两项必做的日常工作：一是武阳买茶，二是烹茶尽具，可见其对茶叶和茶具都颇有讲究。唐朝以后，讲究茶道不仅成为全国性的生活习惯，而且已经流传到塞外，茶马贸易成为中原与边塞的重要贸易内容。

茶是中国文化的人间烟火，也是中国文化的典雅气质。

在湖南安化的崇山峻岭和山涧溪流之间，自古以来就绵延着一条神秘的茶马古道。千百年来，无数的马帮茶商在这条道路上走过，悠远的马铃声回荡在上空。马声啸，蹄声沉，岁月悠悠，茶马古道上的风雨桥依然如昔、巍然屹立，默默地丈量着山河的永恒。

益阳安化拥有一个庞大的风雨桥建筑群——29 座清代至民国时期的风雨桥。安化风雨桥的主体均由青石桥墩、木质桥身和小青瓦桥顶三部分组成。营造时，先在溪河中挖掘桥墩基座，然后用加工规整的石料砌成桥墩。桥墩上铺木梁，梁上铺设木板为桥面。桥身为长廊式通道，全部采用榫卯结构，不用一颗铁钉；两旁有固定的双边木凳供行人休息，桥身两侧为竖式木栏杆，通风采光性好，视线通透。桥顶多为歇山重檐形式，上面覆盖小青瓦，檐角为鸟兽飞翘。在风雨桥入口处常设牌坊，牌坊顶部用塔或宝葫芦等作为装饰，造型十分美观。其中，位于江南镇的永锡桥颇具代表性。

永锡桥，始建于清光绪四年（1878），是一座四跨风雨桥。此桥全长 69.31 米，共 34 廊间，跨径组合为（17.26+18.60+17.80+15.65）米，桥面宽 3.75 米，每跨共有 7 根承重主梁。桥廊屋山檐柱高 3.36 米，脊檩距桥面 3.94 米，顶为单檐硬山顶，盖小青瓦。两台三墩，菱形分水，桥墩宽 3.35 米，长 7.14 米，斜边长 3.58 米。永锡桥如图 1-9 所示。

以永锡桥为代表的安化风雨桥有一个典型特征，即“鹊木抬梁”。安化风雨桥在桥台处采用单向伸臂式木梁体系，在桥墩处采用双向伸臂式木梁体系。在桥墩和桥台处，木梁在纵横方向上错层排列，形成

图 1-9 永锡桥

伸臂体系，并支撑主梁，形如喜鹊搭巢，故而木梁也称“鹊木”，当地人称这种结构为“鹊木抬梁”。如图 1-10 所示为安化风雨桥典型的“鹊木抬梁”。

安化风雨桥作为茶马古道上的重要一环，所承载的交通意义也不容忽视。“茶之为饮，发乎神农氏。”（陆羽《茶经》）中国人饮茶的历史悠久。《尚书·禹贡》曰：“荆及衡阳惟荆州……三邦厎贡厥名（茗）”，“贡厥茗”即进贡茶叶。早在商周时期，荆湘就向中原王朝进贡茶叶了。唐朝以后，“茶道大行，王公朝士无不饮者”（封演《封氏闻见记·饮茶》），于是南茶大量北运，舟车相继，茶叶之路形成。

安化位于资水中游，境内高山重叠，峻岭密布，溪水纵横，终年多雾，雨量充沛，土质肥沃。特殊的地理环境造就了安化特殊的茶叶品质，孕育了安化历史悠久的黑茶文化。安化黑茶在 1592 年被定为“官茶”，在茶马互市政策的引导下，安化人民以茶叶与西北人民交换马匹，形成了以安化为起点的茶马古道。[1] 现在新疆（尤其是南疆）的许多老

1 陈社强．黑茶时代[M]．北京：当代世界出版社，2010.

图 1-10 安化风雨桥典型的“鹊木抬梁”

茶馆里仍然以安化黑茶作为招牌。一张馕，一大碗安化黑茶，一个老新疆人就可以在老茶馆里泡上大半天。

明代晚期，茶叶还是“欧洲人所完全不知道的”[1]。中西文化的交流随着西方传教士大量来华而得以加强，饮茶的风俗也由此传入欧洲。明末清初，晋商云集安化小淹、边江、江南、鸦雀坪、黄沙坪、酉州、东坪等市镇买茶，销往我国西北及俄国等地。以安化为起点，穿越亚欧大陆的“茶叶之路”分为两途：一由安化经汉口抵襄阳，溯汉水、丹水，经淅川、商州，运至陕西泾阳压成茶砖（即由政府统一制销的官茶）后，销往甘肃、青海、西藏、新疆，运至中亚、西亚；一由安化经汉口抵襄阳，溯唐河至赊旗店，经山西走西口（杀虎口）或东口（张家口）入蒙古高原，至中俄边境口岸恰克图（今俄罗斯境内，俄蒙界河北岸），然后穿越西伯利亚“泰加群落”（西伯利亚针叶树种构成的大森林）。[2]

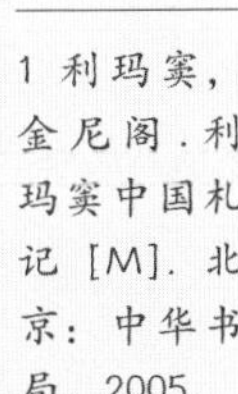

1 利玛窦，金尼阁．利玛窦中国札记 [M]．北京：中华书局，2005.

2 蒋响元．筚路蓝缕 以启山林——湖南古代交通史（史前至清末）[M]．北京：人民交通出版社股份有限公司，2020.

在交通不便的古代，黑茶想要走出山沟可不是件容易的事，遇山开路，遇水架桥，听起来极为简单，可真正实施起来困难重重。资金、技术等问题都像一座座大山横亘在安化人民面前，但坚韧的湖湘子民选择了迎难而上。风雨桥或由当地乡绅独资修建，或由众多村民募款而成，一座座风雨桥就这样通过安化人民的出资出力修建了起来，安化的特色黑茶才逐渐为更多的人所熟知。

以安化为起点的茶马古道与西汉以长安为起点的丝绸之路、开辟于秦汉时期的海上丝绸之路共同形成了中国古代的重要贸易通道。茶叶、丝绸、瓷器等中国传统文化的载体通过这一条条通道走出国门，走向世界。

风雨桥不仅是安化黑茶走出大山的通道，也见证了一次次亲情的送别与重逢。孩子们总会唱着童谣在桥头接送在外务工的亲人：“姨娘姨娘你莫哭，我接你到屋；姨娘姨娘你莫笑，我送你过桥……”

值得一提的是，在安化，每一座风雨桥都有一位守桥人，他们每天如一地守在桥上，为保护风雨桥贡献一己之力。他们负责桥梁的日常环境维护、桥梁安全及消防问题，每天在桥亭内置备茶水以供往来行人暂时憩息。日复一日，但他们丝毫不觉得枯燥，风雨桥依赖他们，他们也依恋着风雨桥。他们与桥的厮守何尝不是一场浪漫的恋爱，他们与桥的陪伴又何尝不是一种长情的告白。有如此可爱可敬的村民守着风雨桥，风雨桥也会永远为他们遮风挡雨。

如今，风雨桥不只有交通功能，还成了人们日常活动的重要场所，它集交通、休闲娱乐为一体。人们甚至还在桥头开起了小商店，为过路行人及在桥上游玩的村民们提供便利。风雨桥已经成了安化一道古老而又青春的风景线。走在风雨桥上，木香扑鼻，耳畔似乎还能听到阵阵马蹄声和马夫的吆喝声，而眼前追逐而过的孩子们无忧无虑的笑声又让风雨桥霎时充满了童稚的欢乐。

河水幽幽，茶香萦绕，安化风雨桥是茶马古道上浓墨重彩的一笔。它像一道彩虹横架在昨天与明天之间，传承着历史的古韵，沉淀着历史的厚重，同时构筑着幸福的当下，展望着美好的未来。

第二章

惜别浮桥驻马时

——古桥类型及建筑技艺

桥梁是古代建筑的重要组成部分之一。在认识自然、改造自然的数千年里，人类因地制宜，就地取材，用木、石、藤、竹、铁等材料，建造了类型众多、构造各异的桥梁，为桥梁史及建筑史书写了浓墨重彩的一笔。古代桥梁的类型主要包括木桥、石桥、索桥（藤桥）与浮桥（开启桥）等。

第一节　横木为梁

1985 年，在咸阳市距渭河约 6 公里处的古渭河道内发现了陶鼎、青铜鱼等珍贵文物，同时挖出一些长 2 ~ 3.5 米、直径 0.67 ~ 1.23 米的木桩。木桩周围的填土密实，为典型的木架桥桩，个别地方还有横木连接。通过年轮鉴定和碳十四断代法测定，这些树轮的校正年代范围为公元前 400 年—公元 40 年。这座木结构古桥的发现，说明了我国在两千多年前木结构桥梁的建造技术已达到了较高水平。

一、天然独木桥

清光绪《畿辅通志》记载，在直隶保定的柏村，河水环绕，人们出行很不方便，要绕行很多冤枉路。而河岸边有棵古柏树，有一天忽然倒在河中，如桥可渡。这便是自然界送给人类的桥——天然独木桥，如图 2-1 所示。

这种天然独木桥很不牢固，容易被大风或急流带走，时间久了还会腐朽折断。受其启发，人类开始有意识地将附近的大树砍倒，将其横架在河的两岸，于是人类开始建造真正意义上的桥。宋代诗人叶绍

图 2-1 天然独木桥（谢欢喜 绘）

翁《西溪》诗曰：“一条横木过前溪，村女齐登采叶梯。独立衡门春雨细，白鸡飞上树梢啼。”描述的便是这种景象。

二、木梁桥

木梁桥是最古老的桥梁结构形式之一，一般由梁和墩台两部分组成。横跨河流的部分叫梁；梁的两端各修一个坚固的台子，即桥台。当河面较宽，一根大梁无法跨越时，可以用多根大梁，并且要在河中修建一些墩子，即桥墩。扬州出土的唐代木梁桥复原图如图 2-2 所示。

关于木梁桥，很多古籍中均有记载。如北魏郦道元《水经注》记载，今山西绛县的汾水河上有一座有 30 柱、柱径 5 尺（约 1.55 米）的木柱木梁桥，该桥始建于春秋晋平公之时，即公元前 557—公元前 532 年，这是目前见诸记载的最早一座木梁桥。

1. 木柱木梁桥

木材容易加工，因此成为古人营建梁桥的首选材料。“梁”与“柱”通过榫卯连接起来，便成为木柱木梁桥。木柱木梁桥一般修建于水浅流缓的溪流湖水之上。关于木柱木梁桥，还有一则凄美的爱情故事流传至今。《庄子·盗跖》中写道：“尾生与女子期于梁（桥）下，女子不来，水至不去，抱梁柱而死。”据清乾隆《西安府志》记载，这座桥在陕西蓝田县的兰峪水上，称为“蓝桥”。对于蓝桥，今人推测：尾生抱柱而死，此桥可能是一座桩柱式的双跨以上的梁桥。

图 2-2 扬州出土唐代木梁桥复原图（谢欢喜 绘）

蓝桥，位于蓝田、商洛之间，是交通要津，也是陕西乃至全国最古老的桥梁之一。千年沧桑，蓝桥虽已荡然无存，但围绕蓝桥产生的优美传说和逸事却千年不绝。许多文人学士在经过蓝桥驿亭时常有诗作在这里“发表”，蓝桥驿亭成了诗人们友谊的桥梁和交流诗作的场所。唐白居易《蓝桥驿见元九诗》云：“蓝桥春雪君归日，秦岭秋风我去时。每到驿亭先下马，循墙绕柱觅君诗。”蓝桥春雪见证着白居易和元稹惺惺相惜的知己之交。宋范成大《西江月·十月谁云春小》：“十月谁云春小，一年两见风娇。云英此夕度蓝桥，人意花枝都好。百媚朝天淡粉，六铢步月生绡。人间霜叶满庭皋，别有东风不老。”清纳兰性德《画堂春·一生一代一双人》：“一生一代一双人，争教两处销魂。相思相望不相亲，天为谁春。　浆向蓝桥易乞，药成碧海难奔。若容相访饮牛津，相对忘贫。”裴航和云英于蓝桥相识相爱并且双双成仙的故事，成为范成大和纳兰性德词中圆满爱情的象征。

2. 石柱木梁桥

为了克服木材长期置于水中容易被腐蚀的缺点，桥墩的材料逐步采用耐久性更好的石材，于是出现了石柱木梁桥。由于流水的冲刷，水中的石墩逐渐发展成船形，其以尖锐的迎水面削弱水流的冲击力，使桥墩更加稳固。同时，在桥上加盖一个桥屋，既可防止桥梁梁部受到风吹雨淋，又可以供行人休息。这推动着木桥建筑工艺又上了一个新台阶。在这类桥中，以西安的灞桥和江西婺源的彩虹桥最为知名。

灞桥（古灞桥侧影如图 2-3 所示）跨越灞水，位于今西安市东北

图 2-3　古灞桥侧影（谢欢喜　绘）

10 公里处，是古都长安通往潼关以东的重要咽喉要道。灞桥附近种植了很多柳树，形成了引人入胜的景色。《西安府志》云："灞陵桥边多古柳，春风披拂，飞絮如雪，赠别攀柳，黯然神伤。"由于灞桥是东出长安的必经之地，迎送亲友，常到灞桥为止，因此灞桥又名销魂桥。如《开元天宝遗事》记载："灞陵有桥，来迎去送，皆至此桥，为离别之地，故人呼之销魂桥。"于是，无数文人雅士借此表达送别亲人或朋友离别的惜别之情，灞桥折柳赠别成为特殊的文学意象。李白在《忆秦娥·箫声咽》中叹道："秦楼月，年年柳色，灞陵伤别。"刘禹锡在《请告东归发灞桥却寄诸僚友》中写道："征途出灞涘，回首伤如何？故人云雨散，满目山川多。"随着千古绝唱世代流传，灞桥也名扬天下。

至今仍存的石柱木梁桥的典型代表是江西婺源的彩虹桥（2020 年 7 月因洪水冲击，部分受损），如图 2-4 所示。这座桥历史悠久，建于南宋，由唐诗"两水夹明镜，双桥落彩虹"而得名，桥长 140 米，桥宽 3 米多，四墩五孔。桥墩用条石砌成，为了缓解

图 2-4 江西婺源彩虹桥

水流的冲击力，桥墩采用了半船形，迎水面尖尖似船头，背水面方方如船尾。

3. 伸臂式木梁桥

当河谷较深，桥中间不宜设置桥墩时，石柱木梁的结构就不适用了。为了增大桥梁的跨度，我国西部人民创造了一种独特的桥梁形式——伸臂木梁桥。最初的单向伸臂式木梁桥以两岸垒石为基础，将圆木或方木，纵横相间叠起，层层向河中挑出，每层挑出 1 米左右，前端略微向上，桥梁受载后桥面不至于向下挠曲。伸臂式木梁桥的最早记载见于 4 世纪，是由羌族人创造的一种新结构。此种桥式适用于山区，适用的跨径为 10 ~ 30 米，在我国的西北、西南山区及东南沿海地区被广泛采用。

常见的伸臂式木梁桥可以分为三种基本形式：单向伸臂式、双向（或平衡）伸臂式、斜撑伸臂式，如图 2-5 所示。

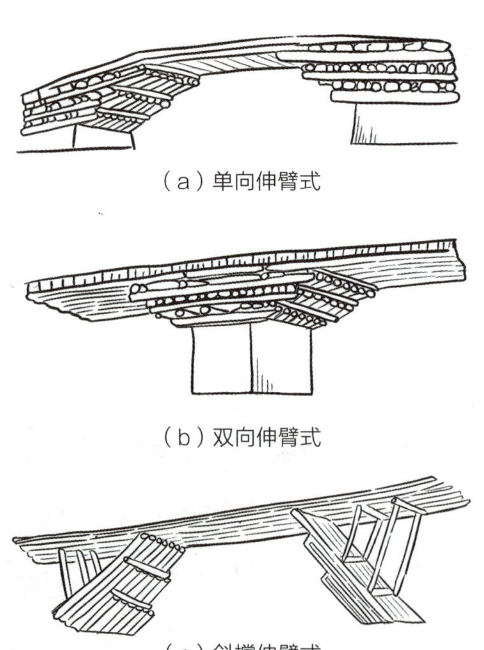
（a）单向伸臂式
（b）双向伸臂式
（c）斜撑伸臂式

图 2-5 伸臂式木梁桥的三种形式（谢欢喜 绘）

单向伸臂式木梁桥建造时，靠岸一端的木梁被压重，另一端单向向河心伸臂，再在左、右伸臂端架上简支木梁，以增加桥梁的跨度。这种桥式适用于两岸相距较近、中间不必设桥墩的情况。兰州握桥（见图 2-6）是我国伸臂式木梁桥的典型代表，其桥梁跨径达到了 22.5 米，全长 27 米，高 5 米，宽 4.6 米。

双向伸臂式木梁桥适用于两岸相距较远或河面较宽的情况，中间以桥墩支撑，墩顶叠加木梁，桥墩采用平衡伸臂式向两侧同时“伸臂”，在伸出的挑梁之间架上简支木梁，这样可减小梁中弯矩，同时可使木柱在纵向上有一定的稳定性。此类桥梁广泛分布在我国的浙江、湖南、广西、贵州等地的山区，较著名的有浙江鄞州鄞江桥、湖南醴陵渌江桥、福建泉州金鸡桥、福建连城云龙桥（见图 2-7）、湖南溆浦万寿桥等。

图 2-6　兰州握桥（陈元振．民国纸币上的景物 [M]. 杭州：西泠印社出版社，2013.）

图 2-7　福建连城云龙桥（刘杰．中国木拱廊桥建筑艺术 [M]. 上海：上海人民美术出版社，2017.）

斜撑伸臂式结构利用斜向撑架来支撑桥身，飞架两岸。其典型代表是甘肃文县阴平桥，如图 2-8 所示。阴平桥为单孔伸臂式木梁桥，以八字撑脚支撑桥面，桥的两端又用木材斜撑，斜撑一端固定在伸臂梁上。这种八字支架撑桥的结构符合力学的基本原理。阴平桥的跨度为 60 余米，桥面为木板铺设，两侧置桥栏，上建双层挑檐廊屋，装饰华丽，给人以美感。

图 2-8　甘肃文县阴平桥（张泰昌．桥画：兼说工程与艺术 [M]. 北京：中国铁道出版社，2015.）

4. 木桁架桥

木桁架桥的出现是木桥工艺的又一次飞跃。在欧洲的文艺复兴时期，人们已经认识了三角形稳定性的基本原理，即如果不改变组成三角形的构件长度，其形状是唯一的。随后，桁架结构就出现在修建拱桥时的支撑或脚手架上，并在其他建筑的修建过程中得到广泛应用。

桁架桥与梁桥和拱桥不同，在自然界中是找不到与它相似的结构的，它是人类根据结构的受力规律所创造出来的。它结构简单、实用性强，可以利用较短的木材节段制造。意大利人帕拉迪奥（Andrea Palladio）在文艺复兴时期以设计桁架而闻名，他发明的桁架代替了罗马拱，成为建筑的一种基本结构。1570 年，他在 *The Four Books on Architecture* 一书中提出 4 种桁架图式（见图 2-9），并应用 4 种不同

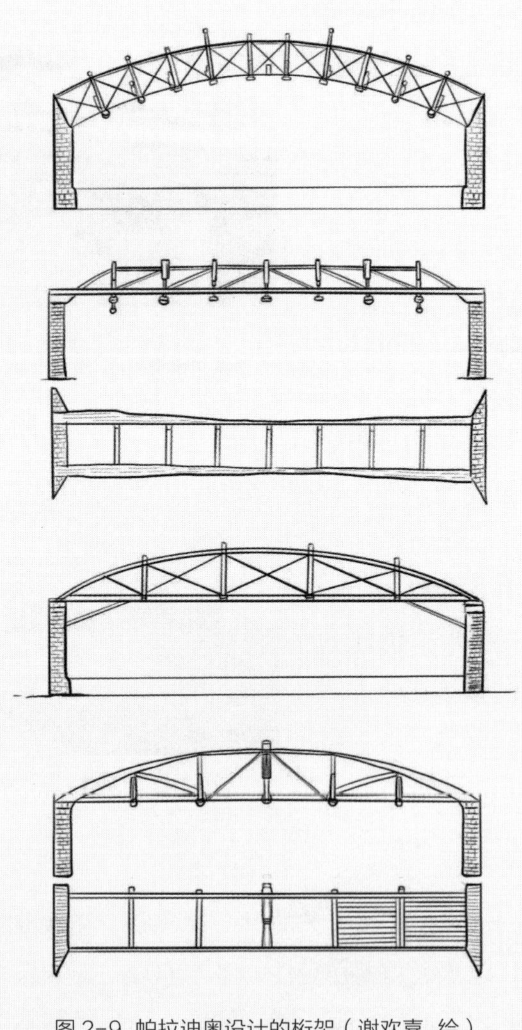

图 2-9 帕拉迪奥设计的桁架（谢欢喜 绘）

图 2-10 德国科隆莱茵河木桥模型（戴公连，宋旭明．漫话桥梁 [M]. 北京：中国铁道出版社，2009.）

的桁架建桥，因此他曾一度被认为是首次将桁架原理应用于桥梁建筑的人。德国科隆莱茵河木桥模型如图 2-10 所示。

如图 2-11 所示为山西省洪洞县广胜寺水神庙元代壁画的局部。该壁画下部画有一座桁架结构的木制梁桥，这座木桥采用桁架结构支承拱形桥梁，结构严谨坚固；桥面两侧分别设置护栏，桥梁两端共设有 4 根雕饰着兽头的桥柱，桥梁整体装饰华丽雄伟。据考证，这幅桁架桥图绘于元代泰定元年（1324），比意大利人帕拉迪奥 1570 年所绘的西方最早的桁架桥图早 246 年，是迄今所知世界上最早的木桁架桥的图画。

图 2-11 水神庙元代壁画局部（周成．中国古代交通图典 [M]. 北京：中国世界语出版社，1995.）

在中国的古代桥梁中，公认最早的木质桁架桥是惠爱桥（见图 2-12）。

惠爱桥原称金肃门桥，俗称旧桥，位于广西合浦县廉州镇惠爱路的西门江上。惠爱桥始建于明代正德年间（1506—1521），后经崇祯八年（1635）、清康熙十八年（1679）、乾隆二年（1737）多次重修，光绪十三年（1887）时毁于火灾。宣统元年（1909），廉州绅商合力募款重修，桥梁于宣统三年（1911）落成，知府李经野题名惠爱桥。

惠爱桥全长 38.7 米，宽 2.75 米，净跨 21.72 米，木桁架梁矢高 5.64 米。惠爱桥为全木质结构，桥身全部用印尼产的坤甸木建成。其结构形式为三铰拱（设有下弦拉杆人字架），拱脚支承在两岸石砌的榄核形桥墩上。桥的上部是用 4 根方木构成的两个人字架，人字架的顶端各衔咬着一根垂直下坠的木桩，形成两个并列的三铰拱。木桥的接合采用燕尾榫、方榫等技术，没有使用一枚铁钉。为延长木桥的寿命，在人字梁顶节点旁和中间吊杆顶部凿有方形的盛油孔，可倒入生桐油，使油渗入木头防裂防腐；还在桥顶覆盖绿色玻璃瓦，防止雨水从桥梁杆件上端渗入。

惠爱桥的外观浑厚古朴，设计巧妙科学，在广西属于首创，在全国亦罕见。它最大的建筑价值在于它是中国古代桥梁中唯一在桥面上方支撑全桥的桥梁。桥梁专家将它定义为“中国最早的木质桁架桥”，它填补了中国桁架桥发明史的空白。它的存在为中国原始形态的桁架木梁桥保留了一个古老的实物标本。

更令人惊叹的是，当时的造桥者没有周密、科学的力学结构计算方法，完全凭借丰富的实践经验，竟造出了完全符合木材力学特性原理的三角形结构桁架桥。据说，著名的建筑学家、清华大学教授梁思

图 2-12 惠爱桥

图 2-13　数学桥（牛顿桥）

成在现场考察时，对惠爱桥赞誉不已。

在国外的木桁架桥中，最著名的是英国剑桥的数学桥，又名牛顿桥（见图 2-13），位于英国剑桥大学女王学院内的剑河上。传说它是大数学家牛顿在剑桥教书时亲自设计并建造的一座桥。根据《剑桥权威指南》和 2002 年版剑桥大学画册，实际上数学桥是威廉·埃斯里奇（William Etheridge）在 1749 年根据数学原理设计，由詹姆斯·埃塞克斯（James Essex）建造的，建造时使用了铆钉。后来，女王学院的学生为探究这座桥的奥秘，曾把它拆开剖析，却无法复原，于是只好用钉子重新固定。数学桥是现代钢梁桥的雏形，其桥身相邻的桁架之间均构成 11.25° 的夹角。在 18 世纪，这种设计被称为几何结构，所以此桥得名数学桥。现在的这座桥，是原桥的复制品，建于 1905 年，是用螺栓连接、固定的。

5. 木拱桥

木拱桥是中国古代木桥发展的里程碑，是传统木构桥梁中最富创造性、技艺最先进的结构形式。

木拱桥由桥台、桥身、桥屋组成，有单拱、双拱之分，桥身如同彩虹，故又被称为虹桥。我国目前遗存着不同年代、不同构造、形态多样的木拱桥近 110 座，主要分布在福建省的宁德、南平和浙江省的温州、丽水，因为这些地方山高林密、溪流纵横，为木拱桥的建造提供了天然的环境与原料。浙江泰顺的三条桥、福建古田的公心桥等都是木拱桥“家族”中的一员。

常见的木拱桥主要包括木桁架拱桥和穿插梁木拱桥两类。

（1）木桁架拱桥

在闽浙现存的木拱桥中，最早有历史文献记载的是浙江泰顺的三条桥，它位于泰顺县洲岭乡和垟溪乡交界的溪流之上，现在的桥为清道光二十三年（1843）重建的。清光绪泰顺《分疆录》记载：“三条桥在七都。此桥最古，长数十丈，上架屋如虹，俯瞰溪水。旧渐就圮。道光间里人苏某独立重建，折（拆）旧瓦有贞观年号。”

根据残留的卯口、周围的地形以及当时的建造水平判断，旧三条桥的拱架系统可能为八字形撑架和附加桥柱支撑的混合支撑系统，如图 2-14 所示，其八字形撑架的营造方式为闽浙木拱桥营造技艺奠定了基础。

（2）穿插梁木拱桥

以穿插梁木形成木拱的名桥是北宋《清明上河图》中的汴水虹桥，如图 2-15 所示。这种桥梁式是中国建桥人的独创，也是中国木桥构造技艺的最高点，反映了中国古人的智慧。

汴水虹桥是一座单跨等边折线形的木构拱桥，跨径近 25 米，拱矢高约 5 米，桥宽足有 8 米。桥梁的设计严谨、构造精巧，显示出了极高的建筑技术和艺术水平。这种结构像桁架一样，解决了利用短木架设大跨度桥梁的技术难题。因而，河南开封的汴水虹桥被视为中国

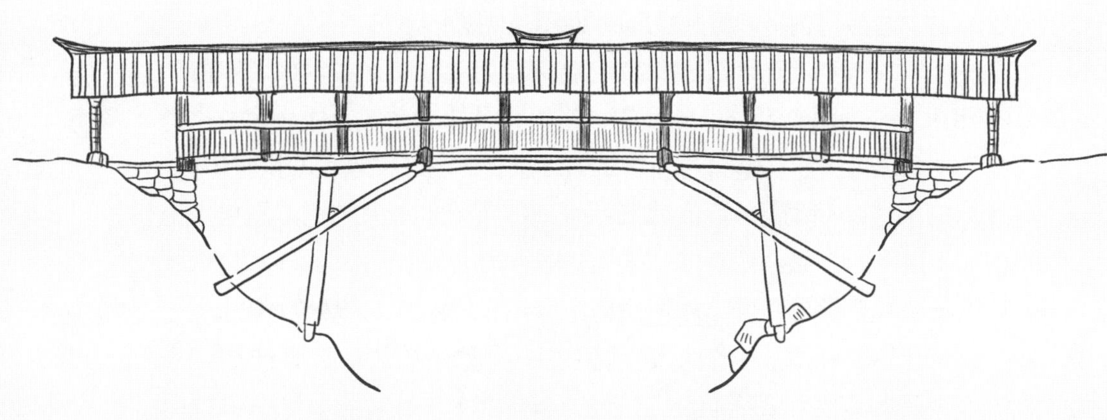

图 2-14　旧三条桥结构（谢欢喜　绘）

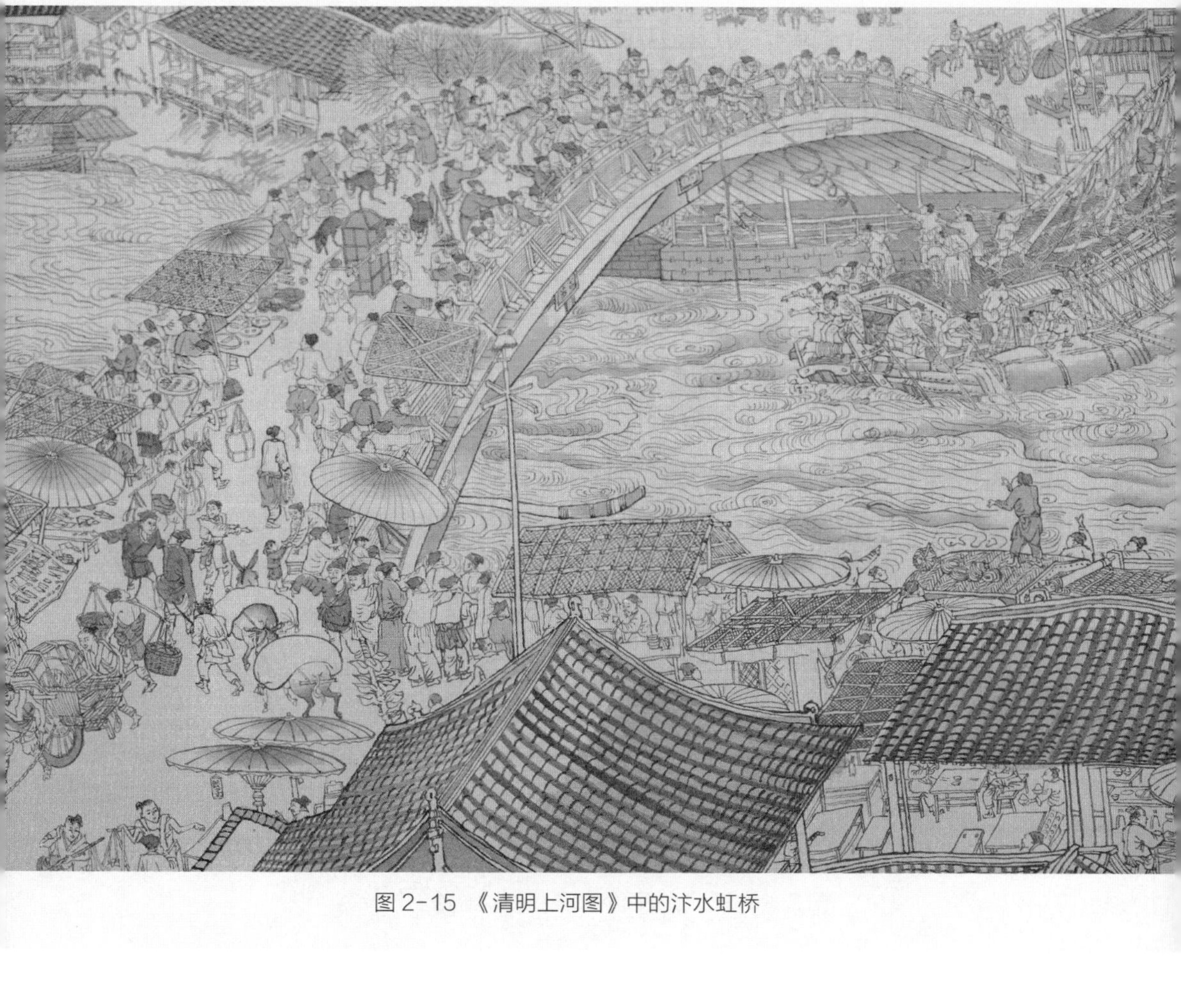

图 2-15　《清明上河图》中的汴水虹桥

桥梁史上的独特创造。虹桥的横断面示意图如图 2-16 所示。

虹桥共有 21 组拱骨，拱骨为大圆木，其上、下面被锛成了平面。21 组拱骨分为两个系统：外面的一组拱骨是第一系统，由 2 根长拱骨和 2 根短拱骨组成；里面的一组是第二系统，由 3 根等长的拱骨组成。共有 11 组第一系统和 10 组第二系统。每一个单独系统均是不稳定结构，于是在两个系统的拱木交会点设置了横贯全桥宽度的横木，横木可以起到联系拱骨，使结构形成稳定体系和横向分配荷载的作用。

关于这种桥式的创立，还流传着一个动人的故事。青州的洋水河上架设的有柱桥梁经常被夏天的洪水冲垮，阻隔了城镇两岸的交通，影响了人们的生产与生活，长期困扰着人们。到了宋代明道年间（1032—1033），当时的州官夏竦很想改变这种局面，但又提不出架桥的高明办法。一位曾当过狱卒的人根据洋水河的水文地势特点和多年的观察，认真研究并比较了当时流行的多种造桥技术，虚心吸取和总结了桥工匠师的智慧和经验，经过苦心钻研和革新，创造了用较短的木材建造较大跨度桥梁的巧妙技术，提出在洋水河上建造不用中间桥柱的虹桥方案。因其构造先进、工艺精良，洋水河上的青州桥历经 50 多年未曾被毁坏。

在很长一段时间里，人们认为建造虹桥的结构技艺已经失传。但在浙江西南、福建东北的洞宫山脉及雁荡、括苍等山脉间，仍有不少木拱桥，它们属于演进了的虹桥结构形式。这是因为中原战乱、北人南迁，虹桥的建造技术在东南沿海地区得以应用与延续。

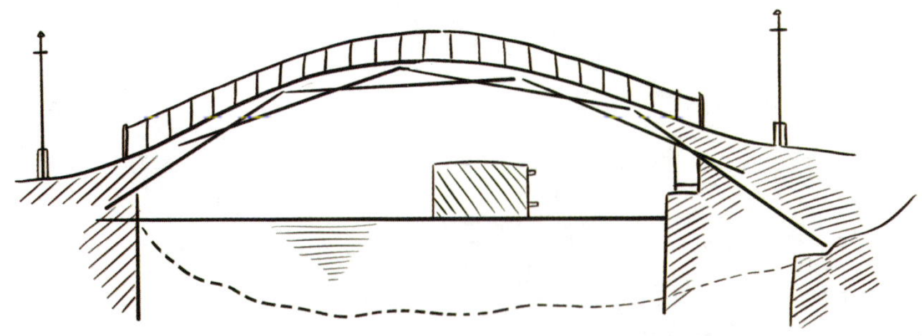

图 2-16 虹桥横断面示意图（谢欢喜 绘）

到了明清时期，木拱桥的营造技艺在福建、浙江等地流行，且工艺上有了一定的发展。明陈世懋在《闽中疏》中感叹“闽中桥梁甲天下”，清周亮工也在《闽小记》中写道：“闽中桥梁，最为巨丽，桥上建屋，翼翼楚楚，无处不堪图画。”这体现了木拱桥在建筑艺术上的绝美。浙江丽水庆元县的白云桥如图 2-17 所示。

6. 廊桥

廊桥，亦称蜈蚣桥，为有顶盖的桥，除飞跃山溪、沟通交通外，还可遮阳避雨，供行人休憩、交流、聚会、观景，主要有木拱廊桥、石拱廊桥、木平廊桥、风雨桥、亭桥等。福建连城云龙桥、广西三江

图 2-17　白云桥

程阳风雨桥等都是廊桥的典型代表。

云龙桥（见图2-18）位于福建省连城县罗坊乡下罗村口，始建于明崇祯七年（1634），清乾隆三十七年（1772）重修，距今已经有将近400年的历史。这座古老的风雨桥为东西走向，由5个花岗岩砌块石墩托起圆木横梁，有6个桥孔，凌空飞架在青岩河上，宛如一条蛟龙，加上西面背靠石壁，常有云雾缭绕，故而称为“云龙桥”。桥上有廊，桥首尾为东西牌楼，偏西面有攒尖顶的三层阁楼文昌阁，正中是庑殿顶阁楼，是连城有名的五座古廊桥之一。

图2-18 福建连城云龙桥（张耀清.历史记忆：闽西文化遗产（上册）[M].福州：海潮摄影艺术出版社，2007.）

云龙桥上的廊屋装有两层伞板，与卷棚顶屋瓦一起遮挡外界的风雨，给桥上的行人提供遮风避雨的空间。廊屋为穿斗式木结构，柱梁一体，榫卯契合，共有4排圆形木柱，形成了桥面正道和两边的走廊（见图2-19）。

风雨桥是一种特殊的廊桥，多见于湖南、福建、贵州、广西等地，桥身全用木料建成，桥面铺板，两旁设栏杆、长凳，桥顶盖瓦，形成长廊式走道，而且长廊有多层，檐角飞翘，顶有宝葫芦等装饰。侗族人一般称风雨桥为花桥。之所以叫风雨桥，是因为郭沫若先

图2-19　云龙桥廊屋（朱裕森．古韵闽西系列丛书·闽西古桥[M]．济南：山东画报出版社，2015.）

生曾题诗曰："艳说林溪风雨桥，桥长廿丈四寻高。重瓴联阁怡神巧，列砥横流入望遥。竹木一身坚胜铁，茶林万载茁新苗。何时得上三江道，学把犁锄事体劳。"风雨桥以杉木为主要建筑材料，整座建筑不用一钉一铆，全系木料凿榫衔接，横穿竖插。棚顶都盖有坚硬严实的瓦片，凡外露木质的表面都涂有防腐的桐油。所以这一座座庞大的建筑物可以横跨溪河，傲立苍穹，久经风雨，仍然坚不可摧。

坐落在林溪河上的永济桥又名程阳风雨桥（见图2-20），建于1912年，是侗族风雨桥的杰出代表和侗族建筑的集大成者。永济桥长77.6米，宽3.75米，高11.52米，为石墩木面翅式桥型，桥梁采用简支托架法，吊脚悬柱。整座桥不用一根铁钉，大小条木穿斗式组合衔接，直套斜穿成一个坚固的整体。桥上建有 5 座楼阁式桥亭和 19 间桥廊。楼阁层层向上，檐翼欲飞，桥、亭、廊浑然一体，宛如一座长廊式高层楼阁。中亭为四层六角宝塔式楼阁；东西两座台亭为四层四角宝塔式楼阁，重檐攒尖顶；东西两座墩亭为四层殿式楼阁，重檐歇山顶。这些桥亭重楼叠阁，别开生面，雄伟壮观。5 座桥亭之间以桥屋连接，构成了长廊通道，既可供人们憩息避雨，又能增强桥梁的稳定性，延长木结构的使用年限，还给周围的山水增添了诗情画意，有实用、坚固、美观等多方面的功能。

广西三江程阳风雨桥是目前保存最好、规模最大的风雨廊桥之一。

图 2-20 广西三江程阳风雨桥

第二节　筑石为虹

石桥是主要以石料作为材料建造而成的桥梁，主要有石梁桥和石拱桥两种结构形式。石桥坚固耐久且耐火，留存时间很长，具有悠久的历史和丰富的文化价值。

一、天生桥

最早出现的石桥是天生桥。陆游《入蜀记》这样描述天生桥：“见天生桥在万县路中，一巨石跨溪而过，自然成桥，形如玉虹，青碧光莹。”《徐霞客游记》：“又知天生桥非桥也，即大落水洞透穴潜行，而路乃逾山陟之；其山即在正东二里外。”天生桥以拱桥居多，也有少量梁桥。

1. 湖南张家界仙人桥

张家界仙人桥位于张家界市索溪峪风景区中，桥长26米，宽1.6米，厚1 ~ 3米，高67米，如图2-21所示。

当地居民传说，元末明初时，土家族起义领袖向大坤在百仗峡战败后，便把义兵分作三路撤退，第三路撤退的义兵由金花小姐和陈强将军带领。当他们走到王爷洞时，一道深不可测的峡谷横亘在眼前。在这前无去路、后有追兵的紧要关头，陈强将军只得前去阻挡敌人，让金花小姐在后方照顾伤兵。一路的奔波让所有人劳累至极，金花小姐亦是如此，她昏睡了过去。梦中，她见到一个身着盔甲、腰悬长剑、手持利斧的黑脸将军气势汹汹地朝她冲过来，金花小姐猛然惊醒。睡眼蒙眬之时，只见一块巨石稳稳当当地落在峡谷两岸，天堑瞬间变为通途！巨石旁似乎还有什么东西在月光的映射下闪闪发光，金花定睛一看，竟是梦中黑脸将军的长剑。于是，金花一边指挥义兵们过桥撤

图2-21 张家界仙人桥（唐寰澄，唐浩．中西方石拱桥[M]．北京：中国铁道出版社有限公司，2019.）

退，一边捡起长剑迎头痛击蜂拥而至的追兵，长剑挥处，敌人纷纷倒地。接着，长剑从金花的手中挣出，变成一条白蟒，白蟒身上的鳞甲转眼又变成千千万万条小蟒，它们一起向追兵包围过去，追兵一个个吓得抱头鼠窜，义兵因此顺利脱身。

如今的仙人桥西头的观景台上仍有一块亭亭玉立的少女石，当地老人们说那就是金花小姐的化身。山下流淌着一条泛着波光的天子溪水，老人们说那是长剑变化而成的。天子山上的白蛇是白蟒的后代。而黑脸将军用利斧劈下的那块横卧两峰之间的巨石就是仙人桥。

当代诗人丁芒诗云："仙人桥下起惊波，原是长风抛下坡。万仞绝峰权作柱，聊将一虹渡新歌。"（《苦丁斋诗词》）

2. 贵州水城天生石拱桥

贵州水城天生石拱桥位于六盘水市水城县金盆苗族彝族乡的干河地域，与赫章、纳雍两县毗邻。天生桥高135米，宽35米，顶部厚15米，拱跨65米，如图2-22所示。

图 2-22　贵州水城天生石拱桥（唐寰澄，唐浩 . 中西方石拱桥 [M]. 北京：中国铁道出版社有限公司，2019.）

3. 浙江天台山天生石梁桥

浙江天台山上有一天生石梁桥，如图 2-23 所示。石梁全长 6 米，梁下有洞 2.3 米，桥背宽 0.2 ~ 0.3 米，桥下飞瀑的落差达 35 米。晋孙兴公《游天台山赋》记石梁曰："跨穹窿之悬磴，临万丈之绝冥，践莓苔之滑石，搏壁立之翠屏。"《启蒙记》曰："天台山石桥，路径不盈尺，长数十步，至滑，下临绝冥之涧……"《徐霞客游记·游天台山记》叙述徐霞客于明万历四十一年（1613）四月初三"下至下方广，仰视石梁飞瀑……初四……循仙筏上昙花亭，石梁即在亭外。梁阔尺余，长三丈，架两山坳间。两飞瀑自亭左来，至桥乃合流下坠，雷轰河隤、百丈不止。余从梁上行，下瞰深潭，毛骨俱悚。梁尽，即为大石所隔，不能达前山，乃还"。崇祯五年（1632）三月，徐霞客再游天台山，十六日"过上方广寺，抵昙花亭，观石梁，奇丽若初识者"。

图 2-23 天台山天生石梁桥（唐寰澄，唐浩．中西方石拱桥 [M]. 北京：中国铁道出版社有限公司，2019.）

二、石拱桥

石拱桥是留存数量最多、分布范围最广、时间跨度最长且保存最好的古桥结构形式。

1. 石拱桥起源

关于拱桥的起源众说纷纭，很多中外学者都曾对其进行探索，形成了以下几种主要说法。

其一，天生桥说。

天生桥说认为人类对拱结构的认识应源于自然，受到自然界中天生桥的启发，从而学会并建造第一批拱结构。例如，前面所述的张家界仙人桥和贵州水城天生石拱桥的结构形式跟古代的石拱桥十分相似，天生桥对古代石拱桥的设计建造应该具有一定的启发作用。然而，在工具简陋、知识匮乏的远古时代，仅凭对外观形式的认识能否建造屹立千年的石拱桥？这一问题一直是桥梁技术史领域里颇有争议的焦点。

其二，叠涩演进说。

叠涩演进说认为石拱桥建造技术是由早期建造墓穴、宫殿及房屋结构的叠涩法演变而来的。叠涩法采用比较整齐的砖或石块，多层叠石，层层挑出，左右在顶部相接，形成类似拱的跨越结构物。西方学者普遍认同叠涩演进说。然而力学意义上的叠涩拱不是真拱，因为叠涩拱没有拱券，结构自重不能转换为主拱券内的轴向力，因此叠涩拱又被称为“假拱”。叠涩拱如图 2-24 所示。

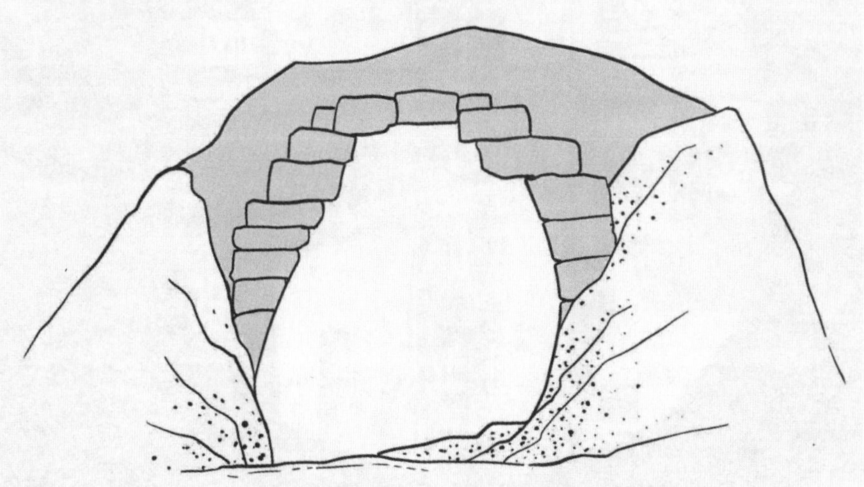

图 2-24　叠涩拱（谢欢喜　绘）

其三，折边演进说。

折边演进说最早由建筑学家刘敦桢先生提出。中国石拱桥的历史记载不早于晋代，存在的实物不早于隋代，仅能从地下发现的建筑推测拱桥的起源。刘敦桢先生通过对汉代砖墓结构演变的考证，认为在西汉和东汉之间，砖墓结构由最初的平板逐渐变为折边拱，最后演进为圆拱。圆拱如图 2-25 所示。

除此以外，也有学者提出土穴说和陶瓮说，试图解释拱桥的起源。土穴说认为拱桥建造技艺是古人从所居住的山洞的洞顶受到启迪，获得了拱和穹隆结构有安全性的经验。陶瓮说认为陶器主要为圆形结构，与早期拱券的形状类似。古人将陶瓮埋于土内用于储存粮食和水，此时瓮壁承担了环向的土压力，古人由此获得了建造拱桥的启发。

2. 中国石拱桥的发展历史

中国石拱桥的建造具有悠久的历史。梁思成先生于 20 世纪

图 2-25 圆拱

30 年代发表文章，认为我国历史上最早的拱券实物出现于周汉陵墓之中。当时考古发掘的洛阳“韩君墓”建于战国末年，其墓门为石拱。东汉时期的帝陵或诸侯王的墓室也有许多由砖或石砌筑的筒拱或穹拱结构。

关于我国石拱桥最早的文字记载，学界普遍认为是西晋时期的旅人桥。《水经注》中对旅人桥有记载：旅人桥约建于 282 年（据唐寰澄和唐浩先生考证，应为 274 年），其“悉用大石，下圆以通水，可受大舫过也”。唐寰澄和唐浩指出，我国最早的石拱桥应为东汉阳嘉四年（135）建造的“建春门石桥”。[1]

1 唐寰澄，唐浩. 中西方石拱桥[M]. 北京：中国铁道出版社有限公司，2019.

留存至今的石拱桥最早可以追溯到晋代。例如，建于西晋永嘉三年（309）的河北满城方顺桥、建于东晋义熙年间（405—418）的浙江绍兴光相桥。晋代之后，还有建于隋开皇四年（584）的河南临颍小商桥、建于唐敬宗宝历元年（825）的广西兴安灵渠万里桥等。

3. 中国古代石拱桥实例

（1）河北满城方顺桥

河北满城方顺桥（见图 2-26）位于太行山东麓，在今河北省保定市满城县方顺村中，建于西晋永嘉三年（309）。桥主孔为圆弧拱，净跨约 13.3 米，矢高约 4.2 米；边孔为半圆拱，净跨约 3.3 米；桥宽 7.44 米，长 37.2 米。

图 2-26　河北满城方顺桥（唐寰澄，唐浩. 中国桥梁技术史：第二卷　古代篇（下）[M]. 北京：北京交通大学出版社，2017.）

拱上有眉石，略凸出于拱券，即伏券，此技法始于东汉。据唐寰澄、唐浩考证，方顺桥始建时代应早于西晋，最早可推到东汉。

传说，方顺桥曾名“访舜桥”“双凤桥”。关于它，有这样一个村里人辈辈相传的故事：相传尧帝住在尧城，他仁慈爱民，聪明勇敢，善于抵御自然灾害，深得民众和其他部落拥戴，被推举为帝。尧在位七十年的时候，感觉到岁月不饶人，自己的儿子丹朱又很不成器。于是，尧琢磨着要物色、培养优秀的接班人，他为此颇为踌躇。他的两个女儿娥皇、女英看到父亲愁闷的样子，就替父亲出主意："天下之大，贤才遍野，何愁找不到合适的继承人呢？"一天，尧来到某地，见一穿着朴素的小伙子正在耕田。这小伙子叫舜，他一手提着根鞭子，一手拍着牛的脊梁说："牛啊牛，你走啊！耕不完这三亩地，咱俩谁也别想回家。"牛听了小伙子的话，使劲拉了一阵，不一会儿又停了下来。小伙子又说了几句，牛又拉了起来。尧帝看在眼里，觉得此人是一个贤良之人，正是自己要寻访的人物。为了进一步深入考察这个年轻人，他将自己的两个女儿一起嫁给了舜，要看看身为一介平民的舜能不能和这两位出身高贵的女子好好相处。舜果然没有辜负尧的期望，他的出身虽然比两位妻子要低贱很多，可是他不卑不亢，与妻子互敬互爱。渐渐地，尧的两个女儿都深深地爱上了舜。婚后的娥皇、女英经常要渡过曲逆河，她们看到行人过河的难处，感同身受，就兴建了一座三拱桥。人们为了纪念娥皇、女英，就把这座桥叫作"双凤桥"。"双凤桥下水东流，昔日曾通一叶舟。芦苇夹岸澄水清，板桥石砌匠心求。"后人为纪念尧大公无私的贤德，又把这座桥改称"访舜桥"，将舜的故里改称"东访舜"，时间一长，就变成了"方顺桥""东方顺"。

（2）河南临颍小商桥

河南临颍小商桥（见图 2-27）位于河南临颍县城南与郾城交界处的颍水之上。其主孔净跨 12.1 米，矢高 3.06 米；两岸小拱脚间距为 20.2 米，小孔净跨 2.6 米，矢高 0.6 米，桥宽 6.5 米，桥长 21.3 米，大拱券厚 65 厘米，上有两道眉石，小拱券厚 55 厘米。河南临颍小商桥建于隋开皇四年（584），在《旧唐书·李光进传》、明嘉靖《临颍县志》、清《临颍县志》中均有记载。

小商桥之所以闻名，还与岳家军名将杨再兴在此血战身亡有关。《宋史·杨再兴传》云："（岳）飞败金人于郾城（小商桥南），兀朮怒，合龙虎大王、盖天大王及韩常兵逼之。飞遣子云当敌，鏖战数

图 2-27　河南临颍小商桥（唐寰澄，唐浩 . 中西方石拱桥 [M]. 北京：中国铁道出版社有限公司，2019.）

十合，敌不支。（杨）再兴以单骑入其军，擒兀朮不获，手杀数百人而还。兀朮愤甚，并力复来，顿兵十二万于临颍（小商桥北）。再兴以三百骑遇敌于小商桥，骤与之战。杀二千余人，及万户撒八孛堇、千户百人。再兴战死，后获其尸，焚之，得箭镞二升。"《宋史·高宗纪》记此事在南宋绍兴十年（1140）。

（3）河北赵县永通桥

河北赵县永通桥（见图 2-28）横跨冶河（俗称清水河），建于唐永泰元年（765）。其主拱为圆弧形，净跨 23.48 米，净矢高 4.64 米；拱顶宽 6.63 米，东拱脚宽 6.89 米、西拱脚宽 6.95 米，主拱券有收分；拱顶处拱石厚 65 厘米，拱脚处拱石厚 75 厘米，拱石长约 70 厘米，宽 25.5 ～ 43 厘米。全拱以 20 道拱券并列砌筑。券脸石在接缝间除拱脚部分有双腰铁外，其他均沿拱轴线有一道腰铁。主拱券上的眉石厚 25 厘米，在主拱顶拱宽为 6.5 米的范围内有六根勾头石和带梁头的横铁梁。主拱券顶纵横石缝之间都有腰铁，构造方法和赵州桥相同。主拱之上有四小拱，东端小拱较大，平均净跨为 3.08 米，平均净矢高 0.87 米；西端则分别为 2.78 米和 0.78 米。东端小空腹拱平均净跨为 1.77 米，净矢高 0.88 米；西端则分别为 1.71 米和 0.88 米。四小拱拱券石厚 35

图 2-28 河北赵县永通桥

厘米和 45 厘米，眉石厚 13.5 ~ 14 厘米，并列 22 ~ 24 道砌筑。

永通桥上的石雕十分精美且保存完好。很多文人雅士为之讴歌作诗，刻碑撰志，其中最有名的就是宋代杜德源的《永通桥诗》：

> 并架南桥具体微，石材工迹世传稀。洞开夜月轮初转，蛰启春龙势欲飞。金道马尘奔驿传，玉栏狮影炽晴晖。可怜题柱诗人老，惭愧相如驷马归。

（4）江苏苏州吴门桥

江苏苏州吴门桥（见图 2-29）位于苏州古城的西南盘门外，为单孔半圆形驼峰式石拱桥，始建于北宋元丰七年（1084），清代重修。原桥应是三孔，旧名“新桥”。《苏州府志》载：“吴门桥，在如京桥东，有石刻三大字。旧名新桥，下有三洞，最长，又称三条桥。”《苏州府志》又记曰：绍定年间（1228—1233）重建，改今名。明正统间（1436—1449）知府况钟再建。弘治十一年（1498）、清顺治三年（1646）、雍正十二年（1734）重修。同治十一年（1872）重建。唐寰澄和唐浩推断，现在的吴门桥应是在南

图 2-29　江苏苏州吴门桥（唐寰澄，唐浩 . 中西方石拱桥 [M]. 北京：中国铁道出版社有限公司，2019.）

宋绍定年间（1228—1233）改建的。

现在的吴门桥拱券净跨约 14 米，拱脚宽约 5.8 米，拱顶宽 4.5 米，桥高约 6 米，桥长约 52 米。南北两坡各铺设条石踏步 50 级，北端金刚墙左、右两翼均砌有宽 0.6 米的纤道。

（5）山西太原普济桥

山西太原普济桥（见图 2-30）俗称南桥，横跨在位于原平城北 20 公里外的崞阳镇南门外的河流上，单孔敞肩拱，大拱上叠四小孔，始建于金泰和三年（1203）。主桥长 30 米，净跨 18 米，矢高 6.2 米，大拱上的大腹拱净跨 3.2 米，小腹拱净跨 1.8 米，桥宽 9 米，拱券石

图 2-30　山西太原普济桥（傅安才 . 山西旅游名胜诗联图集 [M]. 太原：山西人民出版社，2013.）

厚 61 厘米，眉石厚 23 厘米。

（6）江苏苏州灭渡桥

江苏苏州灭渡桥（见图 2-31）始建于元大德二至五年（1298—1301），净跨 20 米，矢高 8.19 米，拱券石厚 30 厘米。

《苏州府志》载："灭渡桥在赤门湾，旧以舟渡。元大德间僧敬修募众创桥，因名灭渡。明正统间知府况钟重建。清同治间重修。"并引元代张元亨《建灭渡桥记》曰："吴城东南，由赤门湾距葑门，水道间之，非渡不行。舟人横暴，侵凌旅客，风晨雨昏，或颠越取货。昆山僧敬修，几遭其厄，仅得免，走诉公廷，法治之。既思创建石梁，利济永久。……始大德二年（1298）十月，迄工四年三月桥成。长二十八丈四尺（约 95 米），高三丈六尺（约 12 米），广视高之半（约 6 米）……南北往来，踊跃称庆，名灭渡，志平横暴也。"就是说，元朝元贞年间（1295—1297），客商、百姓在此摆渡过往，屡遭船家敲诈，昆山僧人敬修经过这里，因无钱而受到百般刁难、奚落。为平暴利民，敬修和尚发誓建桥，会同里人陈玠、张光福等人，共同募集钱财，于大德二年（1298）动工，大德五年（1301）建成，并取名灭渡。

图 2-31 江苏苏州灭渡桥（唐寰澄，唐浩．中西方石拱桥 [M]. 北京：中国铁道出版社有限公司，2019.）

（7）浙江余杭通济桥

现存的浙江余杭通济桥（见图2-32）位于浙江余杭西15公里处，跨南苕溪，为三孔半圆拱，明洪武元年（1368）重建。其中孔净跨15米，边孔净跨12.5米。

历史上的通济桥屡建屡毁，清雍正《浙江通志》载，桥为东汉熹平年间（172—178）建，名隆兴。五代吴越王钱镠重建，改名安镇。宋绍兴十二年（1142）复建，始名通济，以木为梁。元至正十八年（1358）焚毁。明洪武元年（1368），县令魏本初重建，通易以石，袤二十五丈（约83米），广三丈五尺余（约11.7米），甲于境内，俗呼大桥。

这座桥可谓命运坎坷，曾险些被拆除。传说明嘉靖年间，大学士谢迁致仕，回到了家乡余姚泗门。他在任期间为官清廉、关心民瘼，深受百姓爱戴，余姚人都尊称他为谢阁老。同时在朝为官的工部尚书赵文华则为人奸诈、心胸狭隘，陷害忠良的事情没少干。每次赵文华的船过余姚江桥时，余姚人总会讥讽他几句："慈溪人官再大，都要从余姚人胯下钻过。"（赵文华是慈溪人）于是赵文华不仅恨余姚人、恨谢阁老，连带着对江桥也是恨之入骨，想尽一切办法欲将其拆除。一次，他向皇帝上疏："万岁爷，皇帝京城也只有里罗城、外罗城和

图2-32　浙江余杭通济桥

紫禁城三层，而余姚却有江南城、江北城和皇山城三层，还有一座江桥，长虹横卧，三城鼎立，构成一个‘品’字。风水这么好，当地人都说那里要出皇帝。我看那个谢迁是有谋逆之心！”皇帝听罢大怒，赵文华顺势说道：“只要江桥一拆，当地的风水就可以被破坏掉了。”于是赵文华捧着一道拆除江桥的圣旨来到了余姚。

江桥是百姓的交通要道，在乡的谢阁老听闻之后，万分着急，于是与寺中方丈一道找有经验的船老大商议，定下计策：从西十三渡到三江口，在长五华里的江面上设下“瞒天帐”。何为“瞒天帐”？“瞒天帐”一搭，官船里的人便会辨不清黑夜与白天，看不清江桥在何处。而与此同时，赵文华也在暗暗算计，他派人来到余姚，测量江桥桥洞的宽度，令工匠将官船的船沿加阔到比桥洞的宽度还要宽三分，这样，船到江桥必定受阻，就可以当场拿出圣旨，下令拆桥。

这天，天色熹微，谢阁老乘快船出城十里等候。赵文华的官船一到，谢阁老等人便登船拜访，与赵文华在船舱里灯下下棋。官船刚过西十三渡就进入了“瞒天帐”，谢阁老心中有数。而赵文华此时也棋兴正浓，坐等官船碰撞桥洞。不到半袋烟工夫，赵文华正要落子时，船舱内豁然开朗，他忽觉事情不妙，出船舱一看，原来早已过了江桥。赵文华只得将船靠岸，余姚县令早已恭候在此，赵文华拿出圣旨宣读，余姚县令却以圣旨写明“奉旨拆除江桥”，没写让他奉圣旨回头拆掉江桥为由长跪不接。谢阁老也在一旁说，圣旨回头乃是欺君之罪。赵文华哑口无言，拆除江桥的如意算盘只得作罢。

原来，船老大已被谢阁老调换，官船到桥洞时，技术娴熟的船老大将船身微微向北一倾斜，官船便顺利通过了桥洞，赵文华丝毫没有察觉。就这样，谢阁老与机智的余姚百姓保住了这座浙东第一桥，它至今仍造福着后人。

（8）北京颐和园十七孔桥（彩虹桥、玉石桥）

北京颐和园十七孔桥（见图 2-33）有 17 孔半圆拱，始建于清乾隆二十年（1755）。十七孔桥西连南湖岛，东接廓如亭，桥长 150 米，宽 8 米，由 17 个券洞组成，拱净跨为 4.2 ~ 8.5 米，是颐和园内最大的一座桥梁。

三、石梁桥

世界上最早出现的桥梁并不是人工建造的，而是倒塌横卧在溪流上的树木和浅水中散乱的石块。当远古人类发现借用这些天生桥可以拓展狩猎和采集的范围、提高生存能力和生活质量时，他们便有了推倒树木建立最简单的人工桥梁的想法。梁桥的结构形式简单，方便建造、对施工质量要求低，是人类建造的最早的人工桥梁。

由于材料和工具等条件的限制，早期梁桥以木桥为主。经考证，春秋末战国初期出现了生铁冶炼和铸铁柔化技术，这极大地促进了石料的开采。秦汉时期，出现了石柱、石梁、石桥面等新构件，这也为石梁桥的出现和发展奠定了基础。从梁桥出现至今，其结构形式并未发生明显变化。下面简单介绍几座古代的石梁桥。

图 2-33　北京颐和园十七孔桥（唐寰澄，唐浩 . 中西方石拱桥 [M]. 北京：中国铁道出版社有限公司，2019.）

1. 中国古代现存最长的石桥——安平桥

安平桥（见图 2-34）曾用名五里桥、西桥、安海桥，位于福建晋江安海镇和泉州南安水头镇之间的海湾上，是我国现存最长的石梁桥，享有“天下无桥长此桥”之誉。目前，桥长为 2070 米，宽 3 ~ 3.6 米，以巨型石板铺架桥面，两侧设有栏杆。

安平桥始建于南宋绍兴八年（1138），绍兴二十二年（1152）竣工并投入使用，明清两代曾多次重修。

关于安平桥有一个美丽的传说。洪水和海潮的双重侵袭让安海的百姓常年苦不堪言，人们说这是东海与南海的两条孽龙在作祟，可是当地的老百姓拿它们毫无办法。正巧，一位在此修炼的道人见到这两条孽龙在海滩上嬉戏，待它们疲惫之时，道人用仙术镇住了孽龙，又变出两个大畚箕和一把大铁铲，将它们挑去填水患。铁铲铲过的地方留下了两个大窟窿，成了如今的“龙湖”与“飏湖”。道人挑着这两条孽龙走到一处叫大山后的地方时，为了跨越溪涧，步子迈得过大，

图 2-34 安平桥（唐浩 摄）

扁担被压断了，两条孽龙被惊醒了。道长还来不及出手，孽龙便飞上天去了，只留下两堆土。这两堆土就是现在的“黑麒麟山”和“赤麒麟山”。道人为此十分自责，只得回到灵源山继续修炼。若干年后，安海大雨瓢泼，那两条孽龙又现身作怪，此时早已得道成仙的道长在灵源山顶运功，吐出一条七彩锁链，锁链从安海镇跨过海湾，直到南安的水头镇，恍若一条垂天长虹。孽龙见状吓得赶紧逃之夭夭，大水随之退去。百姓们见孽龙惧怕长虹，于是用长条大石铺砌，想要建造一条锁蛟玉带，镇锁住孽龙，同时可以便利两岸百姓往来。石桥落成后，孽龙果然再也没有出现了，外地的商旅船只相继而来，此地的商业日益兴盛，百姓们也安居乐业，于是大家将这座桥称为“安平桥”。

2. 中国现存最早的跨海梁式大石桥——洛阳桥

洛阳桥（见图 2-35）原名万安桥，位于福建省泉州东郊的洛阳江上，是中国现存最早的跨海梁式大石桥，由宋代泉州知州蔡襄主持修建。洛阳桥素有“海内第一桥”之誉。

图 2-35 洛阳桥（唐浩 摄）

蔡襄撰写的《万安桥记》记载，这座桥“垒址于渊，酾（shī）水为四十七道，梁空以行，其长三千六百尺，宽丈有五尺。翼以扶栏如其长之数而两之，糜金钱一千四百万。求诸施者，渡实支海，去舟而徒，易危为安，民莫不利”。

现存的洛阳桥是清朝乾隆二十六年（1761）重建的，桥长 834 米、宽 7 米，有桥墩 46 座，墩孔净跨 8 米。

3. 世界上构件最大最重的石梁桥——江东桥

江东桥（见图 2-36）原名通济桥，又名虎渡桥，位于福建省九龙江北溪下游，在漳州台商投资区角美镇江东农场西侧，重建于南宋嘉熙元年（1237），近年被《世界之最》一书列为世界上最大的石梁桥。江东桥的石梁长 23.7 米，宽 1.7 米，高 1.9 米，重约 207 吨。该桥自建成后一直使用了 700 多年，到 1933 年才在老桥墩上架上钢筋混凝土桁架，改建为公路桥。

传说在南宋嘉定七年（1214），漳州知州庄夏欲以垒石为墩，建造木桥，但水流湍急，垒石屡屡被冲走，桥墩一直都未能成功砌成。就在知州一筹莫展之时，他忽见一猛虎背着一只幼虎渡江。猛虎泅过

图 2-36 江东桥（唐寰澄，唐浩．中西方石拱桥 [M]. 北京：中国铁道出版社有限公司，2019.）

一段急流之后便在浅滩上休息片刻，就这样游一段歇一段，顺利地渡过了江。知州与修桥工匠十分惊讶，立即去猛虎歇息之地寻找奥秘，原来每处老虎歇脚的地方，在水下都有坚固的石阜。他们便以此为桥墩的选址，铺梁成桥，并以木瓦盖顶。大桥历时三年一个月才建成，被命名为“通济桥”，因“有虎负子渡江”，故又称“虎渡桥”。

南宋嘉熙元年（1237），通济桥被大火烧毁，漳州知州李韶提议将木桥改建为石桥，以提高其耐久性。他带头捐资，乡里官绅百姓纷纷捐资出力。《龙溪县志》记此石桥“广二十尺，长二千尺”，桥孔“十有五道”。

茅以升在《中国石拱桥》中评价江东桥道：“……在建筑技术上有很多创造，在起重吊装方面更有意想不到的办法，如福建漳州的江东桥，修建于八百年前，有的石梁一块就有二百来吨重，究竟是怎样安装上去的，至今还不完全知道。”

4. 独具匠心的榫卯结构石梁桥——寿隆桥

寿隆桥（见图2-37）又名汉寿桥，俗称板凳桥，位于湖南江永

图2-37　寿隆桥

县夏层铺镇上甘棠村东北隅 0.5 公里的永（明）恭（城）古驿道（潇贺古驿道）上。它是独具特色的子母榫结构石梁桥，始建于北宋，亦有人说建于西汉，明成化八年（1472）重修。桥长约 30 米，由双面平梁和单面平梁两部分组成。双面平梁部分为三墩四孔，桥墩由方形青石堆砌，每段以双条青石压面。单面平梁部分长约 10 米，宽约 1.3 米，四墩五孔；桥墩均由三块长条石呈子母榫上下、左右拼拢围砌，形似“八”字形板凳腿，高约 1.85 米，榫头露出桥面 0.27 米；桥面以单面（一处为双面）青石压合，五块长条青石的厚度在 0.2 米以上，最长的为 3.14 米，最短的为 1.83 米，除最南的两块长条石（双面）的宽度约为 0.6 米，其余的宽度约为 1.3 米。

《上甘棠众架石桥舍钱题记》记载，与寿隆桥结构相同、位置相邻的栈道桥建于北宋靖康年间，有专家据此推断寿隆桥同样建于北宋靖康年间。又，石碑刻文《重建寿隆桥记》曰：“甘棠周氏宅东北隅一里许，有桥曰寿隆，屡兴屡废，难为长久之策。爰自成化辛卯冬，棠溪积善君子周绍隆、周麒，同诸众信，集功舍财，觅工镌石圈桥一道……时大明成化八年岁在壬辰仲春月。”

寿隆桥等石仿木榫卯结构石梁桥填补了木质桥向石桥过渡的实物空白，在桥梁发展史上留下了浓重的一笔，是十分珍贵的古桥遗产。

第三节 抛索为渡

索桥一般指悬索桥，是桥梁的主要类型之一。悬索桥指的是以通过索塔悬挂并锚固于两岸（或桥两端）的缆索（或铁链）作为上部结构主要承重构件的桥梁。相对于其他的桥梁结构形式，悬索桥可以使用比较少的材料来跨越比较长的距离。悬索桥可以造得比较高，容许船在下面通过，在造桥时没有必要在桥中心建立临时桥墩，因此悬索桥可以在比较深或比较急的水流上建造。

一、索桥的起源——猴桥

关于悬索桥的起源，有人认为是猴子最先采用悬索桥的形式。在我国西南少数民族聚集地区流传着“猴子造桥”的故事：一群猴子想要过河，就像图 2-38 所示的一样，一个猴子先上树，然后第二个上去抱住第一个，第三个又去抱第二个，这样一个一个地首尾相连，形成一长串。然后猴子来回晃动，类似荡秋千，最尾端的猴子趁势抱住对岸的大树，这就形成了一条“猴桥”，其余的猴子可以顺利地从猴桥上通过。原始人大概是从中得到了启示，发明了以藤、草、竹等材料加工成索来造桥的办法，逐步创造出了索桥。

二、索桥的雏形——藤桥和绳桥

使用各种藤蔓或编织的草绳制成索来造桥，这一古朴的手艺存在于世界各地，在有些地方还成了一种传统文化，一直延续至今。最早

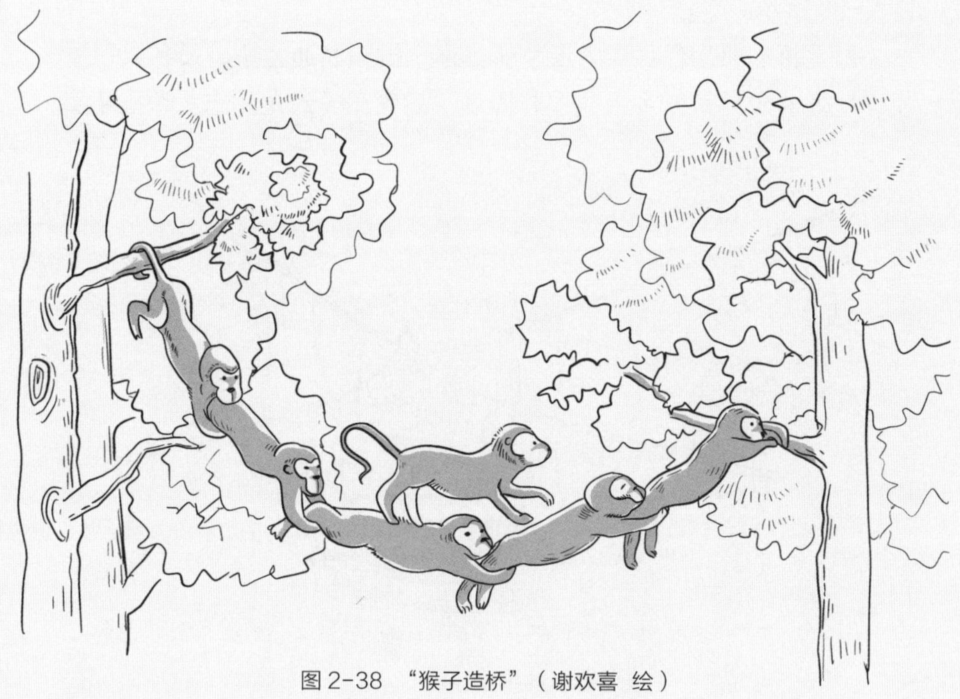

图 2-38　“猴子造桥”（谢欢喜　绘）

的索桥应该是天生的藤索桥，但是由于年代久远，规模小，又一般处于深山中，所以少见于文献记载。根据科技发展的规律判断，无须过多加工、耐拉能力很强的天然藤条应该是人们最早利用的索桥材料。有些藤条自然生长，攀越峡谷而形成了天生索桥，这应该是索桥的雏形。

生活在热带的原始人利用森林中的藤、竹、树茎做成悬式桥以渡小溪，使用的悬索有竖直的、斜拉的，还有两者混合的。老挝、爪哇的原始藤竹桥，都是早期悬索桥的雏形。不过有文字记载的悬索桥，最早出现在中国。直到今天，索桥仍在影响着世界吊桥形式的发展。

在适宜的气候里，藤本植物密布，可以作为抓手将人荡过沟壑。在热带雨林里，整个雨林的上部全是纠缠交错的藤蔓，猴子们在其间穿行。原始人可能还会观察到蜘蛛在风中扯丝，将丝连接到不同的树枝上，以加固悬线，从而支撑沉重的网。原始人在寻找可吃的食物时也可能看到挂在树叶和树枝间的丝线，从而受到启发，尝试利用藤蔓或麻类植物，建造可供渡河的简易结构。藤蔓桥示意图如图 2-39 所示。

藤蔓桥的典型代表当为通京桥。通京桥原名通金桥，又名大包罗桥，地处云龙县长新乡大包罗村腹地。清雍正《云龙州志》卷三《津

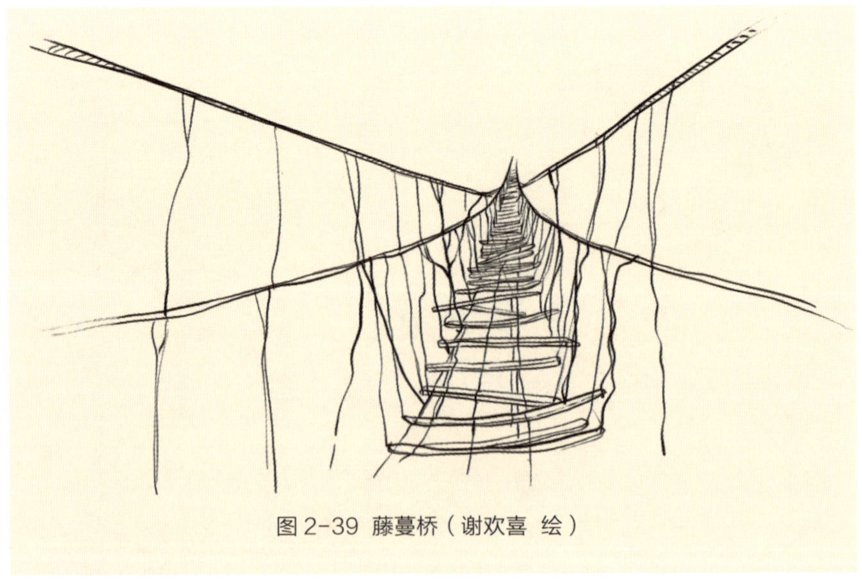

图 2-39 藤蔓桥（谢欢喜 绘）

梁篇》载："藤桥在十二关大波浪。"通京桥（见图 2-40）的前身是一座用野藤编缀而成的藤桥。此桥东西横跨沘江，始建于清乾隆四十一年（1776），后毁于洪水，乾隆四十九年（1784）重修。《重修大波浪桥碑记》云："从来桥梁之设，原通往来，况其为厂课攸关者乎。今此桥自前任厂主邓公起建，至王大老爷兼理厂务，上忠国课，下利民生，捐资重修，洵称义举。蒙州主许大老爷捐奉乐施，并谕里民协力行土，是以劝首阿凤朝、杨永发等合志□襄而焕然一新，以永垂不朽。"其下刻有捐资银两、出资人的姓名等。

乾隆年间，白羊银矿得到了开采，内地大量劳动力涌入了矿区，而大部分粗银要运往大理、昆明冶炼。通金桥是白羊银矿通往大理府的必经桥梁。此桥于清道光十五年（1835）再次重修，后渐渐地变得破损不堪。1962 年沘江发大水，江中漂来一棵大树，漂至通金桥时大树树根插入河底，而树干被桥拦住了。在水的不断冲击下，桥身被树挤压歪了。村中老者在桥头上香磕头，祈祷老天保佑大桥平安。如有神助，大树立刻顺江而下，但整个桥身还是偏向了南面。有识之士求助于政府，政府拨专款抢修了此桥，并更名为"解放桥"。20 世纪

图 2-40 通京桥（张伯川 . 文化大理：云龙 [M]. 昆明：云南人民出版社，2016.）

80 年代初，又再次改名为通金桥。但不知出于何种原因，桥上新立的牌匾上写的是“通京桥”。

图 2-41 中的是印加草绳桥，当地语言称其为克斯瓦恰卡（Q'eswachaka），“克斯瓦”意为“草绳”，“恰卡”意为“桥”。印加帝国是 11—16 世纪位于美洲的古老帝国，其政治、军事和文化中心在今日秘鲁的库斯科（Cusco）。印加最大的一座桥建在秘鲁南部库斯科省克维地区的阿普里马克河上，桥长约为 45 米。草绳桥是印加人渡过峡谷和河流的简单吊索桥。印加人没有使用带有轮子的交通工具，印加草绳桥仅限于行人和牲畜通行。每年 6 月，当地的土著居民都要冒着生命危险修补这座古桥。一千名村民聚在一起，用时 3 天，每天工作 12 小时，将旧桥拆除，编织新桥，在第四天则举办一场盛大的庆典来庆祝索桥的重生，这个传统一直延续了 500 多年。今天，克斯瓦恰卡作为一种文化传统得到了重视和保护，2013 年 12 月入选联合国非遗名录。现在，这座草绳桥已经成了当地的一个旅游景点，促进了当地旅游业的发展。

图 2-41 印加草绳桥（福尔，图拉斯，莫顿 . 秘境：探寻全球仙境、废墟与乌托邦 [M]. 张依玫，译 . 北京：民主与建设出版社，2018.）

三、索桥的发展——溜索

图 2-42　溜索（谢欢喜　绘）

最简单的一种造桥形式是在两岸固定一根索，一头高一头低，人可以借倾斜之势滑越渡河。这就是最原始的渡河工具——溜索，如图 2-42 所示。生活在三江并流区域和雅鲁藏布江流域的少数民族，在历史上多使用溜索渡水。直到今天，仍有不少地区在使用溜索，但建桥材料已改用钢丝绳或钢绞线了。

溜索通常只能渡人，而且不方便、很危险。溜索多上下布置几根索，索间用藤或绳连接成网状；或者直接用藤编成网，形成索网桥或藤网桥（见图 2-43），这样过河就比较安全了。后来出现了多索的形式，即将一部分索平铺在下面，上铺木板形成较宽的桥面，将一部分索高

图 2-43　索网桥

置两侧，兼作扶手和护栏（见图 2-44）。这样的索桥既可以过人，也可过货物、牲畜，这就是早期的索桥。

四、竹索桥

远在公元前 3 世纪，在今四川地区就修建了“笮”（竹索桥）。《盐源县志》记曰：“周赧王三十年（前 285）秦置蜀守，因取笮，笮始见于书。至李冰为守，造七桥。”七桥之中有一笮桥，即竹索桥。《汉书》之后的众多古籍中，凡称笮者，均指藤桥或竹索桥。竹索桥以珠浦桥（安澜桥）最为著名，如图 2-45 所示。

珠浦桥位于四川省都江堰市区西北约 2 公里的岷江上，清嘉庆八年（1803）重建。邑人何先德倡建索桥，以木板为桥面，旁设扶栏。行人可通过此桥安渡狂澜，故更名为“安澜桥”。建桥时，何先德之妻杨氏出力不少，于是民间又称此桥为“夫妻桥”。安澜桥原长 320 米，现长 280 米，以木排为板，石墩为柱，承托桥身，又以慈竹扭成的缆绳横架江面。1962 年对索桥进行了维修，改 10 根竹底绳为 6 根钢缆绳，改竹绳扶栏为铅丝绳扶栏，铅丝绳外以竹缆包缠。1964 年岷江洪水暴发，全桥被毁。重建时，只改木桥桩为钢筋混凝土桥桩，其余照旧。后因兴建外江水闸，将索桥下移 100 米，重建时改平房式桥头堡为大

图 2-44 索桥

图 2-45　珠浦桥（安澜桥）

屋顶双层桥头堡，改单层金刚亭为可供行人休息的六角亭，增建沙黑河亭，桥长 261 米。安澜桥是世界索桥建筑的典范，1982 年被列为国家级文物保护单位。

五、索桥的繁荣——铁索桥

中国的铁索桥的建造成就很高，有世界上最早的铁索桥。随着冶铁技术的发展和普及，以铁索为主要材料的铁索桥使索桥成为一种独立的桥式，与梁桥、拱桥比肩而立。云南、四川、贵州和西藏等地区的铁索桥种类繁多，结构简单而巧妙。

早在公元前 50 年（汉宣帝甘露四年），四川已经建成了长达百米的铁索桥。1665 年，徐霞客有篇题为《铁索桥记》的游记被传教士 Martini 翻译到西方，此篇游记详细记载了 1629 年贵州境内的一座跨度约为 122 米的铁索桥。1667 年，法国传教士 Kircher 从中国回国后，著有《中国奇迹览胜》，书中记录了建于公元 65 年的云南兰津铁索桥。该书曾被译成多种文字并多次再版。据科技史学家研究，上述图书出版之后，索桥才被传到西方。可见，中国古代的铁索桥是独创的，而且领先于世界。大渡河上有名的由 9 条铁链组成的泸定桥是在 1706 年建成的。云南地区亦较早就出现了铁索桥，《徐霞客游记·滇游日记》记云南龙川东江藤桥云："龙川东江之源，滔滔南逝。系藤为桥于上以渡……"

始建于清康熙四十四年（1705）的四川泸定桥（见图 2-46）是我国铁索桥的一个典型代表，它代表了中国古代铁索桥的辉煌。1705 年，康熙皇帝为了解决汉区通往藏区道路上的梗阻，下令修建大渡河上的第一座桥梁。经过一年的修建，大桥建成。康熙皇帝取"泸水"（大渡河旧称）、"平定"（平定"西炉之乱"）之意，御笔亲书"泸定桥"三个大字，泸定桥因此而得名，泸定县也因此而得名。从此泸定铁索桥便成为连接藏汉交通的纽带。这块御碑如今还屹立在桥西。桥东还有康熙四十八年（1709）所立的《御制泸定桥碑记》。

世界桥梁史上最早的铁索桥是塔城铁桥，建于初唐时期，其遗址位于今云南省丽江市玉龙县塔城乡塔城村，因该地为吐蕃神川都督府

图 2-46 泸定桥

所在地，故而此桥又名神川铁桥；当时的塔城也因此被称为“铁桥城”而闻名中原。这座桥梁为“穴石锢铁”的铁索桥，系吐蕃为了向洱海地区扩张，于唐高宗调露二年（680）建立的。或说此桥是隋代大将史万岁征云南爨氏时所建，或说为南诏所建，这两种说法都是错的。这可从历史上此桥被称为“吐蕃铁桥”得到证明。至于桥梁的施工建造者，则应为吐蕃在丽江一带征集的古纳西族工匠。遗憾的是，塔城铁桥存世仅110多年。唐德宗贞元十年（794），南诏归唐，“苍山盟誓”以绝吐蕃，在突袭“铁桥城”之际毁掉了塔城铁桥。因此，桥的形制、跨度、长宽等情形，今天已无从得知。《中华人民共和国地方志丛书·中甸县志》刊登了此桥的一组图片，《铁桥天然桥墩——江心笔架石》这张图片示意此桥为双跨组合，但也只是一种猜测而已。至今，在江东岸的岩石间，锚固铁索的石穴、引桥石坎仍存。在丽江岸塔城村，现立有“古铁桥遗址”纪念碑。根据国内和国外的现有资料，可以断言：塔城铁桥是世界桥梁史上有着可靠记载的、最早的铁索桥，也是我国建造时间最早的铁桥，它比西方的铁索桥整整早了十个多世纪。

被称为“铁桥活佛”的唐东杰布，懂建筑，会炼铁，善艺术。传说他在西藏建造了几十座铁索桥。1430年（一说1420年），他建造了跨越雅鲁藏布江的曲水铁索桥（位于今拉萨市曲水县达嘎乡达嘎村，在1966年建成的曲水大桥附近），也叫甲桑（Chaksam）桥。此桥现已不存，图2-47是根据英国探险家、学者L.A.Waddell1905年出版的

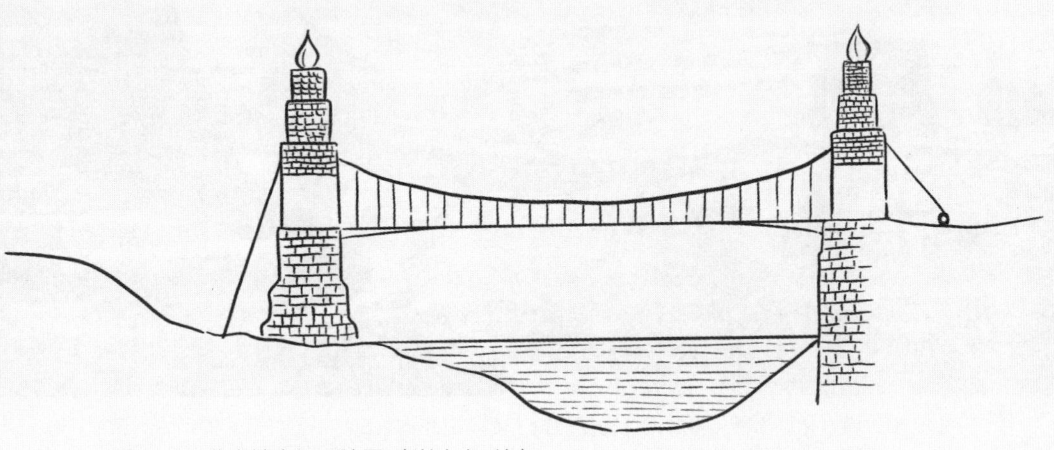

图2-47 曲水铁索桥手绘图（谢欢喜 绘）

Lhasa and Its Mysteries 一书中的插图重绘的曲水铁索桥。据 Waddell 的叙述，这幅插图是根据英国间谍于 1878 年绘制的草图重新绘制的。有两点值得注意：第一，此铁索桥的铁索与桥面是通过吊索（牦牛毛制成）连接的，这被公认为世界首创；第二，桥的跨度达到了 300 步（pace），约为 137 米，这在当时是相当了不起的！

在西藏日喀则南木林县城的湘河上，还存有一座据说是唐东杰布主持修建的铁索桥，名为南木林铁索桥（或湘河铁索桥），见图 2-48。此桥两头设桥头堡，桥面上端挂索三根（一侧两条，另一侧一条但为双环），桥跨长 55.7 米，人行走道宽 0.9 米。且不论唐东杰布修建这桥的可能性有多大，从图中还是可清楚地看出此桥的构造与图 2-47 所示的曲水桥是相当一致的。1996 年，南木林铁索桥被评为西藏自治区级文物保护单位。

图 2-48　南木林铁索桥（中共河北省委教育工委，河北省教育厅．别样精彩的人生：保定学院支教毕业生群体扎根西部纪实 [M]. 石家庄：河北教育出版社，2016.）

第四节　造舟为桥

浮桥，指利用船体或其他浮体代替桥墩，整体漂浮于水面的“桥梁”。浮桥主要用于帮助行人通行，也可以作为临时的公路和铁路桥梁。浮桥主要有两种结构形式：第一种是在船体或浮体上架设木梁和木板充当桥面，行人及车辆都可通行；第二种是将船体首尾相连，船体既充当桥墩又充当桥面，这种形式的浮桥多用于行人通行。许多地区在建造永久性桥梁以前，总要先造浮桥，以便摸索、了解水情，然后再寻求合适的永久性桥型。图 2-49 为两种浮桥示意图。

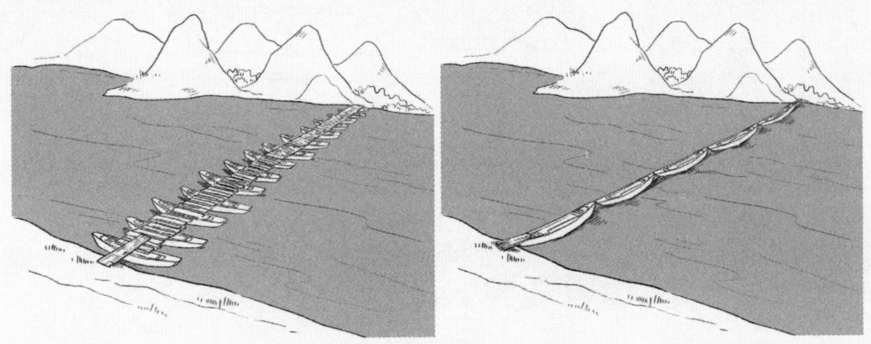

图 2-49　两种浮桥示意图（谢欢喜　绘）

为保持浮桥轴线的位置不偏移，在上下游须设缆索锚碇。为与两岸接通，在两岸需设置过渡梁或跳板。为适应水位的涨落，两岸还应设置升降码头或升降栈桥。

开启桥是指桥跨结构可以移动或转动的一种特殊桥梁。开启桥多建造于水陆两路交通比较繁忙且桥梁的建造高度严重受限的区域。除了浮桥这种特殊的开启桥外，还有几种主要开合方式：一是桥跨结构和桥面在桥轴线所在的竖直平面内移位，包括水平移位（即升降开启）和转动移位（即竖转开启，如伦敦塔桥）；二是桥跨结构和桥面顺着桥的纵向轴线方向移位，包括伸缩移位（即伸缩开启）和折叠移位（即折叠开启，如德国基尔市跨越霍恩河的人行桥）；三是桥跨结构和桥面在桥轴线所在水平面内旋转，即平转开启，如天津金汤桥；四是曲线型桥跨结构和桥面整体绕桥轴方向翻转，即翻转开启，如英国的盖茨黑德千禧桥。图 2-50 为开启桥部分开合方式示意图。

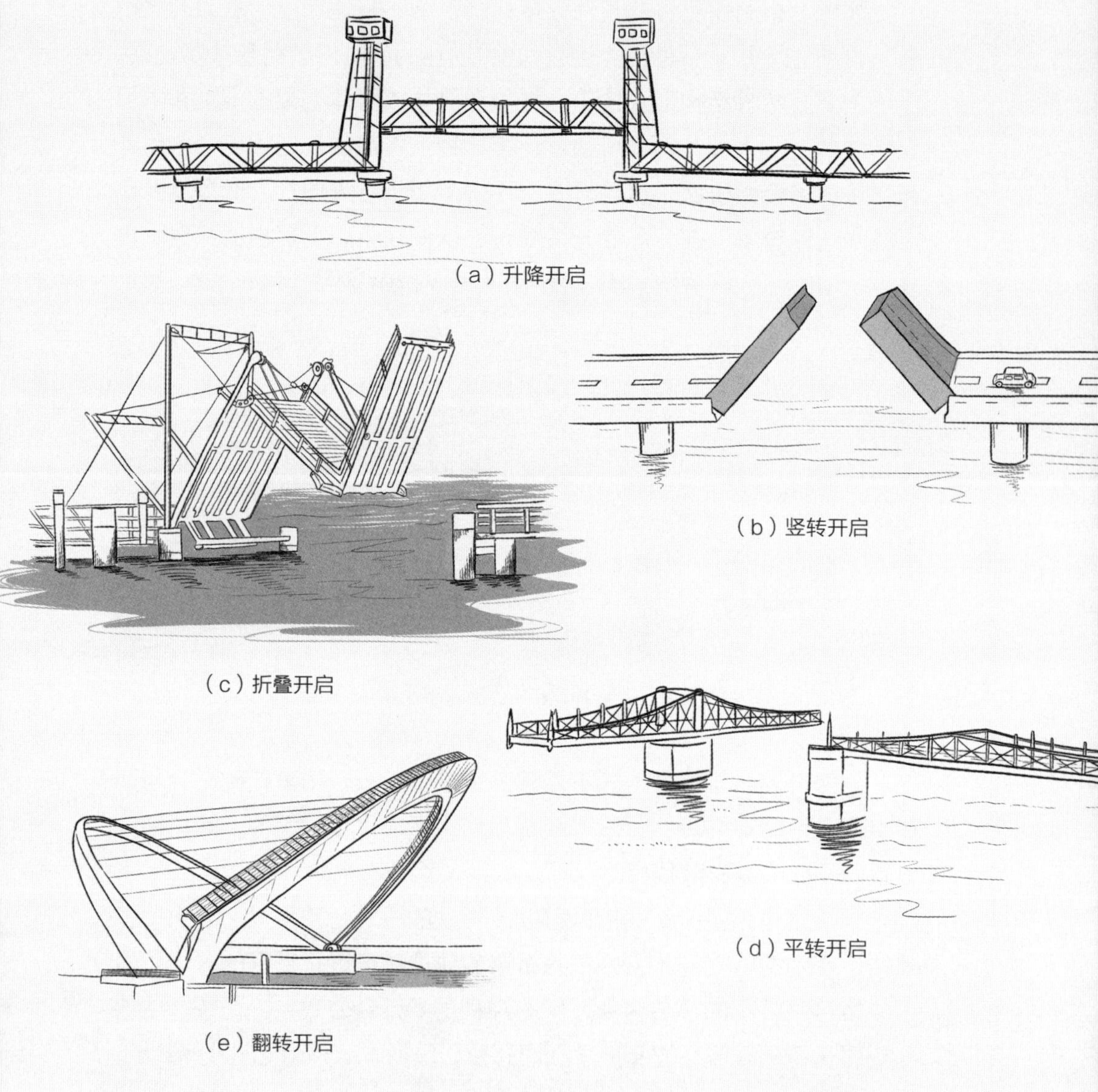

（a）升降开启

（b）竖转开启

（c）折叠开启

（d）平转开启

（e）翻转开启

图 2-50 开启桥开合方式示意（谢欢喜 绘）

一、浮桥和开启桥的起源

我国很早就有关于浮桥的历史记载。《诗经·大雅·大明》曰：“文定厥祥，亲迎于渭。造舟为梁，不显其光。”周文王在渭河上利用船只架设浮桥，距今已三千多年，这是建造浮桥的最早记录。

春秋时期，秦景公的母弟后子鍼在今山西临晋附近的黄河上架起浮桥，携“车重千乘”由秦国逃往晋国，这可以算作黄河上的第一座浮桥。东汉建武十一年（35），公孙述在今湖北宜都的荆门和宜昌的虎牙之间，利用险要的地势，搭建了江关浮桥，以断绝光武帝的水路交通，可算作长江上的第一座浮桥，后被汉光武帝的水师利用风势纵火烧毁。西晋武帝泰始十年（274），杜预在今河南孟津附近的黄河上架设了河阳浮桥，曾持续使用800多年。唐代以后，我国浮桥的建造和运用日益普遍。千百年中，古人建造的浮桥难以统计，文献中多有记载，如《东观汉记·吴汉传》：“（田戎）据浮桥于江上，汉锯绝横桥，大破之。”唐贾岛《寄乔侍郎》诗：“大宁犹未到，曾渡北浮桥。”《尔雅·释水》曰：“天子造舟。”宋邢昺疏：“言造舟者，比船于水，加板于上，即今之浮桥。”《前汉书平话》卷下：“半夜前后，河水长十分，溢满长安浮桥。”隋大业元年（605）在今河南洛阳洛水上建成的天津桥，是第一次用铁链联结船只架成的浮桥。唐太宗李世民的诗句中也有乘坐御车渡越浮桥的句子：“暂低逢辇度，还高值浪惊。水摇文鹢动，缆转锦花萦。”

二、浮桥和开启桥的实例

1. 潮州广济桥

广济桥（见图2-51），古称康济桥、丁侯桥、济川桥，俗称湘子桥，又称作潮州湘子桥，位于广东潮州市东，横跨韩江。广济桥长518米，分为三段，靠市区的是西岸部分，长137.3米，共计7孔8墩，单孔跨度为8～17.5米；东岸部分长283.4米，共计12孔12墩1桥台，

图 2-51 潮州广济桥（杨孟刚 摄）

单孔跨度为 9.4 ~ 12.9 米；中间浮桥长 97.3 米，由 18 只木船连接而成。广济桥的每跨均架设了四条巨大石梁，最大的长约 15 米、宽 1 米、厚 1.2 米、重约 50 吨，最小的长约 12 米、宽 1 米、厚 0.8 米。广济桥现有桥亭 30 个，其中 12 个为殿式阁，18 个为杂式亭台。

广济桥始建于南宋乾道六年（1170），由知潮州军州事曾汪主持建设，于南宋宝庆二年（1226）完工。最初的“湘子桥”是由 86 艘船只架设起来的浮桥，在后来的修建过程中逐渐增设石墩。明宣德十年（1435），当地地方官王源主持重修了被战火所毁的“湘子桥”。他下令加固桥墩，在墩上建造楼台，该桥的东西二段是石梁桥，江心激流处仍是用船只连接而成的浮桥，初步形成了如今我们看到的浮梁结合结构的广济桥。明嘉靖九年（1530），形成了“十八梭船廿四洲”的格局。1958 年，对此桥进行了加固和维修，并拆除了十八梭船，改建为三孔钢架、两处高桩承台式桥梁。2003 年 10 月，开始进行全面的维修，总体按明代风格修复，并将其功能定位为旅游观光步行桥，于 2007 年竣工。

清袁枚《子不语·三斗汉》记录了湘子桥（广济桥）建造之困难：“值潮之东门修湘子桥，桥梁石长三丈余，宽厚皆尺五，众工构天架，数十人挽之莫能上。”韩江在汛期的流量很大，中流急湍尤深，建桥难度极高。因此，民众幻想能有神仙使用法力帮助人们造桥。关于“湘子桥”的建造主要有两个不同的传说：

一是韩愈来到潮州任职后，见两岸沟通不便，便想架桥以方便两岸百姓来往。造桥难度极高，韩愈命他的侄孙，即八仙之一的韩湘子在韩江上建桥以解百姓之困。韩湘子请来了其余七仙及广济和尚，众人施法共同造桥。由于中途法力失效，众仙只在东西两段建起了石梁桥，中间一段尚未能连接。最终，广济和尚与何仙姑分别用禅杖和莲花化作巨缆和十八艘船，建造了一段将两段石梁桥连接起来的浮桥，于是形成了我们如今看到的浮梁结合结构的湘子桥。

二是韩湘子与蓝采和比赛造桥，结果蓝采和因过分重视桥的外观而忽视了其耐用性，因此败给了韩湘子。韩湘子所造之桥为人们提供了极大的便利，故被命名为“湘子桥”。

2. 赣州古浮桥

赣州惠民桥是一座古浮桥（见图 2-52），长约 400 米，由 100 多只小舟板束之以缆绳相连而成，连接贡江的两端。惠民桥始建于宋乾道年间（1165—1173），至今已有 800 多年的历史。整座浮桥分为 33 组，用缆绳连接在一起，然后用钢缆、铁锚固定在江面之上。

图 2-52 赣州惠民桥

3. 永州济川浮桥

永州济川浮桥（见图 2-53）始建于宋嘉定年间（1208—1224），位于湖南永州的潇水之上。清光绪三年（1877）的《道州志》中记载："济川桥，旧名大浮桥。在南门外，跨潇水上，南北四十余丈，铁链二条横镇之。自宋嘉定中联方舟以为桥，明洪武间桥废，以舟渡。万历二十六年（1598）州守韩子祁革龙舟四十艘改浮桥，往来便之……"济川浮桥长 135 米，宽 4 米，由 25 艘木船组成，上盖木板，以两条重达 4000 斤的铁链压之。

济川浮桥还与瑶族人民从其发祥地千家峒逃亡的传说有关。瑶族

图 2-53　永州济川浮桥

文献《千家峒古本书》记载："元朝大德王九年（1305）三月十九日，众瑶人起脚出千家门楼，上桑木源。过了枫木凹下云盖，来到道州浮桥，过了三天三夜不断丝。"瑶民逃亡被官府发现，"道州爷差兵出来，取断浮桥"。1929 年，杨得任在其所著的《道路全书》中说：我国古代浮桥"如……湖南道州之潇水，所架之舟桥，其最著也"。

4. 天津解放桥

天津解放桥（见图 2-54）初建于 1902 年，曾用名万国桥、法国

图 2-54 天津解放桥

桥、中正桥，1949 年后更名为解放桥，并沿用至今。解放桥位于天津东站西侧，是跨越海河的一座双叶立转式全钢结构开启桥梁。桥全长 97.64 米，宽 19.5 米，共 3 跨，中跨为开启跨。

第三章

落帆渡桥来浦里
——著名河流上的古桥鉴赏

桥梁既是人类为了突破自然限制，尤其是河流限制而创造的伟大工程，也是见证一方水土随历史岁月变迁的里程碑。在广袤的大地上，不同的河流滋养哺育了不同的历史悠久的民族。各个民族因地制宜，在各自的文明里建造了千姿百态的桥梁，创造了光辉灿烂的桥梁文化。

第一节　中国大运河上的古桥

中国大运河包括京杭大运河、隋唐大运河、浙东大运河。中国大运河是世界上由国家修建的最广阔的、最古老的内河水道系统。中国大运河于2014年被列入世界遗产名录，仅遗产名录中的58个遗产点中就包含了8座保存相对完整、具有较高历史价值的古桥，而在名录之外，珍贵的运河古桥星罗棋布、不胜枚举。[1]

“桥上可行人，桥下能容船”是运河桥梁最大的特点。对于“运河”的界定历来不一。按人们约定俗成的提法，狭义的运河是指人工开凿的通航河道；广义的运河是指用以沟通地区或水域间水运的人工水道，通常与自然水道或其他运河相连。除航运功能之外，运河还承担着灌溉、分洪、排涝、给水等作用。大运河上的古桥，特别是明代建造的大型石拱桥，高峻雄伟、坚固结实，桅高八九米的货船都可以扬帆而过。运河桥梁既能方便交通，又能截流防洪，在实用之外更有装饰功用，体现了中国古人博大精深的造桥智慧。[2]

大运河上，群桥璀璨，姿态万千。贯穿古今、连通南北的中国大运河影响着沿河城市的发展和布局，同时促进着南北以至中外的经济、文化的融合与交流。正如陈从周先生所说的：“城濒大河，镇依支流，村旁小溪，几成为不移的规律。而桥梁的建造，亦随之而异，各臻其妙……即使不采取精雕细琢的装饰艺术加工，桥的曲折，坡的缓急，踏垛的节奏，也能别富情趣。”[3]

子午线上、什刹海边，古朴、敦实的万宁古桥始终守护着皇城；“长虹卧波，鳌背连云”的宝带桥则记录着江南鱼米之乡的富庶……古桥见证了大运河上的悲欢离合。一幅壮阔优美的运河画卷正在我们眼前徐徐展开，一首悠扬动听的运河乐章正在我们耳畔缓缓奏响，引领着我们的视线与思绪沿着大运河在古桥下潺潺流淌……

1 吴齐正，江南大运河古桥 [M]. 北京：人民交通出版社股份有限公司，2020.

2 邹逸麟，舟楫往来通南北：中国大运河 [M]. 江苏：江苏凤凰科学技术出版社，2018.

3 陈从周．陈从周说桥 [M]. 北京：社会科学文献出版社，2018.

一、万宁桥

万宁桥（见图 3-1）坐落于北京地安门外大街中段，横跨在什刹海前海东岸的玉河上，西邻什刹海前海。玉河（亦称金沟河）上的大小桥梁很多，始建于元代的万宁桥是北京城里最古老的桥。从中心阁（今鼓楼的位置）向南到丽正门这一线即子午线，它穿过了万宁桥、皇城北门、厚载红门、皇城南门、承天门，明、清两代未曾变动过，因此，坐落在子午线上的万宁桥被称为“中轴线上第一桥”。

（a）万宁桥立面手绘图（谢欢喜　绘）

（b）万宁桥实景

图 3-1　万宁桥

《日下旧闻考》记载："万宁桥在玄武池东，名澄清闸，至元中建，在海子东。至元后复用石重修，虽更名万宁，人惟以海子桥名之。"玄武池即什刹海，又名海子，因此万宁桥也被称为"海子桥"。至元年间兴修大都运河，通惠河段竣工并开通之后，南来的漕运船只可到达积水潭。元代诗人杨载《海子桥送客》诗云："金沟河上始通流，海子桥边系客舟。此去江南春水涨，拍天波浪泛轻鸥。"北人南下，海子桥往往是送别的地标之一，这里不仅留下了依依惜别的情愫，也传递着希望游子一帆风顺的祝福。

什刹海的水来自京西。在五行学说中，西方属金，因此水名金水，故万宁桥又有"金水桥"之称。桥西有水闸，名海子闸，元贞元年（1295）改名澄清闸，由于桥闸一体，万宁桥也称"澄清闸"。明代改皇城北门为北安门，清代又改称为地安门，万宁桥也相应地被称为"北安桥""地安桥"。老北京人俗称皇城北门为后门，万宁桥则被俗称为"后门桥"。

1924 年北线电车轨道修建时，万宁桥曾被改造。1953 年，经过承载力检测后，北京市政府决定保留万宁桥。20 世纪 90 年代初，单士元、侯仁之、罗哲文、孔庆普等学者专家联名呼吁对万宁桥进行整修和保护。2000 年 12 月，万宁桥桥身的原貌及东西两侧的水流得以重现。

现存万宁桥的桥面上斜铺石板，两侧设人行道。两侧桥栏的望柱各 15 根，栏板各有 14 块。栏板两端望柱外戗抱鼓石。望柱和栏板新旧各异，年代远近显而易辨：表面灰暗、剥落、凹凸不平者最为古老，或是元代遗物；表面洁白光滑、花纹清晰者最为年轻，应是当代配置的；居于二者之间者或为明、清遗物。两侧的拱券龙门石上各设一螭首，俗称龙头，风化严重，只存螭首的大致外形，刀工刻纹已经漫漶无痕，可见其年代久远。四角燕翅墙上各设一尊镇水兽。东北燕翅墙上的镇水兽经历了长年的风雨剥蚀，不辨花纹，面目模糊。据说，这一尊镇水兽的颌下镌有"至元四年九月"的字样，是元代遗物。其余三尊镇水兽的鳞纹清晰，脊背线条弯曲流畅，面目狰狞可怖，据说是明代的作品。

二、八里桥

八里桥（见图 3-2）原名永通桥，是一座始建于 1446 年的明代三孔石拱桥，横跨在通惠河上，是通州至北京的必经之处，因距离通州八华里而得名。八里桥被明嘉靖《通州志略》列为“通州八景”之一，有“光映素蟾涵宇宙，影随碧水晃玻璃”“倒映山河月影摇”之句。

八里桥的地理位置十分重要，是明清两朝漕运入京及清朝皇帝东谒清东陵的必经之道，也是通州通往北京城的要道。《明英宗实录》记载，正统十一年八月：“建通州八里庄桥，命工部右侍郎王永和督工。”清光绪《通州志》记载：“八里庄桥即永通桥，在普济闸东。正统十一年敕建，祭酒李时勉作记。”《永通桥记》载：“通州城西八里河，京都诸水汇流而东。河虽不广，每夏秋之交雨水泛滥，常架木为桥，比舟为梁，数易辄坏。”八里桥同北京西部的卢沟桥、北部的安济桥和朝宗桥、南部的宏仁桥（又名马驹桥）并称为拱卫京城的

图 3-2 八里桥

五大名桥。

八里桥南北朝向，长 50 米，宽 16 米。其中孔高达 8.5 米，宽 6.7 米，两次孔仅高 3.5 米，相差悬殊，这种构造是专为漕运的需要而设计的。民间谚语称“八里桥下不落桅”，称赞此桥通行船只之便利。八里桥两侧设有石栏，每侧的望柱各 33 根，每个望柱头上雕有石狮，石狮神态各异，桥面由花岗石铺成，各桥石之间以铁相互连嵌，使桥面连成一体，非常坚固。四只石雕镇水兽卧在雁翅上。八里桥东侧有清雍正十一年（1733）竖立的《御制通州石道碑》。此碑是为了纪念雍正七年（1729）敕筑北京朝阳门至通州各仓、码头之石道一事而立的。该石碑向南面朝道路，艾叶青石制，总高 7 米。碑额篆刻“御制”二字，碑身阴刻御笔，左为汉文，右为满文，文字四周浮雕群龙戏水。

清朝后期，国势衰微，扼守京师东大门的八里桥见证了中国历史上屈辱的一幕。1860 年 8 月 21 日，英法联军自天津登陆，北犯京城。清政府派僧格林沁率领清军，在此阻击“洋鬼子”的长枪利炮，这就是历史上有名的“八里桥之战”。中华民国二十七年（1938），日军为侵略中国的需要，修筑了北京与通州之间的柏油路，将桥的两边垫高，将桥的陡坡削平，形成了现在的模样。当时的文字记载，此次修

建之后，“往来称便”。经历了历史的沧桑巨变，八里桥周围的环境变化很大，通惠河早不能行船，水草丛生，“长桥映月”的美景再难寻觅了。

三、广济桥

广济桥（见图 3-3）又名通济桥、长桥，位于杭州市余杭区塘栖镇西北，是京杭大运河上规模最大的薄墩联拱七孔石桥，也是唯一的七孔石桥。广济桥长 78.7 米，桥面两端宽 6.12 米，桥面宽 5.2 米，桥高 7.75 米，中孔净跨 15.69 米，桥两坡各设石阶 80 级，石栏板两端为卷云纹抱鼓石，共有望柱 64 根，四角望柱刻有覆莲。

清光绪《唐栖志・桥梁》载：“通济长桥在唐栖镇，弘治二年（1489）建……弘治间鄞人陈守清募建，桥计七洞。嘉靖庚寅（1530）

图 3-3　广济桥

桥裂，里人吕一素捐金修。丁酉(1537)，复舍金重修。万历癸未(1583)、天启丁卯（1627）及清康熙乙巳（1665）屡圮屡葺，辛卯（1711）北堍又圮，吴山海会寺僧朱皈一与如意庵僧大生募建，甲午（1714）十月竣工。”广济桥是塘栖的标志和骄傲，正是因为它的出现，才将分布于大运河两岸的塘栖镇连成了一个整体，创造了全新的发展机遇。《唐栖志》中记载：“迨元以后，河开矣，桥筑矣，市聚矣。”“列岸摇酤旆，连舟起棹歌”（吕需《长桥晚眺》）的诗句也让人不禁遥想当年此地船舶云集、人声鼎沸的繁华景象。

四、拱宸桥

拱宸桥（见图3-4）位于浙江省杭州市区的大关桥之北，东西横跨大运河，是杭城古桥中最高、最长的石拱桥，是京杭大运河在杭州的终点标志。拱宸桥为三孔薄墩联拱驼峰桥，桥长约98米，高约16米，桥面中段宽5.9米，两端桥堍处宽12.2米，边孔净跨11.9米，中孔15.8米。拱券石厚0.3米，中墩厚约1米，眉石厚0.2米。拱宸桥采用了木桩基础结构，拱券为纵联分节并列砌筑。桥身用条石错缝砌筑，上面贯穿长锁石，桥面呈柔和的弧形，桥墩逐层收分，桥形巍峨高大、气魄雄伟，是大运河沿线众多桥梁中最典型的标志性桥梁建筑。

图3-4　拱宸桥（唐寰澄，唐浩.中西方石拱桥[M].北京：中国铁道出版社有限公司，2019.）

拱宸桥始建于明崇祯四年（1631），清光绪十一年（1885）重建，中间几经兴废。康熙《钱塘县志》记载，拱宸桥位于交通要冲，苕溪与城内诸水道皆集于此，货运十分频繁，为方便运河两岸的交通，举人祝华封于崇祯四年（1631）开始募集资金，建造桥梁。此桥在清代几经毁坏和重建。顺治八年（1651）桥身坍塌。康熙五十三年（1714），浙江布政使段志熙倡率捐筑，云林寺的慧辂和尚竭力捐募款项相助。雍正四年（1726），浙江巡抚李卫率属下捐俸重修，并作《重建拱宸桥记》。

拱宸桥曾是古运河在杭州终点的标志，远走他乡的游子见到故乡熟悉的小桥迎面而来，总是会生出许多的欣慰和感慨。清末，维新派宋伯鲁在此写下了“树映陂塘雪映帘，三年留滞岂终淹”（《拱宸桥夕发》），凄凉愁苦之情溢于言表。

五、宝带桥

宝带桥（见图3-5）别名长桥，位于江苏苏州境内，横跨玳玳河之上，位于京杭大运河西侧，是中国古代十大名桥之一，也是中国现存的最长的一座古代多孔石桥。

图3-5　宝带桥（唐寰澄，唐浩．中西方石拱桥[M]. 北京：中国铁道出版社有限公司，2019.）

宝带桥始建于唐元和十二年（817），唐元和十四年（819）竣工并投入使用，因形似宝带而得名。明正统年间，华盖殿大学士陈循所作的《重建宝带桥记》中写道：“苏州城府之南半舍，古运河之西，有桥曰宝带。运河自汉武帝时开，以通闽越贡赋，首尾亘震泽东壖百余里，风涛冲激，不利舟楫。唐刺史王仲舒始作巨堤障之，以为挽舟之路，实今为郡之要道也，然河之支流断堤而入吴松江，以达于海者。堤不可遏，桥所为建也。”明正统十一年（1446），宝带桥改建为53孔联拱石桥，长度超过300米，成为多孔薄墩联拱型石桥，形制与规模基本沿袭至今，这代表了古代中国桥梁工程设计、施工的卓越水平。明代才子文徵明有《宝带桥》一诗，再现了宝带桥周边的秀美风光：“云开霄汉远，春入五湖深。天外虹飞彩，波心日泻金。三江自襟带，双岛互浮沉。十里吴塘近，归帆带暝阴。”

清同治二年（1863），洋枪队头目英国人戈登驾驶轮船攻打苏州的太平军，破坏了宝带桥。1956年，宝带桥得到修葺，恢复了旧观。

宝带桥桥长317米（内两端砌驳引道67米），宽4.1米。桥下53孔连缀，孔径总长249.8米。南端引桥长43.8米，北端引桥长23.4米，桥堍呈喇叭形，宽6.1米，除第14、15、16三孔（从北端计）外，每孔跨径平均为4.6米；第14、16两孔分别为6.5米；第15孔为7.45米。桥的两堍接筑石堤，北堍长23.2米，南堍长43.08米。桥两端均宽6.1米，并各有石狮一对，另有石塔、碑亭等。宝带桥的木桩基础用的是直径15～20厘米的圆木，共60根。宝带桥的每两块拱石之间均用榫头及卯眼拼接，因而桥在受到压力时可以微微移动，自行调整不平衡之力。榫卯具有铰接作用，这样砌成的拱名为“铰拱”。同时，砌合这些石块时不用灰浆，称为“干砌”。拱券两端的拱脚砌在两个桥墩上，每个桥墩支撑着两个拱券的拱脚，两拱之间形成了一个三角地带，拱券的上面为平坦的路面。路面与拱券之间的空腹要用沙土填满，因而在空腹的两侧要砌墙挡土，这种桥墩上的三角形的石墙名为肩墙。空腹内的沙土上有路面，下有拱券，两旁有肩墙，四面包围，如将沙土填塞得很紧，则四面都

有压力，可将路面上负载的一部分压力直接传递至桥墩，以减轻拱券上的负担。

六、长虹桥

“安得五彩虹，驾天做长桥。”（李白《焦山望松寥山》）也许是雨后的彩虹激发了人类建造拱桥的灵感，中国众多的诗词歌赋都将桥梁形容为彩虹。我国有4座长虹桥，分别位于浙江、云南、北京、台湾。

浙江嘉兴王江泾镇的长虹桥是一座有400多年历史的古桥，是嘉兴市最大的石拱桥，也是大运河上罕见的巨型三孔实腹石拱大桥。长虹桥气势宏伟，形似长虹，如图3-6所示。嘉兴因运河而兴，王江泾

图3-6 长虹桥

地处水陆交通要道之上。两宋时期，王江泾已成为江南丝织重镇。明朝嘉靖万历年间，此地“多织绸，收丝缟之利，居民可七千余家”，商贾云集，经济繁荣。建造长虹桥的目的就是解决江南丝织重镇两岸交通的问题。长虹桥是运河由北入浙的第一桥，当年康熙、乾隆南巡就是从长虹桥进入嘉兴、秀洲、南湖、桐乡、海宁的。

长虹桥最大的特点是桥梁修建在软土地基上，但历经数百年仍巍然挺立。长虹桥建于明万历三十九年（1611）至天启元年（1621），由嘉兴知府吴国仕倡议修建。据说当年在南北两侧打了有 3.5 公里长的桩，以承载桥的重量。清康熙五年（1666）重修，嘉庆十七年（1812）再修，太平天国时桥栏石损毁，光绪六年（1880）修复。长虹桥为三孔马蹄形驼峰式石拱桥，全长 72.8 米，桥面宽 4.9 米，中心孔宽 16.2 米，水面至桥顶高 18.8 米，两侧各有 57 级石阶。桥边孔两侧有两副对联：一为“劝世成善，愿人作福”，一为“千秋永庆，万古长龄”；在中孔的一面有楹联“淑气风光架岭遥登彼岸，洞天云汉横梁稳步长堤”，另一面有楹联“福泽长流物阜民安国泰，慈舟普渡江平海晏河清”。四个防撞墩上分别趴有一只蚣蝮。相传蚣蝮是龙的第六个儿子，是古桥的守护神，可以保护桥的平安。据说，桥东堍原有一座高大的四柱石坊，牌坊上雕有龙凤等图案。桥西堍现存一宿庵，相传古代有一高僧云游至此住过一宿，又传乾隆皇帝南巡时曾在此住过一夜。清代诗人宋景和有诗云：“祇园半亩访烟霞，一宿高僧今在耶。独树婆娑八百载，忽飞清影落谁家？”

七、上津桥

图 3-7　上津桥（王家伦，谢勤国，陈建红．苏州古石桥 [M]．南京：东南大学出版社，2013.）

上津桥（见图 3-7）为单孔石拱桥，花岗石砌筑，南北走向，位于苏州阊门外枫桥路东首，跨阊门古运河。桥的修建年代无从考证，清代中期的地方典籍中偶有提及，但均不言其历史沿革。桥身西南侧的金刚墙上刻有“丙寅年河道会重建”“上津桥□北□公埠”等字样。以此推测，桥可能重修于清同治五年（1866），1984 年又重修。上津桥全长 42.45 米，净跨 12.2 米，矢高 5.9 米，中宽 3.7 米，七排拱券石并列。桥额上书“上津桥”三字。桥栏砖砌，条石压顶。两坡铺设条石踏步，南 29 级，北 31 级。

八、安民桥

安民桥（见图 3-8）俗称北渡桥，又名北大桥，位于苏州市吴江区平望镇北，东西走向，横跨于京杭大运河上，是吴江仅存的四座明代古桥之一。安民桥是单孔石拱桥，拱券采用纵联分节并列法砌筑，全长 36.7 米，宽 4.6 米，矢高 8 米，跨径 9 米，其矢跨比为 1∶1.125。安民桥是江南水乡罕见的陡拱桥。它利于船只通行，宋代诗人杨万里途经平望时曾留下这样的诗句：“风从平望住，雨傍下塘来。乱港交

图 3-8　安民桥（朱同芳 . 江苏古桥 [M]. 南京：南京出版社，2015.）

穿市，高桥过得桅。”（《过平望三首·其三》）“高桥过得桅”形象地描绘了安民桥拱高利于行船的特点。

安民桥于明嘉靖三十四年(1555)由僧圆真初建。崇祯二年(1629)，里人钮明达、孙谏臣重建。桥东堍原有弥陀殿寺观，清顺治初年，该寺曾于桥上建关帝阁，后来倾圮。现桥安然如旧，藤萝绕身，为当地古迹之一。

九、惠济桥

惠济桥（见图 3-9）位于郑州市惠济区，是隋唐大运河上的一座历史悠久、造型优美、结构合理，具有重要艺术价值与科技价值的三孔拱券石桥。它是我国桥梁建筑的精华，也是大运河通济渠郑州段重要的历史见证。惠济桥始建于隋朝，一直沿用到宋元时期。明嘉靖年间，官员张书基督工修复该桥，并为其取名为“惠济桥”，寓意为惠济行人和乡民。惠济桥在当时不仅是重要的水陆码头，还是“荥泽八景”之一。乾隆《荥泽县志》记载：“惠济桥，在县东八里许。昔贾鲁河

图 3-9 惠济桥（唐浩 摄）

经流其下，今河徙而南，止存石桥，附居者烟火千家，往来贸迁多会于此。”

《荥泽县志》卷首有一幅《惠济长桥》图画，画中的惠济桥为三孔拱桥，桥两侧各有 6 根望柱和 6 块石雕栏板，桥中孔券顶刻有吸水兽像，两端有壮观的桥楼。2013 年 4 月，考古工作者发掘出了该桥，这座沉睡了数百年的古桥终于重见天日、展露芳容。惠济桥由精心雕刻的青石铺设而成，长 40 余米，宽约 5 米，全桥有 18 根石栏杆，每根石栏杆顶部都雕刻着形态各异的狮子，或威严、或嬉戏、或滚着绣球，惟妙惟肖。在惠济桥两头还分别修建有桥楼，人们称之为“风雨楼”，主要供百姓和游人躲避风雨使用。

十、彩云桥

彩云桥（见图 3-10）位于苏州市郊的横塘镇，横跨胥江，面迎运河。

图 3-10　彩云桥（唐浩　摄）

明代的《横豁录》载：“彩云桥，去普福桥数武而北，独危峻，跨彩云港，故名，上为胥江陆道，下达江枫运河。洪武中，姚贵捐千金成之。嘉靖末倾，万历纪元夏日新重建，袁胥台先生撰疏。”中华民国十七年（1928），济生会出资拆除了古彩云桥，重建为三孔石桥。新彩云桥为东西走向，全长38米，中宽3.7米，中孔净跨8.5米，矢高5.6米，左右两孔较小。1992年，大运河拓宽，迁建此桥于胥江之上，迁建时将原桥的每块石料按顺序编号，用原料建造。今桥西堍与驿亭相接，东去数百步即唐寅墓。桥的南北镌有楹联，南面为“彩鹢漾中游，双楫回环通范墓；云虹连曲岸，一帆平浪涉胥江”，北面为“彩色焕虹腰，水曲堤平资利济；云容排雁齿，流水源远阜民生”。

驿亭位于横塘镇东北的胥江与运河交汇之处，横塘驿亭是我国现存的“1.5个”古驿站建筑之一（其中的半个是浙江嘉兴的西水驿，亭中的石碑是古董，而亭是1999年建造的，故只能算半个）。大桥按照原样迁移之后，为不影响太湖水进入苏州古城，在西堍引桥部分增辟了桥洞数孔。在施工过程中遇到了流沙层，所以把桥墩改为反拱状，现桥洞实为完整的圆圈。

第二节　多瑙河上的古桥

你多愁善感 / 你年轻，美丽，温顺好心肠 / 犹如矿中的金子闪闪发光 / 真情就在那儿苏醒 / 在多瑙河旁 / 美丽的蓝色的多瑙河旁 / 香甜的鲜花吐芳 / 抚慰我心中的阴影和创伤 / 不毛的灌木丛中花儿依然开放 / 夜莺歌喉啭 / 在多瑙河旁 / 美丽的蓝色的多瑙河旁

——卡尔·贝克《美丽的蓝色多瑙河》

如卡尔·贝克的诗句，又如约翰·施特劳斯的舞曲，多瑙河随着跳动的音符自西向东，穿越山脉、峡谷与河湾，最终汇入奔腾的大海。

多瑙河是世界上干流流经国家最多的河流（发源于德国，流经奥地利、斯洛伐克、匈牙利、克罗地亚、塞尔维亚、保加利亚、罗马尼亚、

摩尔多瓦、乌克兰），也是欧洲第二长河（仅次于伏尔加河）。它发源于德国西南部黑林山的东麓，可分为三部分：上游为自河源至奥地利阿尔卑斯山脉与西喀尔巴阡山脉之间的“匈牙利门”峡谷；中游为自“匈牙利门”峡谷至南罗马尼亚喀尔巴阡山脉的铁门峡；下游为自铁门峡至黑海的三角形河口湾。多瑙河也是欧洲悠长历史的记载者，孕育着沿河两岸众多独具特色的文明——它见证了罗马帝国、拜占庭帝国、匈牙利王国、神圣罗马帝国、奥斯曼帝国、奥匈帝国、波旁王朝及哈布斯堡王朝的兴衰。

多瑙河上的桥梁，或宣扬着抗击敌人的勇气，或昭示着巧夺天工的技艺，或述说着感天动地的亲情故事，或咏颂着矢志不渝的爱情诗篇……正如《蓝色的多瑙河》圆舞曲一般，无论是细细低吟，还是激昂澎湃，每一个音符都有独特的意义与使命。富有浪漫主义色彩的多瑙河流域的桥梁，与多情的岁月一起守护着这一方水土。

一、雷根斯堡石桥（Steinerne Brücke Regensburg）

雷根斯堡石桥（见图 3-11）是德国南部巴伐利亚州雷根斯堡的一座中世纪桥梁，横跨多瑙河。它是德国最古老并且保存最完好的石拱桥，也是过去 800 多年中雷根斯堡在多瑙河上唯一的桥梁。雷根斯堡石桥和雷根斯堡主教堂是雷根斯堡最有名的地标。2006 年 7 月 13 日，

图 3-11 雷根斯堡石桥（唐浩 摄）

雷根斯堡老城入选联合国教科文组织世界文化遗产。

雷根斯堡石桥长 336 米，宽 8 米，平均高 15 米，共有 16 个桥洞，桥洞宽为 10.15 ~ 16.60 米，桥墩宽为 5.85 ~ 7.40 米，石桥总重约 10 万吨。在 12—13 世纪，这座桥成为其他许多桥梁的模式——德累斯顿的易北河大桥、阿维尼翁的罗讷河大桥都是照着它修建而成的。

传说雷根斯堡石桥和雷根斯堡主教堂是同时开始修建的，而主教堂的修建速度比石桥快，石桥的建造者为了追求修桥效率而与魔鬼达成了协议：魔鬼可以得到最先经过桥梁的三个灵魂。于是，石桥的建造进行得十分顺利，完工时间大大领先主教堂。当魔鬼要求兑现承诺时，聪明的建造者让一只狗追赶着一只公鸡和一只母鸡最先过了桥。魔鬼极为愤怒，欲把桥梁摧毁，但没有成功。据说桥上现在还能见到魔鬼攻击过的痕迹。但实际上，大桥完工于 1146 年，主教堂在 1273 年才开始修建。

二、塞切尼链桥（Széchenyi Chain Bridge）

塞切尼链桥（见图 3-12）简称链桥，位于匈牙利首都布达佩斯，是布达佩斯境内横跨于多瑙河上的第一座桥。链桥以资助者伊斯特凡·塞切尼伯爵命名，始建于 1839 年，1849 年完工并启用，是九座连接布达（西岸）和佩斯（东岸）的桥梁中最古老的一座。

塞切尼链桥是一座以链索为骨架的三孔铁桥，长 380 米，宽 15.7 米，两座桥墩之间相距 203 米，是当时世界上跨度最大的桥之一。两座石砌塔门上装饰有狮头形的雕塑和匈牙利的徽章，徽章上面有皇冠和树叶花环。桥墩上的雄狮是由雕刻家 János Marschalkó 雕刻的，雄狮基座上面刻有 Széchenyi 和 Sina 家族的徽章，雄狮翘首远望，气宇轩昂，象征着匈牙利人民不屈的精神。巨大的钢索从桥头堡引出，悬拉起舒展的桥面，勾勒出遒劲的曲线轮廓，刚中带柔，如同一座巨大的艺术雕塑。链条的链节由长几米的铁板制成，各个部分通过大铆钉连接起来，链条可以进行较小幅度的运动。链桥采用巨大的铁块当作锚碇，将铁链锚固在河岸的地下。塞切尼链桥所用的钢材在 1914 年得到了全面的升级和加固。第二次世界大战期间，德军为了巩固其对城堡山堡垒的守卫，将大桥全部炸毁。第二次世界大战结束后，直到1949年，塞切尼链桥才重建完毕。

1820年12月，匈牙利贵族、年轻的轻骑兵军官伊斯特凡·塞切尼伯爵忽然得到父亲病危的消息，立即准备出发去维也纳看望父亲，可是多瑙河上的浮冰挡住了去路。着急的他一筹莫展，直到浮冰融化，浮桥可以使用，才终于渡过多瑙河，赶赴维也纳，可此时父亲已经去世了，他遗憾地错过了与父亲的最后告别。于是，伯爵下定决心，要在多瑙河上修建一座永久的桥梁。塞切尼发誓："如果有谁能在布达和佩斯之间修建一座永久性的桥梁，我将捐献出全年的薪水！"塞切尼不但把誓言写入日记，并且付诸行动。他捐献出自己的全年薪水作为建桥基金，并组建了匈牙利科学院，开始了造桥的准备工作。他多次在欧洲寻访，考察各种不同的桥梁，并结识了英国著名的钢结构桥

图3-12 塞切尼链桥

梁设计专家威廉·克拉克，聘请他主持多瑙河大桥的设计工作。历经十个春秋的努力，由威廉·克拉克和阿达姆·克拉克兄弟俩共同设计修建的塞切尼链桥于1849年6月建成并投入使用。

三、玛格丽特桥（Margit Híd）

玛格丽特桥（见图3-13）是连接布达和佩斯，并将玛格丽特岛与河岸相连的三通桥，它是布达佩斯第二古老的公共桥梁。桥梁由法国工程师欧内斯特·古恩设计，建于1872—1876年。

玛格丽特桥长637.5米，宽25米，这座桥分为两部分并呈165°的夹角。1900年在中间修建了一条侧桥，通往玛格丽特岛。玛格丽特桥桥墩上的长着翅膀的天使雕像与巴黎塞纳河上桥梁的装饰相似，非常精美，装饰雕像由法国雕塑家Thabard于1874年雕刻而成。桥梁结构共设在7个支柱上：1个中央支柱、2个河边支柱和4个河床支柱。中央支柱南侧嵌有一块牌匾，上面有建造日期和设计师的名字。中央

图3-13 玛格丽特桥

支柱紧邻玛格丽特岛。玛格丽特岛是布达佩斯人周末最常去的野餐地点之一。此时，桥轴线旋转了 30°，支柱平行于多瑙河的两个支流中的河道线。最初，桥与岛之间的距离较远，没有从桥通往玛格丽特岛的通道，只能乘船到达玛格丽特岛。19 世纪末，随着多瑙河管制计划的实施，玛格丽特岛在南端与所谓的画家岛相连。1899—1900 年，又修建了一座通往玛格丽特岛的侧桥，其结构与主桥相似。因此，行人也可以步行到达该岛了。小岛延伸到多瑙河中部的布达佩斯，因其美丽的多瑙河花园、绿树成荫的小径和美丽的公园而在布达佩斯颇受欢迎。

四、萨利格尼大桥（Saligny Bridge）

萨利格尼大桥（见图 3-14）是罗马尼亚的一座铁路桁架桥，也是 19 世纪罗马尼亚最壮观、最长的一座大桥。它横跨于多瑙河之上，于 2004 年被列入罗马尼亚《国家历史古迹名录》。萨利格尼大桥由罗马尼亚工程师、科学家、建筑师安格尔·萨利格尼（Anghel Saligny）设计。该桥连接了河岸两侧的两个城市（切尔纳沃德和费泰什蒂）。萨利格尼大桥建设于罗马尼亚独立战争之后，独立战争使被奥斯曼帝国统治了近 500 年的罗马尼亚东部地区得到了统一。但是罗马尼亚东部地区被多瑙河隔成了两部分，这使得国王卡罗尔一世决心建造

图 3-14　萨利格尼大桥

一座横跨多瑙河的大桥。1895 年，萨利格尼大桥的建成使多瑙河两岸的人们可以畅通无阻，东、西两岸的文明得到了融合，不仅促进了罗马尼亚经济的发展，而且巩固了国家的统一。

萨利格尼大桥的总长度为 4087.95 米，仅历时 5 年（1890—1895）便建设完成，成为当时欧洲最长的桥梁及世界第二长的桥梁。位于切尔纳沃德一侧的桥梁跨度为 750 米（140 米 +140 米 +190 米 + 140 米 +140 米），并连接着有 11 跨的连续梁（跨度均为 50 米）。190 米跨度的钢桁桥结构也是当时欧洲大陆桥梁中的最大跨度。位于费泰什蒂一侧的桥梁跨度为 970 米（3×140 米 +11×50 米）。在两座桥梁之间，巴尔塔岛上有一段长 1455 米的连续钢桁桥（其跨度均为 42.8 米），桥墩高 30 米，高大的船只也可以顺利通航。萨利格尼大桥于 1895 年 9 月举行了落成典礼。作为考验，由 15 节车厢组成的列车以 60 km/h 的速度急速行驶而过，随后列车承载着宾客以 80 km/h 的速度通过该桥，萨利格尼大桥经受住了考验。更令人折服的是，这座大桥虽历经了百年沧桑，但至今依然雄峙多瑙河之上，继续承载着现代化的车轮，充分体现了罗马尼亚桥梁建筑技术的高超水平。

五、玛丽瓦莱里桥（Mária Valéria Bridge）

玛丽瓦莱里桥（见图 3-15）是连接匈牙利和斯洛伐克的一座桥梁，

图 3-15 玛丽瓦莱里桥

横跨于多瑙河上。玛丽瓦莱里桥为上承式拱桥，长约500米，竣工于1895年。

位于匈牙利境内的埃斯泰尔戈姆（Esztergom）于1075年成为王室所在地。为了便于通行，最初开通了一条轮渡，将多瑙河两岸的城市连接起来。在随后的奥斯曼帝国统治时期建造了浮桥。在接下来的几个世纪，由于战争的原因，浮桥不断被破坏和重建。在1848年的“民族之春”运动中，浮桥再次遭到破坏。随着技术的发展和工业水平的进步，当地人建造钢桥的设想油然而生，并得到了实现。最后钢桥以奥地利皇帝弗朗茨·约瑟夫一世的女儿玛丽瓦莱里的名字命名。

自1895年9月以来，玛丽瓦莱里桥已经被摧毁了两次。1919年7月，桥西侧的意外爆炸使桥梁的一部分发生了坍塌，在1922年被修复；第二次世界大战期间，撤退的德国军队在1944年12月26日炸毁了这座桥梁。1962年，匈牙利政府开始重新构想桥梁结构，但是所有的建议都被搁置了。彻底重建桥梁的想法是在20世纪90年代庆祝这座桥梁建成100周年时提出的。在1999年9月16日举行的匈牙利和斯洛伐克两国总理会议上签署了两国关于重建大桥的协定，大桥得到了重建。目前，该桥作为跨国大桥供两国使用，设有双向的单行车道，两侧分别设有人行道。河中央便是两国的分界线，所以桥中央展示着两国的国旗和国徽，但是走在桥上时却没有国界，往来居民能自由地通行于两国之间。

六、自由桥（Liberty Bridge）

自由桥（见图3-16）原名弗朗茨·约瑟夫桥，是布达佩斯最短的桥，位于布达佩斯的东南部，横跨于多瑙河之上，连接布达与佩斯。它是为1896年的世界博览会而建造的，采用了当时公认最美观的仿链型桥梁形式。该桥长333.6米，宽20.1米。自由桥是以新艺术风格（art nouveau style）建造的三跨戈贝尔桁架桥。桥的两个入口均装饰有匈牙利盾形纹章和匈牙利古代神话中类似猎鹰的鸟。在修建这座桥时，当时的皇帝弗朗茨·约瑟夫一世亲自安装了最后一个铆钉，这座桥最

图 3-16 自由桥

初也是以这位皇帝的名字命名的。

这座桥也无法逃脱被战乱破坏的命运。1945 年 1 月 16 日，弗朗茨·约瑟夫桥和布达佩斯其他所有的桥一样，被撤退的德国军队炸毁，主要是桥的中间部分被毁。战争结束后，它是匈牙利第一座重建完成的桥，于 1946 年 8 月 20 日重新开放通车，并改名为“自由桥”。匈牙利解放后，布达和佩斯之间的有轨电车第一次通过了这座桥。近年来，自由桥已改为人行桥，成为人们观赏沿岸美景、休闲怡情的好去处。

七、伊丽莎白桥（Erzsébet Híd）

伊丽莎白桥（见图 3-17）又称茜茜公主桥，位于匈牙利首都布达佩斯，横跨多瑙河。该桥是为了纪念 1898 年在日内瓦被暗杀的奥

匈帝国皇后伊丽莎白（茜茜公主）而建的。

伊丽莎白桥位于多瑙河布达佩斯段最狭窄的地方，跨度只有290米，全长380米，车道宽11米，人行道宽3.5米，采用的是悬索桥形式。当时，设计师将桥塔的位置设置在河岸上，而不是河床上，这使得桥的中间跨度达到了290米。1926年之前，伊丽莎白桥一直是世界上跨度最大的悬索桥。伊丽莎白桥建于1903年，被设计为双向两车道，最开始采用的是木砖路，连接着快速发展的佩斯和充满浪漫主义的布达。1914年8月14日，大桥上出现了第一辆有轨公共电车，对两岸的交通起到了至关重要的作用。伊丽莎白桥的木砖路面在第一次世界大战结束时已经完全磨损了，但是当时没有足够的木砖来修补，因此换成了卵石路面。不幸的是，伊丽莎白桥在第二次世界大战中于1945年1月18日又被德国军队炸毁了。在佩斯的一侧，桥塔和边跨被保存了下来，成为布达佩斯风景中令人悲伤的景观。伊丽莎白桥是布达佩斯唯一没有重建的多瑙河大桥。在布达佩斯城市公园的交通博物馆里，可以看到一些颇有年代的照片和伊丽莎白桥的残存部件。

图3-17 伊丽莎白桥

八、潘切沃大桥（Pančevo Bridge）

潘切沃大桥（见图 3-18）的名称来自塞尔维亚的北部城市潘切沃。直到 2014 年中国企业修建的跨多瑙河大桥（泽蒙—博尔察大桥）通车之前，潘切沃大桥都是塞尔维亚首都贝尔格莱德唯一的横跨多瑙河的桥梁。潘切沃大桥始建于 1933 年，于 1935 年竣工，桥梁全长 1526 米，至今已有近百年的历史。1941 年，为阻止德军过河，大桥被炸毁。德军占领期间，桥梁得到了修复，但在 1944 年又在盟军的空袭中受损。1944 年 10 月德军撤出时大桥再次被炸毁，又于 1945—1946 年被重建。大桥屡遭破坏，它是第二次世界大战中德军暴行的见证者。在北约空袭塞尔维亚期间，潘切沃大桥是塞尔维亚多瑙河段唯一躲过空袭的桥梁。

图 3-18 潘切沃大桥

第三节　莱茵河上的古桥

莱茵河既是通道，又是边境……民族这个概念太虚弱了，它不能分开被莱茵河分隔的两岸。科隆人、多伊茨人、波恩人和波伊尔人说的是德语，而且当诞生在左岸的人驱车由东往西驶过一座大桥时，他就会百感交集，这些情感要比一个人的年龄更长久……今天，判决对左岸和右岸同样有效；稳固的桥梁好像永远把两岸连接了起来；运货驳船欢快而勤勉地、不知疲倦地逆流而上，抑或顺流而下，从巴塞尔开往鹿特丹……

——［德］海因里希·伯尔《莱茵河》

莱茵河发源于阿尔卑斯山北麓，流经列支敦士登、奥地利、法国、德国、荷兰，最后在鹿特丹附近注入北海，全长1232公里，是欧洲西部的第一长河。莱茵河流域的面积为22.5万平方千米，大部分河段河面宽阔，如德国科隆以北的河床宽900米以上。莱茵河全年水量充沛，通航里程达886公里。两岸的支流通过一系列运河与多瑙河、罗讷河等水系连接，构成了一个四通八达的水运网。因为具备优越的自然条件，莱茵河成为与欧洲的经济、文化、工农业发展有密切关系的国际河流之一。从货运量上来说，莱茵河在世界诸河流中是无可比拟的商业运输大动脉。莱茵河流经德国重要的鲁尔工业区，以及波恩、科隆、科布伦茨、曼海姆等重要的政治、文化、交通城市，还有多条国际交通干线跨越了莱茵河。

“桥”继承了诗人口中的“莱茵河精神”——那就是Ratio（理性）。在历史上，桥梁和桥头堡是罗马人重要的工具，驯服了狂野而奔腾不息的莱茵河，而渡口和浮桥“成了权力的工具，财富的源泉”。桥梁犹如“神秘的连线”，沟通着莱茵河两岸。在这里，古老的情感会复活，这些情感不是纵向，而是横向扎根在这片土地之上。沉稳、牢固的桥梁也是日耳曼民族忠实的守望者和记录者，它们见证了“欢快、勤勉、不知疲倦”的运货驳船，见证了“密密麻麻、纠缠不休、愚蠢而乐观”的工业区……似“严厉的天才”，又似“柔弱、忧郁、富有幽默感”的诗人。莱茵河上的桥梁默默伫立，随着自南向北奔流不息的莱茵河，彰显着现实主义与古老长河相互交融的意蕴。

一、巴塞尔中桥（Mittlere Brücke）

巴塞尔中桥（见图 3-19）是莱茵河上从博登湖到北海段现存最早的桥梁，位于瑞士的巴塞尔。巴塞尔中桥最早兴建于 1225 年，部分为木质，部分为石砌。这座桥连接了大巴塞尔（Grossbasel）和新兴的小巴塞尔（Kleinbasel）。建设这座桥的想法来自巴塞尔大教堂的主教，并得到了 Bürglen 修道院、黑森林的圣布莱斯修道院及巴塞尔市民的支持。在很长一段时间内，巴塞尔中桥是莱茵河上唯一的桥梁。圣哥达山口上的国际货运日益繁忙，该桥便成了长途贸易中重要的过境点，这也铸就了 14 世纪巴塞尔的经济繁荣。除了方便旅客出行和货物运输外，该桥还是中世纪处决犯人的地点。1899 年，议会决定修

图 3-19 巴塞尔中桥

建一座宽 18.8 米的新桥来取代旧桥，以方便电车穿过莱茵河。今日所见的石桥便是修建于 1903—1905 年的石桥，桥长 192 米，宽 18.8 米，石材是采自圣哥达山北侧的花岗岩。

二、霍亨索伦桥（Hohenzollern Brücke）

霍亨索伦桥（见图 3-20）是位于德国科隆的一座跨越莱茵河的桥梁。这座桥于 1907—1911 年建成，原来由两座铁路桥和一座公路桥平行组成。1945 年重建时只建造了两座铁路桥，后来又增添了第三座铁路桥。为了取代没有重建的公路桥，在铁路桥的外侧增添了人行道和自行车道。

霍亨索伦桥由三座平行的桥组成，每座桥上有三个钢桁架拱，正桥长 409.19 米，中跨长度为 167.75 米，近河西岸的边跨长度为 118.88 米，近河东岸的边跨长度为 122.56 米，桥面宽度为 29.5 米。在桥的引桥两侧共有四座霍亨索伦王朝普鲁士国王和德国皇帝的骑马像：桥东侧竖有腓特烈·威廉四世和威廉一世的雕塑，桥西侧竖有腓

图 3-20　霍亨索伦桥

特烈三世和威廉二世的雕像，它们象征普鲁士的统治。

在第二次世界大战中，霍亨索伦桥是德国最重要和最繁忙的铁路桥之一，这座桥并没有被空袭和破坏。但是在 1945 年 3 月 6 日，美国军队开入科隆市中心时，撤退的德国工兵将霍亨索伦桥炸毁。战后，政府完成了其中两桥的重建，并于 1985 年按照原来的风格扩建了第三座桥，使得霍亨索伦桥基本上恢复了原来的规模。现今的霍亨索伦桥和屹立在它旁边的科隆火车总站是德国和欧洲铁路网最重要的枢纽之一，是科隆景致中不可缺少的一部分。

三、老美因桥（Alte Main Brücke）

美因河是莱茵河东岸最大的支流，老美因桥（见图 3-21）位于德国维尔茨堡的美因河上，是一座古老的石拱桥，共有 8 个孔，全长 185 米，直到 1886 年仍是维尔茨堡跨美因河的唯一桥梁。老美因桥为东西走向，将美因河右岸的老城区与左岸的玛利恩堡连接起来。第一座罗马式石桥建于 1120 年左右，但在 1342 年和 1442 年的两次洪水

图 3-21 老美因桥

中部分被冲毁了。新的主桥始建于1476年，建造者利用贝壳制作的石灰石建造了石桥墩，但是出于防御的考虑，桥墩之间的拱形结构最初是用木头制成的。18世纪初，如今的石拱桥才建成。18世纪20年代末，克里斯托夫·弗朗茨·冯·赫滕主教去世后，桥的南侧竖起了6个圣徒雕像。1730年前后，弗里德里希·卡尔·冯·舍恩博尔恩主教在桥的北侧竖立了另外6个圣徒雕像，这些雕像高约4.5米。1945年4月2日下午，这座桥的第四和第五拱门被德军炸毁，幸运的是桥上的圣徒雕像并没有被损坏。然后，美国军队使用钢梁在被破坏的地方建造了一座临时桥梁。这座桥于1950年4月至7月得到了重建，并于1976年、1977年进行了维修。

四、老莱茵河大桥（Alte Rhein Brücke）

位于塞夫伦（Sevelen）的老莱茵河大桥（见图3-22）是欧洲木质桥梁中最大的，也是瑞士木桥的重要代表。老莱茵河大桥长135米，宽6米。它是根据所谓的豪氏系统建造的。该系统使用了由木材制成的对角压力元件和由金属制成的垂直拉伸元件，通过拧紧金属受拉构件的螺钉，可以对结构施加预应力，并可以重新调整沉降。

18世纪60年代，控制莱茵河流量的工程开始实施，其中包括防

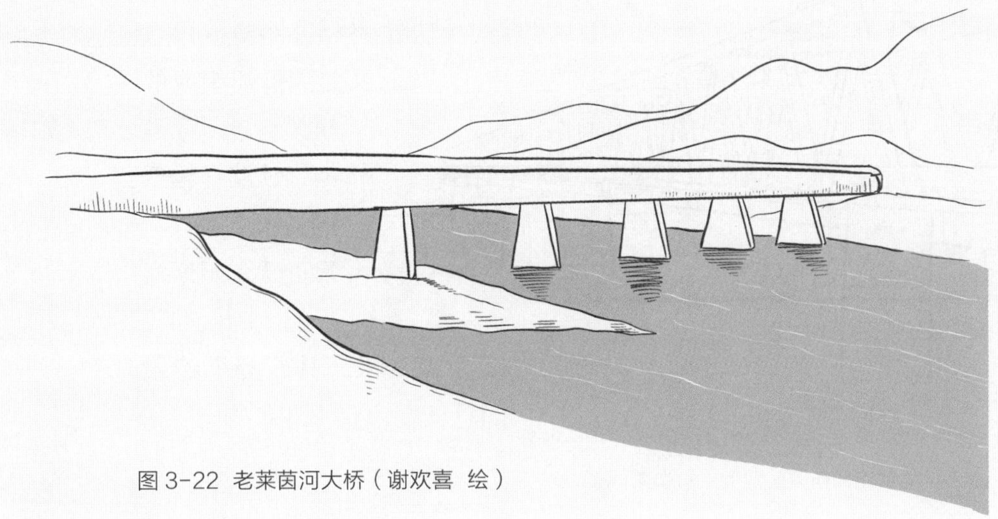

图3-22　老莱茵河大桥（谢欢喜　绘）

洪大坝和桥梁的建设工程。1867—1879 年，莱茵河谷地区建造了 13 座有盖木桥，而在这之前，主要依赖渡轮渡过河。然而，随着时间的流逝，其余桥梁都已经被洪水或大火毁坏，或者由于木材腐烂而被拆除，现仅存老莱茵河大桥。这座幸存下来的莱茵河上最古老的木桥使旅行者可以轻松地从瑞士步行到列支敦士登。自 1973 年以来，这座桥仅向行人和自行车骑行者开放。1981 年，列支敦士登政府又对此桥进行了保护。

五、沃尔姆斯莱茵河桥（Rhein Brücke Worms）

沃尔姆斯莱茵河桥（见图 3-23）是横跨于莱茵河上的双线铁路钢桁桥，全长 930 米，桥梁跨度为 321.2 米（102.2 米 +116.8 米 + 102.2 米）。

早在 1868 年，黑塞德 · 路德维希铁路公司就被要求尽快在莱茵河上架起一座桥梁，铁路运输需要让火车通过莱茵河。这座桥在 1900 年 11 月 30 日正式开通。随着火车重量的不断增加，桥面也不断加固，并在 1931—1932 年铺设了有砟轨道。第二次世界大战即将结束时，莱茵河大桥于 1945 年 3 月 20 日被德国军队炸毁。1946 年，重建设计的工作开始，并建造了一座临时桥梁。最后，在老桥上游 28 米处，平行于老桥，建造了组合式单轨铁路和公路桥。由六个双支撑桁架组成的桥梁跨越了莱茵河，铁路在较低的桁架上运行。靠近沃尔姆斯河岸的主跨段的长度为 48.6 米，其余 5 个跨段的总长度为 61.2 米。

图 3-23 沃尔姆斯莱茵河桥（谢欢喜 绘）

六、科隆南桥（Eisenbahn Brücke）

科隆南桥（见图 3-24）由普鲁士国家铁路公司于 1906—1910 年建造，耗资 550 万马克。该桥由弗雷德里克·迪尔克森（Frederick Dircksen）负责设计，于 1910 年 4 月 5 日正式投入使用。

桥梁长为 368 米，宽为 10.34 米，跨度为 368 米（101.5 米 +165 米 +101.5 米）。柏林建筑师弗朗茨·施韦希滕（Franz Schwechten）设计了桥梁门廊、坡道和码头的石雕（他还为霍亨索伦大桥设计了石雕）。塔楼采用了罗马复兴风格，并配有丰富的雕塑装饰。在第二次世界大战中，1945 年 1 月 6 日的一次空袭在很高程度上破坏了南桥，南桥不得不重建，于 1950 年 10 月 1 日恢复使用。该桥目前的总长度为 536 米。

图 3-24　科隆南桥

第四节　泰晤士河上的古桥

泰晤士河（River Thames）自西向东流经英格兰南部，全长346公里，为英格兰最长的河流，是英国第二长河，仅次于354公里的塞文河（River Severn）。泰晤士河是全世界水面交通最繁忙的都市河流之一，流经伦敦、牛津、雷丁和温莎等城市。

泰晤士河上的桥梁文化历史悠久。早在公元43年，罗马人便于泰晤士河河畔建立了聚居点，并在同一时期架设了第一座横跨泰晤士河的桥梁，它便是伦敦桥（London Bridge）的前身。进入维京时期，英格兰国王阿尔弗雷德大帝（849—899）主持修建了罗马时期遗留下来的城市和城墙，伦敦桥也在这一时期得到了重建。文艺复兴运动兴起，许多具有艺术特色的桥在这一时期开始修建，如亨利桥、威斯敏斯特桥等。这些桥以多跨石拱桥结构为主，桥上雕刻有各种石塑。随着工业革命的兴起，桥梁建造技术得到快速发展，这一时期的桥多以预应力混凝土桥为主，如伦敦桥、沃克斯豪尔桥等。

目前，泰晤士河上有近50座桥梁，下面按照从上游到下游的顺序，选取其中具有代表性的5座古桥介绍给大家。

一、汉普顿宫桥（Hampton Court Bridge）

汉普顿宫桥（见图3-25）是英国二级建筑物（Grade Ⅱ listed building）[1]，位于大伦敦地区泰晤士河上游。汉普顿宫桥是一座三跨钢筋混凝土拱桥，表面为红砖和波特兰石。汉普顿宫桥长97.54米，桥宽21.34米，主通航孔净高5.9米。汉普顿宫桥修建于1753年，由Samuel Stevens和Benjamin Ludgator负责设计建造。之后，桥梁经过了三次重建，现存的汉普顿宫桥建于1933年，是由萨里郡工程师W.P.罗宾逊和建筑师埃德温·鲁廷斯爵士设计，其建筑风格与旁边

1 英国政府将比较老的建筑物按照重要性分成三个等级：Ⅰ级（Grade Ⅰ），二星级（Grade Ⅱ*）和二级（Grade Ⅱ），其中，一级建筑物的重要性最高。

图 3-25　汉普顿宫桥（魏善猛 摄）

的汉普顿宫保持了一致。

汉普顿宫桥，顾名思义，取自旁边的汉普顿宫（Hampton Court Palace）。这座宫殿曾经是显赫的都铎王朝（Tudor Dynasty，1485—1603，亨利七世至伊丽莎白一世）和斯图亚特王朝（The House of Stuart，1603—1714，詹姆斯一世至安妮女王）时期的王宫。如今皇室虽已迁出，但这座宫殿每年仍吸引着大批游客来到这里。王宫始建于1515 年，是英国都铎式宫殿的典范，素有“英国的凡尔赛宫”之称。汉普顿宫的前身是红衣主教托马斯·沃尔西（Thomas Wolsey）的私人豪宅。当时的沃尔西权倾朝野，富可敌国，但后来他触怒了亨利八世，被革职之后凄凉离世，这座私宅也被亨利八世占为己有，改建成了皇宫。

二、威斯敏斯特桥（Westminster Bridge）

威斯敏斯特桥（见图 3-26），又称西敏桥，是英国二星级建筑物。威斯敏斯特桥横跨泰晤士河，架设于威斯敏斯特西岸和兰贝斯东岸之

图 3-26 威斯敏斯特桥（魏善猛 摄）

间。现存的大桥建于 1862 年，是一座七跨金属拱桥，全长 250 米，桥宽 26 米，主通航孔净空 12.2 米。威斯敏斯特桥北岸有英国国会大厦和大本钟，南岸有伦敦眼，可以说这里是几乎每一个到伦敦旅游的游客的必经之地。桥梁采用了哥特式建筑风格，以配合国会大厦的建筑特色，同时桥梁整体被漆成了绿色，和下议院的皮革座椅的颜色保持了一致。

在 18 世纪中期之前，泰晤士河上仅有伦敦桥（London Bridge）和金斯顿桥（Kingston Bridge）两座桥梁。1736 年，乔治二世同意修建威斯敏斯特桥。但由于桥梁下沉严重，在 1854 年开始重建桥梁，1862 年 5 月 24 日——维多利亚女王 43 岁生日当天——正式通车。在 1967 年新伦敦桥（New London Bridge）被拆除重建之后，威斯敏斯特桥就成了伦敦市内泰晤士河上最古老的公路桥梁。

第一代威斯敏斯特桥虽然已经不复存在，但许多关于这座桥的艺术作品还是流传了下来，将曾经的威斯敏斯特桥定格成了永恒。英国浪漫主义诗人威廉·华兹华斯（William Wordsworth）曾创作十四行诗 *Composed Upon Westminster Bridge* 描绘威斯敏斯特大桥旁的伦敦城。这首诗写于 1802 年 9 月，时值初秋，沉睡中的伦敦城正在缓缓苏醒，明艳的晨光为这座城市披上了一领金袍，潺潺流水在晨光的照耀下粼粼闪烁。站在桥上眺望，最美的伦敦便可尽收眼底。作者有着真实细腻的情感，他借助和谐的音韵，描绘了一个宁静而又充满生机的伦敦城。

Composed Upon Westminster Bridge

Earth has not anything to show more fair:
Dull would he be of soul who could pass by
A sight so touching in its majesty:
This City now doth like a garment wear
The beauty of the morning: silent, bare,
Ships, towers, domes, theatres, and temples lie
Open unto the fields, and to the sky,
All bright and glittering in the smokeless air
Never did sun more beautifully steep
In his first splendour valley, rock, or hill;
Ne'er saw I, never felt, a calm so deep!
The river glideth at his own sweet will:
Dear God! the very houses seem asleep;
And all that mighty heart is lying still!

西敏寺桥上（顾子欣 译）[1]

人间没有比这更美好的景象，
它是那样庄严，又那样辉煌，
谁能经过它身边而无动于衷?
这城市此刻披着美丽的晨光，
像穿着睡衣；袒露而又安详，

1 黎华．外国风景诗精选［M］．天津：百花文艺出版社，1992.

那船舶、楼阁、剧院、教堂，
栉次伸向田野，又伸入高空，
一切在明朗的空中熠熠闪光。
璀璨的朝阳从未这样美丽地
照耀过大地上的峡谷和山岗。
我从未看到或感到这般沉静。
河水正在欢快地自由地流淌。
亲爱的主啊！万屋似在安睡，
那伟大的心灵也停止了跳动。

三、滑铁卢桥（Waterloo Bridge）

现存的滑铁卢桥（见图 3-27）是一座三跨钢筋混凝土连续梁桥，全长 426 米，桥宽 24 米，主跨 77 米，主通航孔净空 15.4 米。滑铁卢桥最早建于 1817 年，为九跨石拱桥，每跨 36.6 米，因 1815 年英国取得滑铁卢战役的胜利而得名。1942 年，滑铁卢桥进行了重建，并于 1945 年完工。滑铁卢桥横跨在泰晤士河上，北连维多利亚堤岸，南抵伦敦南岸区。大桥恰好位于泰晤士河的一个大急转弯处，桥上视野开阔，是观赏伦敦城景色最佳的地方。

旧滑铁卢大桥为许多艺术家提供了创作灵感。英国诗人托马斯·胡德（Thomas Hood）于 1844 年创作了著名诗歌《叹息之桥》（*The Bridge of Sighs*），讲述了一位无家可归的年轻女子在伦敦滑铁卢桥自杀的故事。英国浪漫主义画家康斯特布尔（John Constable）和法国印象派作家莫奈（Oscar-Claude Monet）也对这座大桥情有独钟，曾经多次来到旧滑铁卢大桥，为这座大桥创作了多幅珍贵的画作。

20 世纪 30 年代，政府决定拆除旧滑铁卢大桥。当时正值第二次世界大战，在德国法西斯的狂轰滥炸中，滑铁卢大桥的重建工作也开始了。因为战事紧迫，英国国内的男性劳动力紧缺，于是妇女便扛起了修建大桥的重担，很多粗重的工作都是由女性完成的。在修建桥梁期间，妇女一直是桥梁建筑工人的主要成员，滑铁卢大桥因此获得了

图 3-27 滑铁卢桥（魏善猛 摄）

“女士桥”（The Ladies Bridge）的称号。

许多以滑铁卢大桥为背景创作的经典艺术作品给世人留下了深刻的印象。美国剧作家舍伍德（Robert Emmet Sherwood）于 1930 年创作的剧本 *Waterloo Bridge*，讲述了第一次世界大战期间英国军官罗伊与女主人公玛拉在桥上相识、相守的爱情故事，这部舞台剧于 1930 年在百老汇首映。后来舍伍德的剧本被改编成了电影，有 1931、1940、1956 年三个版本，其中最出名的就是 1940 年的版本——《魂断蓝桥》，由茂文 · 勒鲁瓦执导，费雯 · 丽、罗伯特 · 泰勒等主演。影片获得了巨大的成功，成了电影史上三大不朽的凄美爱情影片之一（另外两部是《卡萨布兰卡》和《乱世佳人》）。影片中的主题曲《友谊地久天长》更是成了全世界人民都熟知的经典歌曲。两人因战争而相识相爱，却也因战争天人永隔。这部影片通过这一场轰轰烈烈的爱情悲剧让人们认识到了战争的残酷。

四、伦敦桥（London Bridge）

说起伦敦桥，很多人会将它和下游的伦敦塔桥混淆。比起伦敦塔桥的经典形象，伦敦桥看起来平平无奇，但它从古至今几经兴废依然名声不倒。

现存的伦敦桥（见图 3-28）为三跨预应力混凝土箱梁结构，全长 283 米，桥宽 32 米，最长跨度达 104 米，主通航孔净空 8.9 米。伦敦桥连接了伦敦市和南华克两个行政区。在 1750 年威斯敏斯特桥建成通车之前，它一直都是伦敦市区唯一跨越泰晤士河的桥梁。

罗马人在公元 50 年左右修建了一座木桥，这就是伦敦桥的前身。直到中世纪早期，才有关于这座桥梁的记载。1066 年，威廉一世重建了桥梁，在之后的几十年间，桥梁多次遭到毁坏又被重建。1163 年，由牧师 Peter Colechurch 监督，伦敦桥以木桥形式进行了重建，之后桥梁便由木桥改为了石桥。

图 3-28 伦敦桥（魏善猛 摄）

新的石桥也是由 Peter Colechurch 负责监督修建的，于 1176 年（亨利二世时代）动工，耗时 33 年之久，于 1209 年建成。据有关记录，桥长 240 ~ 270 米，宽约 8 米，由 19 个不规则的拱构成。石桥建成之后，人们开始在桥上大量修建房屋，这些建筑物一直以来都是桥梁上的火灾隐患，同时加重了这座桥的负担。1212 年，发生了波及范围极大的火灾，由于桥梁两岸都起了大火，许多人被困在桥上。在这场大火中，据估计有 3000 人丧生（也有人说这个数字太夸大了，毕竟当时整个伦敦城的人口也不到 5 万人）。400 多年之后，这座桥梁又一次经历了特大火灾——1666 年的伦敦大火（Great Fire of London）。1666 年的伦敦大火是伦敦历史上最严重的火灾，伦敦六分之一的建筑物都被摧毁了。万幸的是，伦敦桥北端的三分之一因在之前的一次火灾中被烧毁而形成了一个天然的防火带，所以 1666 年的火灾没有在此处蔓延下去。

新伦敦桥在 1824 年开始修建，在修建期间，旧伦敦桥一直在使用，直到 1831 年新桥通车，这座有着 600 多年历史的旧伦敦桥才被拆除。新伦敦桥是一座五跨石拱桥，全长 212 米。现存的伦敦桥建于 1968—1972 年。1973 年，伊丽莎白二世主持了大桥的启用典礼。

说到伦敦桥，大家一定会想到那首经典的童谣《伦敦桥要倒了》（*London Bridge Is Falling Down*）。这首简单的童谣语调欢快、充满童趣，但是它却真实地反映了伦敦桥的命运多舛。

London Bridge Is Falling Down

London Bridge is falling down,
Falling down, falling down.
London Bridge is falling down,
My fair lady.

伦敦桥要倒了

伦敦桥要倒了，
要倒了，要倒了。
伦敦桥要倒了，
美丽的女王。

五、伦敦塔桥（Tower Bridge）

闻名世界的伦敦塔桥（见图 3-29）是伦敦的一张城市名片，是英国一级建筑物，建于 1886—1894 年。伦敦塔桥横跨泰晤士河，位于伦敦桥下游，有着“伦敦正门”的美誉。伦敦塔桥全长 244 米，桥宽 24 米，桥塔高 65 米，主通航孔净空为 8.6 米。该桥是一座混合式结构桥梁，两边为悬索桥，中间分为上下两层。上层作为专用的人行道，是固定的；下层是主通道，供车辆和行人通过。下层的主通道分为两扇桥段，每段长约 30 米。如果河面上有大型船只通过，这两扇桥段便会向上升起一定角度，最大提升倾角可达 83°，以满足渡轮通航的要求。

在 19 世纪下半叶，随着伦敦经济的快速发展，城市东部的桥梁已经不能满足泰晤士河南北方向的交通需求。1876 年，伦敦成立了桥梁交通特别委员会讨论桥梁设计问题。如果建造传统桥梁，那么下方的净空过低，大型船只无法通航，会为下游的码头带来麻烦。所以本着同时满足陆地交通和水上交通需要的原则，1884 年，委员会最终决定采用建筑师约翰·巴里（John Wolfe Barry）和霍拉斯·琼斯（Horace Jones）的设计方案，于是便有了现在的这座开启式悬索桥。

一直以来，修建塔桥的原则都是水上交通优先于陆上交通，大型船只通过时，行人和汽车都要等待桥梁升起、船只通过后方可继续过桥。因为这项规定，桥上也发生过不少“事故”。比如，1997 年美国总统克林顿访问伦敦，当他们的车队经过伦敦塔桥时，恰逢塔桥照例

为一艘船升起桥梁，总统的车队因此被一分为二，闹出了一场外交笑话。又比如在 1952 年 12 月，由于值班人员的疏忽，当一辆双层巴士按照绿色指示灯正常从南岸行驶到桥梁中间时，桥面突然从中间升起。当巴士随着南边一侧的桥梁上升时，司机立马做出了加速的决定。幸亏值班人员发现了险情，及时让桥梁停止上升，车辆最终安全到达了北侧。

作为伦敦经典的地标式建筑，塔桥出现在各种和伦敦相关的影视作品之中。在 2012 年的伦敦奥运会开幕式中，伦敦塔桥也曾出镜：由丹尼尔·克雷格扮演的詹姆斯·邦德护送英国女王伊丽莎白二世搭乘直升机前往伦敦奥林匹克体育场，其间便穿越了挂上五环标志的伦敦塔桥。

图 3-29　伦敦塔桥（谢炎龙 摄）

第五节 塞纳河上的古桥

塞纳河由东向西穿过巴黎，形成了一个优美的弧形，巴黎市区段长约 13 公里。塞纳河上共有 37 座桥梁，这些风格迥异的桥梁建造于不同时期。如今它们不仅在巴黎最繁华的地带承担着交通枢纽的作用，而且还讲述着从古到今巴黎的发展历史。各式各样的雕塑伫立在桥梁上，让塞纳河水和整个巴黎城增添了一份法式浪漫，沉淀着巴黎独特的人文艺术精神。

下面，按照从上游至下游的顺序，为大家依次介绍塞纳河上最具代表性的五座古桥。

一、新桥（Pont Neuf）

新桥（见图 3-30）是巴黎最著名的桥梁之一。这座桥梁虽然叫新桥，却是塞纳河上最古老的桥梁。新桥是一座 12 孔石拱桥，长 232 米，宽 22 米。新桥横跨了西岱岛（法语：Île de la Cité，英语：Cite Island），西岱岛左侧部分有 5 孔，右侧部分有 7 孔。西岱岛又译作西堤岛，是巴黎的诞生地，巴黎的城区最初便是从西岱岛开始向外发展的，著名的巴黎圣母院便位于这座岛上。

1578 年，亨利三世决定建造新桥。1606 年 7 月竣工，亨利四世于 1607 年进行了揭幕仪式。为了不妨碍从桥上看卢浮宫，亨利四世要求桥上不能修建任何建筑。这也使新桥成了巴黎第一座桥上没有建造房屋的桥梁，在当时可谓十分新潮，“新桥”这个名字也因此而来。1889 年，新桥被法国列为历史古迹。

说到新桥，不得不提的便是《新桥恋人》（法语：*Les Amants du Pont-Neuf*，英语：*The Lovers on the Bridge*）这部电影。这部经典影片的背景就是这座桥梁，男女主人公在新桥上相遇、相爱，最后也从

图 3-30　新桥（《法国攻略》编辑部 . 法国攻略 [M]. 北京：华夏出版社，2017.）

新桥上落水。这座桥梁被《新桥恋人》赋予了更多浪漫的意义，也因为这部电影，新桥变得更加著名。

除了《新桥恋人》这部电影，许多文学家、艺术家都曾经在这里找到了创作的灵感。例如艺术家克里斯托夫妇的作品主要是用织物包裹一些著名的地标建筑。在和巴黎市长进行了长达九年的谈判之后，克里斯托夫妇被允许用织物包裹这座巴黎最古老的桥梁。他们用了金色的砂岩颜色来模仿夕阳下桥梁的色彩，被织物包裹的新桥，前卫而又不失端庄，在阳光之下显得更加耀眼。

经过 400 多年的风吹日晒，新桥如今仍然伫立在塞纳河上。在夕阳的余晖之下，宏伟的石拱桥蒙上了一层历史的厚重感和朦胧感，仿佛一位来自远古神话中的长老，与塞纳河一同见证着巴黎的变迁。

二、艺术桥（Pont des Arts）

艺术桥（见图 3-31）是一座钢结构拱桥，长 155 米，宽 11 米。该桥是法兰西学院（L'Institut de France）和艺术宫（Palais des Arts，巴黎的旧皇宫，即现在的卢浮宫）之间的连接通道，艺术桥的名字也因此而来。艺术桥始建于 1804 年，是由拿破仑下令修建的人行桥。这座桥在两次世界大战中都曾遭到轰炸，后来又发生过多起因船只撞击而部分坍塌的事故。艺术桥在 1982—1984 年进行了重建，由原来的 9 孔变成了 7 孔（和新桥的 7 孔保持一致），仍保持着钢结构的形式，整体上看起来十分具有艺术感。

重修之后的艺术桥逐渐成了著名的爱情圣地。从 2008 年开始，无数情侣来到这座桥上，在桥的栏杆上挂一把“爱情锁”，并将钥匙扔到塞纳河中，寓意着永恒的爱情。其实这种挂锁的行为在巴黎是被人们质疑过的，因为塞纳河在文学及艺术中一直以来都象征着

图 3-31 艺术桥

短暂的爱情。截至2014年，这座人行桥上悬挂了约70万把“爱情锁”（见图3-32），重量达到了93吨，这显然是桥梁建造者所没有想到的。这座因为爱情锁越来越有名气的桥梁也吸引了很多电影制作者将这里作为取景地，例如《无法触碰》《午夜巴黎》《巴黎假期》《惊天魔盗团》等。

越来越多的游客在这里挂锁，这座桥上密密麻麻的“爱情锁”也成了这座桥甚至是巴黎的一张名片，还促进了当地旅游业的发展，许多人开始在这座桥上卖锁刻字。桥上的锁逐渐增加，安全隐患也逐渐浮现：桥下会有很多游船经过，如果有锁坠落会造成游客受伤；人们将钥匙扔到水里，也对塞纳河造成了一定程度的污染。果然，在2014年，由于这座桥上的爱“过于沉重”，一段栏杆被压垮而落入水中，所幸没有人员受伤。此后，政府开始移除艺术桥上的“爱情锁”，并将网状的铁栏杆改成了玻璃护栏，采用涂鸦等艺术形式，呼吁人们用别的方式来表达自己的爱情，并定期巡视、拆除爱情锁。

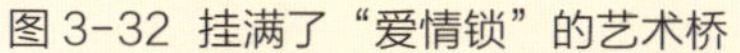
图3-32　挂满了“爱情锁”的艺术桥

三、亚历山大三世桥（Pont Alexandre Ⅲ）

负有盛名的亚历山大三世桥（见图 3-33）是一座钢结构单跨拱桥。这座桥梁被公认为塞纳河上最富丽堂皇的桥，在 1975 年被认定为法国的历史古迹。亚历山大三世桥长 160 米，宽 40 米，右岸连接香榭丽舍大道和巴黎大小皇宫，左岸连接荣军院和埃菲尔铁塔所在地区。为了不影响两岸的香榭丽舍大道和荣军院的视野，桥身的拱起弧度被严格限制。桥梁自 1896 年开始修建， 1900 年完工。在 1900 年的巴黎世界博览会中，亚历山大三世桥和右岸的世博会展馆——巴黎大小皇宫一同揭幕。如今这座桥也成了巴黎最著名的景观之一。

亚历山大三世桥是 1896 年俄国沙皇尼古拉二世为纪念 1892 年法俄结成同盟关系向法国赠送的礼物。沙皇将这座桥梁以自己父亲亚历山大三世的名字命名，以此来纪念他。

四、阿尔玛桥（Pont de l' Alma）

阿尔玛桥（见图 3-34）与俄国也颇有渊源，这座桥梁是为了纪念 1854 年英法联军在阿尔玛战役中战胜了沙俄军队而建造的。阿尔

图 3-33 亚历山大三世桥

图 3-34　阿尔玛桥

玛桥全长 153 米，宽 42 米。

桥梁一侧的桥墩上有一座祖瓦（Zouave）的雕像，它有监测河水水位的作用。通常塞纳河的河水涨到祖瓦的脚面时，河面的人行通道就会关闭；如果水位达到了祖瓦的大腿位置，此时塞纳河便无法通行了。在 1910 年塞纳河大洪水期间，水面甚至一度达到了祖瓦的肩膀位置。从此之后，如果巴黎开始下大雨，路过阿尔玛桥的人们便会留意桥墩上的祖瓦，以此判断塞纳河水的水位和暴雨的严重程度。

其实这座桥梁从建筑风格和历史背景等方面来说，是比较普通的，并没有太大的文学或艺术价值。但是在这座桥建成的一百多年之后，它成了全世界的焦点——因为戴安娜王妃在这里发生了车祸。1997 年 8 月 31 日凌晨，戴安娜王妃乘坐的轿车在阿尔玛桥下的公路隧道中突然失控，撞在了路中央的第 13 根车道分界水泥柱上，年仅 36 岁的戴安娜王妃在这场车祸中丧生。这场举世震惊的车祸让戴安娜王妃传奇的一生匆匆结束，也让阿尔玛桥从此为世人所知。时至今日，在每年戴安娜王妃的祭日，来自世界各地的喜爱戴妃的游客仍然会聚集在阿尔玛桥头为她祈祷。在阿尔玛桥头有一个火炬雕塑，它原本是法美友好协会捐助建造的，叫作“自由之火”。同阿尔玛桥一样，它最初并没有受到过多的关注。但是因为这个火炬雕塑恰好在戴安娜王妃遇难地点的上方，许多媒体在进行报道的时候也选择了这个地方，人们便自发地在这个雕塑旁为戴安娜王妃献花。这座雕塑也阴差阳错地成了非官方的纪念戴安娜王妃的圣地，甚至很多人误以为这座雕塑就是为了纪念戴安娜王妃而建立的。2019 年，巴黎市政府以戴安娜王妃的名字重新命名了阿尔玛桥头的小广场。

五、米拉波桥（Pont Mirabeau）

米拉波桥（见图 3-35）建于 1895—1897 年，它跨越了巴黎的第 15 和 16 区，是一座金属拱桥，全长 173 米，宽 20 米。

法国著名诗人阿波利奈尔（Guillaume Apollinaire，1880—1918）在这座桥上写下了不朽的经典诗歌《米拉波桥》，这座桥也因此声名鹊起，引来无数文人雅客驻足欣赏。1907 年，阿波利奈尔结识了画家玛丽（Marie Laurencin）并与她相爱，两人在米拉波桥上留下了许多美好的记忆。可热烈的爱情终究没有抵挡住岁月的消磨，五年之后，

图 3-35 米拉波桥

玛丽最终选择离他而去。失意的阿波利奈尔站在米拉波桥上触景生情：多年过去，这座桥梁依然伫立在河水之上，丝毫没有改变，可他那段刻骨铭心的爱情却像桥下奔流的河水，一去不复返。感慨至此，他便写下了《米拉波桥》，纪念他逝去的爱情。永恒与瞬间对立，阿波利奈尔的爱情转瞬即逝，可这座桥和他的诗歌却流传了下来，成了永远的经典，与“人面不知何处去，桃花依旧笑春风”的感慨颇有异曲同工之妙，让人唏嘘不已。

Le Pont Mirabeau

Sous le pont Mirabeau coule la Seine
Et nos amours
Faut-il qu'il m' en souvienne
La joie venait toujours après la peine

Vienne la nuit sonne l'heure
Les jours s'en vont je demeure

Les mains dans les mains restons face à face
Tandis que sous
Le pont de nos bras passe
Des éternels regards l'onde si lasse

Vienne la nuit sonne l'heure
Les jours s'en vont je demeure

L'amour s'en va comme cette eau courante
L'amour s'en va
Comme la vie est lente
Et comme l'Espérance est violente

Vienne la nuit sonne l'heure
Les jours s'en vont je demeure

Passent les jours et passent les semaines
Ni temps passé
Ni les amours reviennent
Sous le pont Mirabeau coule la Seine

Vienne la nuit sonne l'heure
Les jours s'en vont je demeure

密拉波桥（戴望舒 译）[1]

密拉波桥下赛纳水长流
柔情蜜意
寸心还应忆否
多少欢乐事总在悲哀后

钟声其响夜其来
日月逝矣人长在

1 戴望舒. 戴望舒经典作品选［M］. 北京：当代世界出版社，2013.

手携着手儿面面频相向
交臂如桥
却向桥头一望
逝去了无限凝眉底倦浪

钟声其响夜其来
日月逝矣人长在

恋情长逝去如流波浩荡
恋情长逝
何人世之悠长
何希望冀愿如斯之奔放

钟声其响夜其来
日月逝矣人长在

时日去悠悠岁月去悠悠
旧情往日
都一去不可留
密拉波桥下赛纳水长流

钟声其响夜其来
日月逝矣人长在

沿着塞纳河畔一路走来，从巴黎圣母院到埃菲尔铁塔，我们一一眺望，这几座巴黎的古桥仿佛是法兰西民族历史的标本，默默讲述着这座浪漫之都的厚重历史，传递出这座自由城市的典雅从容。

第四章

平生国士立桥下
——战火洗礼中的桥梁风骨

战争、瘟疫和饥荒曾经是人类面临的三大致命威胁。在饥荒中哀号的人渴望着温饱，在瘟疫中挣扎的人渴望着被治愈，在战争中出生入死的人渴望着终有一天能够平和安宁地惯看花开花落、秋月春风。人类就在与这三大威胁不懈抗争的过程中积累着无穷的智慧与力量。而桥梁的历史几乎和人类生存的历史相始终，也几乎和人类与战争、瘟疫、饥荒的抗争史相始终。在瘟疫横行、饥荒遍野的时候，桥梁或许是求生的救命通道；在战火纷飞的时代，在战争与和平之间或许仅仅隔着一座桥梁的距离……

有的桥已经永远地消失在弥漫的硝烟之中，有的桥以布满弹孔、创痕累累的沧桑姿态铭刻着历史对战争的痛苦记忆，有的桥刚刚建成就被炮火摧毁，有的桥刚刚被炮火摧毁又立即被抢修一新……摧毁与重建的目标竟然殊途同归——结束战争，迎接和平。

当我们再度凝望泸定桥、卢沟桥、鸭绿江上的“断桥”时，当我们再度抚摸桥栏上深深浅浅的创痕时，当我们的脚步在桥面上再度敲响关于战争的沉重记忆时，我们会铭记那些为了民族解放、人类和平而前仆后继的英雄。

第一节　古代战争的桥梁记忆

一、东汉江关浮桥

“朝辞白帝彩云间，千里江陵一日还”“去年白帝雪在山，今年白帝雪在地”“白帝城头春草生，白盐山下蜀江清”……在人们未曾了解公孙述这个历史人物之前，可能会以为白帝城只是一座存在于诗词之中的“乌托邦”。

在长江之上，最早的浮桥是白帝在今湖北荆门与宜昌东南虎牙山之间所修筑的。白帝者，名为公孙述。王莽篡位时，公孙述任蜀郡卒正，因见奉节鱼腹井中有白雾腾空，形如白龙，遂自称白帝，据蜀挟陇，建都成都。《资治通鉴》卷四十二记载：“公孙述遣其翼江王田戎、大司徒任满、南郡太守程汎将数万人下江关，击破冯骏等军，遂拔巫及夷道、夷陵，因据荆门、虎牙，横江水起浮桥、关楼，立攒柱以绝水道，结营跨山以塞陆路，拒汉兵。”

这场战役对于分合之势轮回循环的中华大地来说，似乎是不可避免的。东汉建武九年（33），光武帝刘秀为一统中华大地，派岑彭、吴汉统兵十万西征巴蜀。面对来势汹汹的汉军，公孙述派田戎、任满率兵数十万，顺江而下，夺取巫峡，攻下夷陵、夷道两座城池；又委派大批工匠、船工，在两岸石壁上穿孔打桩，拉起铁索，联结巨船，设置关楼哨卫，组成了一座联舟浮桥。船上有重兵驻扎，日夜巡防。除了重兵把守以外，桥梁的选址也十分险要，《水经注》曰：“江水东历荆门、虎牙之间。荆门山在南，上合下开，其状似门，虎牙山在北，石壁色红，间有白文，类牙，故以名也。此二山，楚之西塞也。”一时，公孙述仿佛占尽了天时地利人和，已然立于不败之地的公孙述静静地等待着汉军来到蜀地吃个败仗。

一路势如破竹的汉军，打到离蜀地只有一桥之隔时，却是仿佛遇见了天堑，怎么也想不到该如何拿下面前这座浮桥。这时，中郎将来歙建议，先派大军攻破天水，灭了据陇称王的隗纯，截断公孙述的退路；再让岑彭等建造战舰，训练水师，正面进攻，尤其是要训练攻桥之术。刘秀采纳了他的建议，进攻蜀地的战争就此打响。

“彭乃令军中募攻浮桥，先登者上赏。于是偏将军鲁奇应募而前。时天风狂急，奇船逆流而上，直冲浮桥，而攒柱钩不得去，奇等乘势殊死战，因飞炬焚之，风怒火盛，桥楼崩烧。彭复悉军顺风并进，所向无前。蜀兵大乱，溺死者数千人。斩任满，生获程汎，而田戎亡保江州。”谁曾想到，突然间东南风大作，火借风势，焚天蔽日，原本看似坚不可摧的浮桥，只消半天便化为乌有。于是，光武帝征服巴蜀，公孙述受伤而死。

统一是不可逆转的趋势，冠冕属于笑到最后的胜者。令人惋惜的是这座长江历史上的第一座浮桥已经在战火中化为飞灰，后人再也不能一睹此桥的风采。然而，向历史深处遥望，我们依稀可以看到当年巴蜀人民造桥时勤劳智慧的身影。

二、三国时期的长坂桥

“长坂坡前救赵云，吓退曹操百万军。姓张名飞字翼德，万古流芳莽撞人。”“长坂桥头杀气生，横枪立马眼圆睁。一声好似轰雷震，独退曹家百万兵。”这两首描述长坂坡上张飞英勇退敌的诗，在许多影视作品、相声作品中都出现过。长坂坡之战是《三国演义》中的经典战役之一，而张飞脚下的长坂桥便是这场战役的“主角”之一。

汉献帝建安十三年（208），荆州牧刘表病重，对荆州虎视眈眈已久的曹操率军南下。同年八月，刘表病逝，其子刘琮不战而降。刘备对刘琮已降之事全然不知，等到有所发觉时，曹操已率兵到达宛城。刘备只得率众逃亡，以仁义闻名的刘备还带上了荆州百姓、刘表旧部等十余万人，日行十余里，行军速度极其缓慢。

曹操发现刘备率众逃跑，当即率领虎豹骑五千进行追赶。刘备辎重繁多，再加上十多万百姓跟随，于是在当阳长坂坡被曹军追上，主力军队被曹军击溃。在慌乱中，刘备仅带赵子龙、张飞等十余人突出重围，连妻儿都被曹军俘虏，慌乱中又与赵子龙走失。面对穷追不舍的曹军，刘备只好派张飞率散卒二十余人断后，掩护他们撤退。张飞可谓粗中有细，盘算着自己手上只有二十余兵卒，要抵挡曹军五千精骑，当然只能智取而不能力敌，于是他命令兵卒持树枝扫起尘土，布下疑兵之阵。

与刘备失散的赵子龙并没有像军中谣言说的那样弃主而去，而是只身一人冲向了曹军阵营。救下刘备儿子刘禅之后，他又携幼主闯过数关杀回，与刘、张会合。曹操因为爱将之心，欲将赵云收入麾下，下令三军不得伤赵云性命。赵云逃至长坂坡，见张飞一人一矛立于长坂桥前，大呼"翼德助我！"《三国演义》中这样描写张飞的神勇：只见张飞倒竖虎须，圆睁环眼，手绰蛇矛，立马桥上；又见桥东树林之后，尘头大起，疑有伏兵，便勒住马，不敢近前。一会曹军后将来到，见飞怒目横矛，立马于桥上，又恐是诸葛孔明之计，都不敢近前。扎住阵脚，一字儿摆在桥西，使人飞报曹操。张飞圆睁环眼，隐隐见后军青罗伞盖、旄钺旌旗来到，料得是曹操心疑，亲自来看。飞乃厉声大喝曰："我乃燕人张翼德也！谁敢与我决一死战？"声如巨雷，曹军闻之，尽皆股栗。夏侯杰更是被吓得肝胆寸裂，坠马丧命。

长坂桥别名当阳桥，现在的当阳桥并非真是三国时期的古桥，而是后人修复的。张飞在曹军退兵后，命部下拆去桥板，以免曹军渡河追来。而在小说与民间传说中，张飞的怒喝声不仅吓得曹军丢盔弃甲、魂飞魄散，还让水倒流，桥尽断，将张飞这一人物形象渲染得神乎其神。

在世人的印象中，赵子龙一袭白衣，银枪白马，英姿飒爽，风度翩翩，少年英雄。一想到张飞，则是黝黑皮肤，络腮胡，豹头环眼，声如巨雷。一白一黑，一英俊一粗莽，同为盖世英雄，却又仿佛两个极端。描述长坂坡之战的文章，大多乐于描述赵子龙单骑救少主之英勇，却少有人写张飞在长坂坡上的英姿。那一日的长坂坡分明是张飞的舞台啊！

赵子龙一人冲进曹军阵营固然神勇，可毕竟是只身一人，了无牵挂，且目标明确，救下少主便杀出重围；再加上曹操有意招揽，曹军将士并未全力剿杀他。而张飞仅仅率领二十余兵卒，回马力阻曹操五千精骑，怀的是必死之志；张飞料想曹操生性多疑，命二十余兵卒扬尘坡后，曹操果真惧有伏兵，调马撤退，这凭的是急智；他一人立马桥头，一声断喝，止追兵于桥前，不战而屈人之兵，实有知其不可为而为之的大智大勇。

其实当阳桥也许并不需要修复成原来的模样，也许那半截断桥才是真正的当阳桥。因为，留下的断桥是那日燕人张翼德“一夫当关，万夫莫开”的最好见证。那座断桥会永远记得，那个宽厚的身影，朝千百敌军迎去，不曾有过一丝怯懦。

三、明代绍兴浪桥

茅以升先生曾经这样评价绍兴：“我国古代传统的石桥千姿百态，几尽见于此乡。”在2011年的全国文物普查中，绍兴的古桥有700余座，可谓真正的古桥之乡。各类古桥梁中，有结构精巧、一桥多用的太平桥、八字桥；有浮雕精美、历史悠久的光相桥、宝珠桥；有形式独特、地域风格尽显的纤道桥、三江闸桥等。而绍兴的浪桥除了桥形独特之外，还有着一段可歌可泣的英雄往事。

浪桥，一称万安桥，位于浙江省绍兴柯桥镇西。浪桥整体呈极为罕见的圆弧形，整座桥由二十孔石梁桥组成。为了使桥呈现出圆弧形，桥墩修建得高矮不一。桥宽2米，桥孔每孔的跨度约为3.5米。桥板两侧刻有“万安桥”三字。现在的浪桥是乾隆三十三年（1768）建的，同治六年（1867）重建。桥上刻有“乾隆三十三年建”“万安桥”“匠人孙其府造”等字样。

浪桥为何被人们所知晓？这还要追溯到明嘉靖年间。当时，日本倭寇时常侵犯绍兴沿海地区，打砸劫掠村民，恶贯满盈。绍兴地区的民众苦不堪言。

绍兴柯桥独山村有一名长工，由于生来个子高挑，人们便叫他姚长子。嘉靖三十三年（1554）十月的一天，正在田中劳作的姚长子遇上了前来进犯的倭寇。姚长子与倭寇展开了激烈的搏斗，可是一来他战斗经验不足，二来势单力薄，一番厮杀过后他被倭寇俘虏。倭寇用藤蔓绑住他，逼迫他带路去村里，要对他的村子进行洗劫，姚长子只好假装答应。

在回村路上，姚长子遇到同村人，他机警地用方言告知乡亲：我带倭寇去化人坛，你们速将前桥拆掉；待我入坛后，再将后桥拆去，将倭寇围在绝地，合力围歼。乡亲们遂依计行事，同时派人禀报了绍兴官府。绍兴总兵、典史得知后立马率兵对这伙倭寇布置围剿。

倭寇与姚长子登上化人坛，发现前后路上的桥梁都被拆除了，方知中计，一怒之下残忍地杀害了姚长子。率军前来的绍兴官兵恐倭寇做困兽之斗，一时也不知如何发起进攻。参与这次进攻的徐渭提出以船诱敌之计：将船舱底部凿空，里面塞满棉絮，放进化人坛中。倭寇一见有船，仿若抓住救命稻草，争先恐后地涌上船舱。船受重增加，吃水变深，棉花吸水脱落，水涌进船舱，在江中心处沉入水中。落水的倭寇四处逃散，被军民合力围剿，200 余名倭寇被一举歼灭。

人们为了纪念姚长子舍命灭倭寇的牺牲精神与民族大义，将“化人坛”改名为“绝倭涂”，并在“绝倭涂”上建造了高 6.5 米的“姚先烈绝倭纪念碑”，将前后两桥分别命名为“得胜桥”和“万安桥”，并把万安桥同时命名为“浪桥”。（一说，因桥形如浪峰而得名；还有一说是因为桥形与古代的“浪船”相像而得名。综合碑文而言，“缅怀姚长子”一说似乎更可信。）

一个连名字都无从考证的长工，却让明末文学家张岱特地为他撰写墓志铭，称颂其“醢一人，活千万人”，“仓卒之际，救死不暇”，以“全桑梓之乡”的爱民义举。

绍兴浪桥不仅仅是当地抗倭战斗的见证者，更是对姚长子这位民族英雄的纪念与缅怀。能够载入史册、为后人所铭记的，不仅可以是名扬四海的大将军、大文豪，也可以是连名字都无从考证的“一般人”。一座外表平常的古石桥，因为它背后的故事、它的文化底蕴，而拥有了独一无二的意义与价值。

每个人都当生而不凡，每座桥都当成就不朽。

第二节 现代战争的桥梁印记

一、泸定桥

泸定桥，又名安定桥、铁索桥、泸定铁索桥、大渡桥，坐落于中国四川省甘孜藏族自治州泸定县泸桥镇。泸定桥是一座悬挂式铁索桥，桥梁全长 103.67 米，宽 3 米，由桥亭、桥台及桥身三部分组成。桥身由 13 根碗口粗细的铁链构成，两边桥栏各 2 根，下面有 9 根铁链，铺上木板后形成桥面，每根铁链由 862 ~ 997 个铁环相扣而成，总共有 12164 个铁环。

泸定桥始建于清朝康熙四十四年（1705）。康熙年间，货物到了大渡河只能依靠渡船或者溜索转渡，效率低下，常常导致货物遗失、损坏，鲜活货物腐烂，军队的调动、民众的出行也有着极大的困难。当时的四川巡抚能泰上奏康熙："泸河三渡口，高崖夹峙，一水中流，雷犇矢激，不可施舟楫，行人援索悬渡，险莫甚焉！兹偕提臣岳升龙相度形势，距化林营八十余里，山趾坦平，地名安乐，拟即其处仿铁索桥规制建桥，以便行旅。"康熙赞同其意见，遂降旨："朕嘉其意，诏从所请，于是鸠工构造。"索桥于康熙四十五年（1706）四月四日竣工，前后用时一年。康熙皇帝取"泸水"（即大渡河）、"平定"（平定"西炉之乱"）之意，御笔亲题"泸定桥"，立碑于桥头。

泸定桥的声名远播无疑是因为"飞夺泸定桥"的经典战斗，早在小学的课本中，我们就已经接触并学习了这段值得铭记的历史。而今，泸定桥经历了百年时光的剥蚀，风雨依旧，铁链依旧，倒影在金沙江里的一道道寒光中，仿佛在回放历史。正所谓"金沙水拍云崖暖，大渡桥横铁索寒"。

铁索森森，越堑亘山，指茶马古道，化无作有。

浮桥曳曳，凌江衔浪，护人民军队，转危为安。

泸定桥，是中国古桥，更是人民军队之桥，是中华民族之桥。

二、卢沟桥

卢沟桥，亦称芦沟桥，位于北京丰台区永定河，由于桥跨越卢沟河（即永定河）而得名，是北京市现存最古老的石造联拱桥。最初桥下的河叫“无定河”，因河水经常泛滥，河岸“无定”而得名。清朝修筑防洪堤之后，河流更名为“永定河”。又由于河流上下游居住了许多卢姓人家，久而久之，永定桥就被大家称为卢沟桥了。

卢沟桥全长 266.5 米（桥身 213.5 米，两端雁翅各长 26.5 米），桥两侧的雁翅桥面呈喇叭口状，入口处宽 32 米，桥身总宽 9.3 米（含地袱、仰天和栏杆），桥面宽 7.5 米。桥共有 11 个桥孔、10 个桥墩，都以白石建造。桥身、拱、桥墩以腰铁锢牢，桥墩呈船形，迎水面都有分水尖，盖以三角铁柱，曰“斩凌剑”，以抵御洪水和浮冰对桥墩的冲击。东西两端拱券各长 11.5 米，中间拱券长 13.42 米。中心主桥孔跨度为 21.6 米，余孔渐收，近岸孔跨度约为 16 米。其纵联式实腹砌筑法砌筑的拱券在中国筑桥史上相当罕见。

《卢沟桥乡志》记载，卢沟桥建于金大定二十九年（1189）六月，距今已有 830 余年。金大定二十八年（1188），金世宗决定修建卢沟桥，无奈隔年开春他便驾鹤西去。这年六月，卢沟桥才开始兴建。

在后来漫长的历史中，卢沟桥一直默默无闻，直到 1937 年的 7 月 7 日，卑鄙的日寇以谎言加武器，蓄意挑起了震惊中外的卢沟桥事变。那一刻，卢沟桥成了中国抗日战争的风暴中心，成了世界反法西斯战争在东方的焦点。1985 年，卢沟桥正式作为国家级重点文物被保护起来。经历了几百年的战火动荡、朝代更迭、风雨沧桑，卢沟桥也终于迎来了自己的“退休生活”。国家成立了卢沟桥历史文物修复委员会，拆除了新加的柏油路与步道，对卢沟桥的原本面貌进行了还原和修复，对卢沟桥的石狮子也进行了统计与修复。

关于卢沟桥的石狮子有许多的传奇故事。桥梁在金朝初建时，皇帝要求所有石狮子形态都要不一样。于是建桥的工匠各自发挥专长，雕刻了形态各异的石狮子。在 288 只大石狮子中，有叼铃铛的、有舔舐爪子的、有与小狮子嬉戏的……在 140 个望柱上，最初统计有 627 只石狮子。在多年的风吹日晒、雨打雷劈、人为损坏之后，1962 年北京文物部门对每只石狮子逐一清点编号，共统计了 485 只。1979 年文物部门复查，却多出了 17 只，统计了 502 只。卢沟桥上的狮子究竟有多少只，答案有 485、492、496、498、501、502 等，由此还衍生出一句歇后语：卢沟桥上的狮子——数不清。

卢沟桥在朝代变换时，有如一名忠实的史官，一笔一画地记录下了历史的点点滴滴。在外敌入侵时，又仿若天堑，牢牢地把住了首都的入门关，不进不退，稳如泰山。在中华人民共和国成立后，它化身一位步入暮年的长者，不多一言，不求禄权，看着桥那边的城市，一天天地光鲜亮丽，就像看着子女一天天长大、成才。

数不清卢沟桥上的弹痕炮孔几何，数不清卢沟桥上的石狮子几何，更数不清的是一桥一城的厮守，情深几何。

三、钱塘江大桥

“海神东过恶风回，浪打天门石壁开。”“天地暗惨忽异色，波涛万顷堆琉璃。”泱泱华夏，高耸入云的巍峨山峰、深不见底的幽险涧壑、惊涛骇浪的江河湖海，万千奇景数不胜数。然而，能够让李杜都为其留下诗篇的景致，想必算是景中极品了。钱塘江便是其中之一。

钱塘江，又名“浙江”“折江”“之江”“罗刹江”等。杭州在秦代名钱唐；王莽时改名泉亭；东汉复名钱唐；隋代置杭州，辖钱唐；唐代时易“唐”为“塘”，故而“浙江”又名“钱塘江”。最早提出钱塘江源头所在的是《汉书 · 地理志》，它简略地指出钱塘江“水出丹阳黟县南蛮中”，而茅以升先生的《钱塘江建桥回忆》则认为其“发源于安徽休宁的凫溪口，上游名新安江，与兰溪来的兰江会合后，前往桐庐，名桐江；再前往富阳（又名富春），名富春江，再前往杭州，才名钱塘江，由此东流入海”。

由于钱塘流域范围很大，流域范围内降水多，上游常常暴发山洪，江流汹涌，下游潮汐起落，波涛险恶。倘若上下游同时发大水，则只可用势不可当来形容。众人争相观赏的钱塘江潮，正是因为水势浩大、波涛漫天而闻名中外。《史记》记载了秦始皇过钱塘江的情况："三十七年十月癸丑，始皇出游……至钱唐，临浙江，水波恶，乃西百二十里从狭中渡，上会稽，祭大禹。"可见在钱塘江面前，皇帝也只能改道而行。在这样的大江之上修一座桥梁，好比天方夜谭。民间也流传着"钱塘江上架桥——办不到"的歇后语。然而如我们所知，钱塘江大桥（见图4-1）终究还是建起来了，大桥全长1453米，正桥长1072米，由16孔65.84米的简支钢桁梁组成。桥面上层为双向两车道公路，下层为单线铁路。这座大桥到底是如何修建起来的呢？

1933年，浙赣铁路兴建，为了与沪杭铁路相连，需要在钱塘江上建桥。在诸多期待之下，在钱塘江上建桥成了一个虽无比困难而又不得不为的任务。顶着巨大的压力，时年39岁的茅以升临危受命，着手准备在钱塘江上建桥。茅以升毕业于交通部唐山工业专门学校（现西南交通大学），参加过清华留美官费研究生考试，以第一名的成绩被录取留洋，之后又获得美国康奈尔大学桥梁专业硕士学位与美国卡耐基理工学院（现为美国卡耐基梅隆大学）博士学位。经过五年的留洋，茅以升回到了祖国，每当看到祖国江河上的钢铁大桥均出自外国人之手，他总会感到痛心。所以这次要在钱塘江上建桥，他慨然领命，并邀请康奈尔大学的同学罗英任总工程师。他们废寝忘食，志在必得。

图4-1　正在安装的钱塘江大桥（柯龙，刘成，黄丽平．土木工程概论[M].成都：西南交通大学出版社，2018.）

茅以升后来在《钱塘江建桥回忆》中总结了建造钱塘江大桥时所面临的三大难点：

第一个难点是打桩。建桥与建房子一样，需要根基的牢靠，但建桥对根基的要求比建房子要高得多。毕竟桥的根基在水中，水流的压力、水底泥沙松软等，都让在水底打桩无比艰难。而钱塘江底泥沙的厚度更是达到 41 米，在这样的环境下要在 9 个桥墩的位置打入 1440 根立在石层之上的木桩，其难度不言而喻。茅以升为此采用了抽江水在厚硬泥沙上冲出深洞再打桩的“射水法”，然后对技术进行不断的钻研改进，使原来一昼夜只打能一根桩提高到可以打 30 根桩，大大加快了建设的速度。

第二个难点在于钱塘江水流湍急。钱塘江的河流流量在全国排名第十，其洪峰流量为 10820 m^3/s，年平均流量约为 1400 m^3/s，在这样困难的条件下进行桥梁施工，对施工人员的技术、经验、胆量都是不小的考验。茅以升为此发明了著名的“沉箱法”：将钢筋混凝土做成的箱子，口朝下沉入水中罩在江底，再用高压气挤走箱里的水，工人在箱里挖沙作业，使沉箱与木桩逐步结为一体，沉箱上再筑桥墩。茅老先生回忆：在开始浮运时，由于缺乏经验，遇到许多挫折……有一个沉箱，从码头“出笼”后，才到桥址，未能及时控制，漂到下游闸口电灯厂，赶忙设法拉回桥址。正把它沉到江底时，遇到大潮，铁链切断，沉箱浮起，又漂到上游的之江大学，而且在潮退后，陷入沙土中。费了大事再拖回桥址，装上设备，使之下沉，不料忽来大风雨，沉箱竟拖带铁锚，往下游浮走，而且越走越快，等到追及时，已到离桥四公里的南星桥，将渡船码头撞坏。当时江上汽轮，齐来协助，共用二十四只汽轮，才把沉箱拖回桥址。不久又遇大潮，捆箱缆索松断，就像裤腰带松下一样，沉箱又浮起走动，飘到上游离桥十公里闻家堰去了，落潮后深深陷入泥沙层。这次可不像上次的搁浅，用了许多的方法，才把沉箱浮出，再拖回桥址。在四个月内，沉箱如脱缰之马，乱窜了四处之多，外界不明真相，说钱塘江果然厉害，桥墩站不住，东西乱跑，甚至认为有鬼，要烧香拜佛！后来改进了技术，并用十吨重的混凝土大锚代替了铁锚，沉箱就不再乱跑了。

第三个难点是架设钢梁。茅以升采用了巧妙利用自然力的“浮运法”，潮涨时用船将钢梁运至两墩之间，潮落时钢梁便落在两墩之上，省工省时，进度大大加快。

三个难点，三种解决办法。茅以升先生担负着建桥重担，不仅仅是因为怀揣着一腔爱国热忱，更是因为他有着扎实的桥梁知识与极富创造力的建造思路与技巧，因此才能圆满地完成这个高难度的浩大工程。

钱塘江大桥与茅老的故事中，最令人唏嘘的便是炸桥一事了。1937 年 11 月，南京来人向茅以升直言战事之紧迫，要想阻缓日兵的侵袭脚步，必须炸掉刚建好不久的钱塘江大桥。茅以升并未多言，因为修桥时便已考虑了这个问题，在其中一个桥墩特意准备了一个放炸药的长方形空间。17 日清晨，炸药被放入桥墩；17 日上午，为了迅速疏离浙江群众，浙江政府告知钱塘江大桥提前开桥。当天过桥的十多万人以及此后每天过桥的人，都要在炸药上面走过，火车上桥也同样在炸药上风驰电掣而过。开桥的第一天，桥里就先放上了炸药，这在古今中外的桥梁史上，也算是独一例了！

1937 年 12 月 22 日，敌人进攻武康，窥伺富阳，杭州危在旦夕。12 月 23 日，敌骑隐约来到桥前，爆炸器开动，大桥炸毁（见图 4-2）。人们想起大桥施工时，罗英出的一个上联：“钱塘江桥，五行缺火”（“钱塘江桥”四字的偏旁分别是金、土、水、木）。此时火来了，却是毁桥之火，可谓“炸钱塘江桥，五行俱全”。在随后的几年中，日军、国民党军队皆试图修复桥梁，尽管修复之后依然可以运行，但许多细节修复得仍旧不够彻底。

直到 1946 年 9 月，茅以升及桥工处被召回修桥。当年炸桥时，看着暮色茫茫、隔岸火起那一刻，茅以升便下定决心有朝一日一定要再修复大桥：“钱塘江上大桥横，众志成城万马奔。突破难关八十一，惊涛投险学唐僧。天堑茫茫连沃

图 4-2 被炸之后的钱塘江大桥（梁秦红 . 桥梁上部结构施工 [M]. 成都：西南交通大学出版社，2015.）

焦，秦皇何事不安桥。安桥岂是干戈事，同轨同文无浪潮。斗地风云突变色，炸桥挥泪断通途。五行缺火真来火，不复原桥不丈夫。”

当时桥梁正式修复的设计与施工工作，由桥工处委托的中国桥梁公司上海分公司承办，计划凿去靠南岸的第二号桥墩上部墩身，并拔除日本人打下的木桩，在下面沉箱上另筑新墩。根据其余桥墩的损坏程度判断，通过水上作业即可完成。然而江心的第五、第六号桥墩因墩壁破坏程度太高，非彻底修理不可。为了使修复桥梁过程不影响桥梁通车，上海分公司发明了一种套箱法。据茅老回忆，套箱法即从桥墩旁的钢梁上，吊下一个大套筒，将桥墩四面围住，下面落到墩底的沉箱顶板或卡在墩壁的斜坡上，由深度决定；上面高出水面，在套筒围绕桥墩所形成的夹层里，将水抽干，让工人下去修理墩壁。

上海分公司于 1947 年开始筹备使用套箱法修桥，然而当时国民党政府腐败，经济动荡，因而经费时断时续，直到杭州解放时，套箱才做到悬挂下水。杭州解放前夕，国民党军队竟在第五孔公路及铁路桥面的纵梁两端装上了炸药，阴谋破坏大桥。下午，该军队撤退时，将炸药引爆，幸好只炸坏了部分铁轨。修桥职工日夜抢修，于24小时内，即使铁路、公路全部恢复通车。第五号桥墩修复工程于 1952 年 4 月竣工。1953 年 9 月，桥梁的 6 个桥墩全部修复完成，钱塘江大桥的修复工程大功告成。

茅以升这位少年天才、国之匠者，倾其毕生所学、耗尽千百日夜的心血、克服千难万险建造了钱塘江大桥，且在造桥时就给这座桥留下了炸毁大桥的炸药放置坑，“殚精竭智千日功，通车之日却炸桥”，这种心痛，只有真正的匠之大者方能体会。造桥是因为己为工匠，凌涛逆江，当仁不让；炸桥是因为身为中国之工匠，毁亲手所建之桥，护一方国人无恙，在所不惜。

桥，或穿山野小溪，或凌湖海江河。筑桥者，脑海中有遏波涛之智，胸中亦存惠万民之情。在今日之中华，大江大河上的雄伟桥梁不计其数，那些桥梁是一位位国之匠者，为亿万中华儿女铺下的水上通途。

四、金汤桥

金汤桥（见图 4-3），横跨于天津市水阁大街与建国道西端之间的海河上，是天津市现存最早的大型铁桥之一。金汤桥全长 76.4 米，宽 10.5 米，占地面积约 802 平方米。“金汤”是“固若金汤”之意，桥名寓意着此桥能够守卫天津城的安宁与和平。

金汤桥是一座开启式铁桥。关于这种特殊形式的桥梁，茅以升先生曾高度评价：合时桥上走车，开时桥下行船。一开一合，水陆两便。这是一种很经济的桥梁结构，当时在中国这种桥绝无仅有，在天津开了先河。天津原有五座开启式铁桥，在 20 世纪 70 年代到 90 年代拆除了三座，仅余金汤桥和解放桥两座。金汤桥不同于解放桥的地方在于它奇特的开合方式。金汤桥是目前国内仅存的三跨平转式开启桥。在三个跨度中，较大的一个是固定跨，另外两个是平转式开启跨。所谓平转式，即开启的时候在水平面上旋转，就像一条从岸边探出头来的巨龙，以桥墩为轴左右摆动。相比之下，解放桥是“抬头让船过”，金汤桥则是“侧身让船过”。

图 4-3 金汤桥（项海帆. 中国桥梁史纲 [M]. 上海：同济大学出版社，2009.）

金汤桥建于清朝光绪三十二年（1906），比同为海河桥梁、天津的标志性建筑物——解放桥还早了近 20 年。金汤桥原为浮梁舟桥，由 13 艘木船连缀而成，桥面上铺设有可活动的木板，最初名为“盐关浮桥”或“东浮桥”，清朝雍正八年（1730）由青州分司孟周衍请人营造，故又名孟公桥。清光绪三十二年（1906），为了铺设从东浮桥至东站的有轨电车路轨，津海关道和奥地利、意大利租界领事署及天津电车电灯公司合资将浮桥改建为永久性的钢梁铁桥，并一直存留至今。

另外，在解放战争期间，金汤桥作为平津战役中的重要战略要冲起到了重要的军事作用，这是值得我们铭记的。

今日的金汤桥，已然不再是车行桥，仅供行人步行游玩。每日清晨黄昏，金汤桥上，孩子们追逐的欢声笑语，情侣漫步的你依我依，老人驻足桥边望海河流水滔滔。这一切的恬静平和都是70多年前的先辈们在这座桥上用血肉之躯迎枪炮火舌、炸毁一座座堡垒高塔、攻下一个个城防军营换来的！

桥本该是凝固的建筑，没有思想，没有立场。可历史中的一座座桥梁又总能适时地出现在最重要的地方，或阻突袭，或堵逃敌，或目睹着中华子弟奋勇杀敌、保家卫国，又用满身的刀痕弹孔向后世儿女诉说着当时的点点滴滴。万安桥如此，卢沟桥如此，金汤桥亦是如此。这些古桥一次又一次地站在人民这边，为人民承受炮火洗礼，为后人留下可循的史迹。这是正义的桥，是人民的桥，是中国的桥。

五、鸭绿江大桥

“雄赳赳，气昂昂，跨过鸭绿江。”每当这首歌响起，我们心中总不免激荡万分，仿佛已然飞去七十年前的辽宁丹东鸭绿江畔，目送中国人民志愿军步伐整齐、英姿飒爽地踏上鸭绿江大桥，踏上保家卫国的征程。

我们常常说到的鸭绿江大桥，现在多被称为“鸭绿江断桥”，是原鸭绿江大桥被美军飞机炸毁之后的残余部分，位于今辽宁省丹东市振兴区江岸路鸭绿江畔，是鸭绿江上的第一座桥梁。1905年，日本人决定在鸭绿江上修建一座桥梁。1909年，日方在朝鲜新义州一侧开始了基础施工，同时通过一边施工一边和中国清政府交涉的办法，迫使中方同意建桥。1910年4月，在日方工程过半的情况下，清政府迫于日本人的压力，不得不同意在中国一侧建桥；5月在安东（今丹东）开始建造，次年10月竣工通车。大桥长944.2米，宽11米，共有12跨。为便于桥梁通行，从中国一侧数第四孔为开闭梁，以四号墩为轴，可旋转90°。1937年4月，日本人又在该桥上游方向不足百米处建造了第二座铁路大桥（今中朝友谊大桥），二桥并称鸭绿江上的“姐妹桥”。

1950年，朝鲜战争爆发，鸭绿江大桥被敌人炸断，这给中朝军队的物资补给及运输带来了不小的麻烦，然而中国人民志愿军及朝鲜军队克服千难万险，依旧将物资、军队送到了前线。中方一侧剩下的四孔断桥保留至今，以此作为纪念抗美援朝战争胜利、缅怀保家卫国的志愿军战士的最好标志。人们将其命名为“鸭绿江断桥”，并将其定为国家级保护单位，作为旅游景点向社会开放。

桥断却不修，因为我们知道：桥虽然被炸毁了，可中朝人民的友谊、人民志愿军保家卫国的决心、中华民族对于侵略者势必斗争到底的决心，是怎样的狂轰滥炸都不可能被摧毁的。

鸭绿江大桥是70年前志愿军前线的生命线；鸭绿江断桥却是我泱泱华夏势必捍卫国家主权、与帝国主义斗争到底、永远不会断裂的底线。

六、丰乐桥

1934年10月，中央苏区第五次反“围剿”失败，红军主力被迫实行战略转移，踏上了二万五千里的长征路。在经历了湘江战役的失败之后，毛泽东同志仔细分析了当时的军事态势，提议改变行军路线，向国民党统治力量相对薄弱的贵州地区进军，以便尽快摆脱国民党的追兵。同年12月14日，中央红军占领了贵州黎平县；18日，黎平会议召开，会议接受了毛泽东同志的建议，决定在川黔边创建苏区；20日，中央红军分两路向以遵义为中心的川黔边地区行进。

1935年1月初，中央红军在江界河、茶山关、回龙场等渡口分两路渡过乌江；5日夜，红军智取遵义；7日，中央红军第二师先头部队经由丰乐桥进入遵义城区，占领遵义。

1月9日，遵义的学生、工人以及老百姓们，纷纷来到丰乐桥，翘首以盼他们期待已久的红军主力。当天下午，丰乐桥头的接官亭前，人山人海，鞭炮齐鸣，锣鼓喧天，热闹非凡。受够了黔军剥削压迫的遵义老百姓们挤在丰乐桥头，迎接红军。

1月15—17日，中共中央政治局在遵义召开扩大会议，这就是著名的“遵义会议”。会议确定了毛泽东同志在红军和中共中央的领导地位，成了党的历史上生死攸关的转折点，挽救了红军，挽救了党，挽救了中国革命。

这座见证了历史的丰乐桥位于今贵州省遵义市城南，是清咸丰元年（1851）在时任遵义知府佛尔国春[1]的主持下修建的。按照佛尔国春《丰乐桥记》的记载，丰乐桥位于遵义府治所在地南五里的地方，横跨桃溪河尾。桃溪河是遵义母亲河——湘江河的上游支流之一，疑因流经旧桃溪庄[2]而得名。这座桥取“民丰崇乐”之意，取名“丰乐”。桥高五丈八尺，宽二丈二尺，长二十八丈。这座五跨连拱桥，将河水分流成五条水道。

在丰乐桥上游不足十丈的位置，原有一座巨济桥，元大德年间修建，又名下塌水桥。《遵郡纪事》记载：“平播后，只有石板平桥，名踏（塌）水，后多颓缺。”万历年间的平播战乱之后，河上只剩下石板铺就的平桥，当时名为“塌水桥”，巨济桥又称为下塌水桥（另有万寿桥名为上塌水桥）。

巨济桥在两山之间。从水位高度来看，此地的水位比上流五六丈处低了数尺，因此水流比较急。而且石板又在逐渐下沉，每到涨水的时节，水面距离桥面就只有数寸而已，甚至会高出石桥一二尺，因此经常有人畜被淹的情况发生。尤其是夏天的时候，当地老百姓、行旅的路人，都不太敢从这座桥上经过。这可是给遵义的老百姓带来极大不便甚至是威胁生命安全的大问题了，作为地方长官的佛尔国春当然不会坐视不理。上任第二年，佛尔国春就和时任遵义县知县的周守正商量，倡议修建新桥，解决民生问题。周守正调走以后，佛尔国春又与接任的严耿策划找人捐款建桥的事。后来安排教谕李蹇辰、孝廉刘际瀛、义民张朝辅等十六人专门负责建桥工作，典史黄映林负责召集工匠，王问政、孔继志等人稽查、审核支出事务。人员分工工作已经完成，剩下的事情就是开工了。

咸丰元年（1851）正月正式开工，同年十一月竣工，十个月的时间就完成了建造。为什么能这么快完工呢？并非此桥修建容易，也并不是敷衍了事。佛尔国春在《丰乐桥记》中将此桥的修建归功于以下

1 佛尔国春，满洲人，咸丰六年（1856）进士，道光二十九年（1849）七月到遵义府任知府。

2 桃溪庄：播州土司杨氏庄园，毁于明万历年间的平播战乱。《明史纪事本末》载：（万历二十八年）焚桃溪庄。

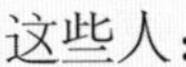

这些人：

第一，义民张朝辅。他是一个修桥的专家，还没有动工，已是“成桥在胸”，犹如文同画竹，早已在心里设计好了整个桥。并且张朝辅亲力亲为，到附近的采石场去亲自动手测量石头，尽可能地选择最合适的石材，以延长桥的寿命。同时，张朝辅从早到晚都在工地上，勤勤恳恳，“与桥始终”。知府佛尔国春称赞他“精算营造，逾于巧工”，算是给张朝辅记了头功。

第二，张朝辅之外，还有很多参与桥梁建造的人，比如李蹇辰、刘际瀛、黄映林、王问政、孔继志等，这些人“操纵有方”，一心一意地为建桥工作付出了辛劳，使得建桥工作能进展顺利，事半功倍，不到一年的时间就完成了此项工程。

一座桥终于建成了，从此“舍旧登降，梁空而行，平达两山坳，虽有盛涨，永永无患”，遵义的老百姓不用再走危险的巨济桥了，可以走平达山坳的石拱桥了。由于这座新桥是架在空中的，就算是河水再怎么涨，也不会威胁到过桥人的生命安全了，解除了老百姓过河的后顾之忧。

新桥落成当然是一件大喜事，佛尔国春也很高兴，带领遵义的官僚、郡士、耆老等，一起来庆祝桥梁的竣工。他们载歌载舞，觥筹交错，这时天公作美，下起了雪，真是“瑞雪兆丰年”啊！前来看桥、看雪、看热闹的遵义老百姓，挤满了整个山谷，大家欢笑着、喧闹着，欢庆新桥的落成，感谢知府佛尔国春为民造福，感谢张朝辅等人的辛劳付出。

从此，“险阻既除，疵疠不生”。

从此，“民丰崇乐”！

自此，新桥名曰“丰乐桥”。

佛尔国春非常高兴，这是他来遵义以后做成的一件大事，而且他不曾居功自傲，在《丰乐桥记》中将功劳都归于他人，不提自己。他还为此写下一篇《寿之贞珉》，请了贵州文化名人莫友芝书写，刻碑于丰乐桥头。佛尔国春在《寿之贞珉》文中写道：“余为地方幸，余尤幸，余之得目睹其成也。”

佛尔国春从北方来到西南任知府，心系百姓，主持修建桥梁，桥成之日，他由衷地为遵义当地感到高兴，为老百姓感到高兴，也为他自己感到高兴！

1999年4月5日，在丰乐桥改建工地的现场，挖出一块高2.45米、宽1.05米、厚0.27米、重1.89吨的石碑，正是当年丰乐桥头所立之碑。《寿之贞珉》记载的内容与《丰乐桥记》大致相同。

丰乐桥建成以后，随即成了遵义城南的重要通道，甚至逐渐成为由南向北进入遵义城的必经之路。遵义是黔北重镇，是川黔路上的必经之地，丰乐桥也就成了川黔路上的必经之桥，红军长征也从这里走过。在抗日战争期间，丰乐桥还成了北接陪都重庆、南通省城贵阳、西连滇缅公路的通道，抗日部队从桥上前仆后继，逃难的百姓从桥上远走他乡。还有浙江大学西迁，从丰乐桥进入遵义；浙江大学东归，又从丰乐桥离开遵义。

这座沧桑的丰乐桥，在满族人地方官的任上被修建起来，又看着清王朝覆灭，军阀开始纷争。它看着黔军盘剥遵义百姓，以至于红军进城以后，竟然看到遵义商铺门口都挂着“溃兵抢劫，暂停营业”的牌子。它等来了中央红军，见证了中国共产党的伟大转折，见证了中国共产党从幼年走向成熟，见证了中国革命走向胜利的道路。

为了纪念丰乐桥在近代史上的意义，1966年，遵义政府将“丰乐桥”更名为“迎红桥”；1986年又恢复“丰乐桥”名。但今天，遵义市民仍愿意称此桥为“迎红桥”。在遵义市民的心中，迎接红军就能“民丰崇乐”，丰乐的意义也就能实现了。

如今的丰乐桥（图4-4），经过了1999年的修缮、拓宽之后仍在使用。这座已有170年历史的古桥，承载了佛尔国春造福百姓的百般努力，承载了张朝辅等人的“精算营造”，承载了中央红军的光辉历史，承载了党的伟大转折，更承载了遵义人民对民丰崇乐的美好愿望。

图4-4 如今的丰乐桥（邹林昊 摄）

第五章

情似蓝桥桥下水
——电影中的桥

桥梁作为交通要道，在历史上的战争中往往扮演着决定胜负的关键角色。在上一章中，我们主要讨论了中国战争史上具有特殊意义的桥梁，而本章的第一节则将聚焦于经典战争电影中的桥梁意象，重点关注作为艺术形象的桥梁如何体现着中外文化视野下的战争观与和平观。

战争与爱情，是现代电影艺术的核心话题。本章第二节将从中国文化的视角去观照几部驰名世界的经典爱情电影——它们无一例外都以一座著名桥梁为核心意象，串联起一段或悲情、或喜剧的爱情故事。故事或许虚构，电影的艺术水准或许有高下，对于人性的拷问却都直指灵魂、引人深思。“廊桥”的爱情故事里不只有弗朗西斯卡和罗伯特的无奈，也有湖南侗家小伙与姑娘追求爱情的顽强；“蓝桥”不只续写了裴航与云英神仙眷侣的传奇，更是茶花女、柳如是以及玛拉爱情的“断桥”；世上原本没有十全十美的爱情，但“新桥”让残缺的爱一步步走向完整，历尽坎坷却历久弥新应该是所有人对爱情的终极向往……

爱是占有但更是宽恕，爱是遗憾但更是成全，爱是桥梁但更是生命全部的意义。

现实中的桥梁沟通着两岸，战争中的桥梁引领我们通往和平，爱情中的“桥梁”则连接着两颗相望相守的心。“梦魂惯得无拘检，又踏杨花过谢桥”，这是中国古典诗词中超越现实阻碍的爱的桥梁，其实真正“无拘检”的，哪里是梦呢？实在是两颗顽强相爱的心吧。

爱是桥梁，将散落天涯海角的我们，永远牵系在一起。

无论逆境还是顺境，走过苦难的我们，都将铭记有一座桥，它的名字是“爱”。

第一节　桥边黄石知我心

——电影中的桥与战争

一、桥确实还在——《金刚川》中的金刚桥

“一条大河波浪宽，风吹稻花香两岸。我家就在岸上住，听惯了艄公的号子，看惯了船上的白帆……”在电影《金刚川》的结尾，战斗的轰鸣声刚刚结束，耳畔响起了舒缓的音乐，金刚桥上的战士们在平静悠扬的乐声中显得更加高大伟岸。

金刚山，位于朝鲜与韩国的交界处，大部分山峰位于朝鲜境内，有“朝鲜第一山”之称。这里风景秀美，飞瀑万千，碧潭盈盈，同时这里也孕育着一条河流——金刚川，它是汉江两条重要的支流之一，也是金城前线附近的一条河流。在抗美援朝的金城战役中，金刚川具有独特而重要的军事价值。

在抗美援朝战争胜利70周年之际，由管虎、郭帆、路阳执导，张译、吴京等主演的电影《金刚川》便是以金城战役为背景：为了不耽误最佳的作战时机，向前线投入更多战力，志愿军大部队必须在天明前赶到金城，而金刚川上那一座小小的木桥就是过江的唯一通道。在敌军火力的集中轰炸下，桥一次次被炸毁，又一次次被奇迹般地修好。

金刚桥不像它的名字，它不是由钢铁铸造而成的，而是一座由工兵连临时修建的简易木桥。为了使后勤物资运到前线，渡过金刚川是唯一的选择。而想渡过这宽阔湍急的水流，金刚桥便是渡河咽喉，敌军为了切断前线部队的生命线，对金刚桥进行着疯狂轰炸。

“桥，就是我们部队的生命线，我们就是要让美国人看一下，这座桥是炸不烂的！”每当美军疯狂轰炸过后，工兵连将士们总会前仆后继，第一时间对桥体进行补修。他们深知只有保证大部队顺利过江

才能赢得胜利，战争才会结束。正是这样的信念，支撑着他们克服了生理上的恐惧，以超人的毅力完成了修桥的任务。桥可能被暂时炸断，但炮弹炸不断的是士兵们的信念。

“桥不在，就是他们的地狱；桥在，就是我们的地狱。”这是美军空军战士看到金刚桥时发出的感慨，他们也深知桥的重要性，所以炸毁金刚桥就成了美国空军唯一的任务。其实，不论桥在或是不在，战争所经之处就是人间炼狱。可就算美军用尽一切办法来破坏木桥，他们总是会在下一次侦察时发现桥仍然奇迹般地伫立在金刚川上。“桥一次次被莫名其妙地修好！”就连美军战士都感慨在这么短的时间内修复这座桥是不可能的，但“不可能，就是他们的武器”。

“桥确实还在。”再坚硬的木头也挡不住烈火的燃烧，再坚固的桥也挡不住炮火的吞噬，在美军最后一轮集中的猛攻下，桥不复存在，只有空气中弥漫的焦糊味道。燃烧弹在凌晨 4 点 5 分被投放，“目标已经完全被摧毁”。然而就在 4 点 35 分，短短半小时后，美军总部发现桥体处有活动迹象，美空军士兵奉命前去查看战场情况。他们这次满怀信心地以为桥一定不复存在了，然而眼前的景象却让他们大惊失色：木桥确实不在了，但一座人桥出现了！无数战士用他们坚实的身体做桥墩，用他们宽厚的肩膀撑起桥面。金刚川水流深急，在影片开头，战士们欲蹚水过河被阻止，而此刻，他们不顾一切地沉入水底，我们只能看到露出水面的勇士，殊不知水底下还伫立着多少牺牲者。“我知道你们不信神，但你们却创造了神迹！”被眼前景象震惊的美国空军发出了难以置信的感叹。

桥虽被炸毁，但是生命的力量使其依旧屹立。唯有这样不死的生命力凝聚而成的桥才能跨越金刚川湍急的水流，才能抵挡美军的炮火。

美军在看到如此场面后也为之深深震撼，他们或许感到了灵魂深处的某种觉醒——这样坚定的信念、无畏的精神、蓬勃的生命力带给人们的敬畏是促成停战的重要原因。桥，连接的不仅仅是此岸与彼岸，不仅仅是失败与胜利，更是人们对于和平与安宁的向往与渴望。在战争中，被炸毁的桥梁比比皆是，但是用血肉之躯铸成的桥梁却是中国人独有的骨气与傲气。有“金刚”之称的不只是这座山、这座桥、这条河流，还有我们的内心。

桥确实还在，并且它将永远屹立在我们的民族记忆之中。

二、可惜呀，真是一座好桥——《桥》中的塔拉河谷大桥

“啊如果我在，战斗中牺牲，啊朋友再见吧、再见吧、再见吧！如果我在，战斗中牺牲，你一定把我来埋葬；请把我埋在，高高的山岗，啊朋友再见吧、再见吧、再见吧！把我埋在，高高的山岗，再插上一朵美丽的花。”这首《啊，朋友再见》（*Bella Ciao*）在南斯拉夫的经典电影《桥》（*Most*）引进中国后被人们熟知与传唱，豪放的歌曲表达的是游击队员离开故乡去和侵略者战斗视死如归的心情，歌曲里传达出的大无畏的英雄气概让无数人为之动容。

由哈·克尔瓦瓦茨执导，斯·佩洛维奇、韦利米尔·巴塔·日沃伊诺维奇、伊·加洛等人主演的南斯拉夫战争片《桥》取景于黑山北部的塔拉河谷大桥（Durdevica Tara Bridge）。塔拉河谷山势险峻，壁立千仞，树木丛生，塔拉河谷大桥就静静地横跨在这片碧海之中。大桥建于1937—1940年，是一座混凝土拱桥，横跨塔拉河，长365米，主桥拱114米，桥距塔拉河河面172米，有5个拱。完工之时，它是欧洲最大的公路混凝土拱桥。1942年，大桥被游击队炸毁；1946年修复，至今仍在使用。

影片展示了在第二次世界大战接近尾声的大背景下，南斯拉夫游击队与撤退德军斗智斗勇的故事。1944年，德军投入重兵守卫南斯拉夫境内的塔拉河谷大桥。这座桥是德军会合的重要通道，德军党卫军上校霍夫曼博士处心积虑地守卫着大桥，以防止南斯拉夫游击队的攻击。与此同时，游击队少校“老虎”接到上级命令，必须在七天内将桥梁炸毁，以阻止德军的会合及下一步的军事行动，而桥梁构造的复杂性使得“老虎”必须找到桥梁工程师一同参与炸桥任务。行动不容迟疑，“老虎”迅速召集了他的老朋友、爆破专家扎瓦多尼以及他的助手班比诺、沉默寡言的战士狄希、曾参与建桥的游击队员曼纳，组成了一支行动小队。当他们冒着生命危险从盖世太保的手中救下桥梁

工程师后，工程师却极不愿意参与他们的炸桥行动。

桥梁工程师热爱他的职业，也热爱他亲手设计修建的每一座桥，桥犹如他的挚友，也犹如他的爱子，保护桥、爱护桥是桥梁工程师的基本素养与职业操守。在上级的命令与职业操守的冲突中，他无法做出抉择。电影结局的处理极具戏剧性：本来负责引爆桥梁的士兵在桥墩布置好弹药顺着绳子往桥上爬，大桥屹立于河谷之中，从桥墩到桥面的距离不容小觑，就在士兵即将爬到桥面，工程师也伸出手来准备拉他一把时，士兵却失手掉入了万丈深渊。战友在眼前逝去，德军正向桥上赶来，工程师拿起了桥面上的引线与引爆器向桥头走去，炮火声还在耳旁轰鸣，工程师额头上布满了豆大的汗珠，他按下了引爆器的开关……一声巨响，工程师与大桥一起消失在了浓浓的烟雾中。

在这次爆炸行动中，最终幸存的只有游击队少校“老虎”与一位沉默寡言的战士。少校“老虎”站在高处看着浓烟中残败的大桥的身躯，感慨道：“可惜呀，真是一座好桥……”游击队胜利了，他们顺利地完成了上级交代的任务，可在大桥炸毁的这一刻，没有人是喜悦的，那份赢家的快乐不属于任何一方。在战火纷飞的年代，当工程师的职业操守与上级命令发生冲突时，注定只能以悲剧结尾。

这样的故事在战争中并不少见，在第二次世界大战中，曼谷的桂河大桥也见证着一位桥梁工程师的踌躇。

北碧府位于曼谷西北部，在大桂河与小桂河的交汇处。正如它的名字一般，这里绿意盎然，河流纵横，风景宜人，还盛产黄金、宝石等稀缺资源，被誉为泰国最美省府之一。可 80 年前的北碧府，却完全是另外一番模样：它居于热带雨林的一隅，荒无人烟、烈日当空，四处是悬崖绝壁、洪流险滩，常年瘴气笼罩、蛇虫横行。在这片连土著居民都极少涉足的原始雨林里，蜿蜒着一条“死亡铁路”。

1941 年 12 月，日本偷袭珍珠港，英美对日宣战，太平洋战争爆发。之后，日军占领了泰、缅两国，英军大批投降，日军接管了北碧府丛林中的盟军战俘营。日军的野心逐渐膨胀，企图进一步向印度扩张，他们欲在荒凉的丛林中修建一条连接缅甸、泰国的铁路，以确保部队的物资运输，而跨越桂河的大桥是这一段铁路的咽喉部位，整条铁路能否通行全在于此桥能否顺利建成。狂妄的日军全然不顾施工条件的艰苦，企图在一年内将铁路建成。

在日军的残酷剥削下，盟军战俘“理所当然”地成了铁路修建的主力军，除战俘外，还有亚洲各国的劳工也参与其中。他们衣不蔽体、食不果腹、病无所医，战俘们一个个瘦骨嶙峋，却还要从事超负荷的劳动。日军还根据南亚酷热的天气发明了只能容纳一人的“禁闭箱”，“犯了错”的盟军战俘就被关在这样的小木箱里，放在烈日下烤晒，直到昏厥甚至死亡。

“死亡铁路”就在这样的环境中建成了，即便在和平年代也需要六年才能完成的浩大工程，在战争年代仅用一年多时间就完成了，这是一条由数万名平凡的战俘与民工用血汗与生命铸就的铁路。

桂河大桥就是其中修建难度最大、耗时最长的一段。但就在桥建成的那一刻，它就成了盟军必须摧毁的军事目标。经过英军飞机的几番轰炸后，桂河大桥被毁。原桂河大桥为木桥，现存的桂河大桥为修复后的铁桥。

1957 年由大卫 · 利恩执导，由威廉 · 霍尔登、亚利克 · 基尼斯等主演的电影《桂河大桥》就是以这个故事为原型的：英军上校尼克尔森和他的属下成了日军的俘虏，被命令修建泰国西部地区的桂河大桥。除了英军的俘虏，岛上还有美国海军军官希尔斯。电影基本尊重战争事实，但为了艺术效果，导演将现实中的桂河大桥在英军飞机的轰炸中被炸毁，改编为英军上校尼克尔森在大桥首次通车之际触发了炸弹机关。

电影以桂河大桥为线索展开，从英军上校拒绝修桥到奋力修桥，再从大桥建成到接到盟军命令炸桥，桂河大桥成为电影情节推进的关键。当日军初下建桥命令时，英军上校尼克尔森极为反对，气急败坏的日军长官斋藤将尼克尔森关进了“禁闭箱”。在经过一段时间的非人折磨之后，尼克尔森仍然坚持不答应参加修桥工作。在他心中，为兵之道是服从命令，是忠诚，是不屈于强暴，他身为军人的自尊不允许他低下头颅。没有尼克尔森的领导，英军战俘们的工作效率低下，

斋藤亲自上阵监工也无济于事。眼看着工期吃紧，桥梁的修建却毫无进展，走投无路的斋藤只得在尼克尔森面前做出退让。

接管了桥梁修建大权的尼克尔森开始积极投身于桥梁的建设工作，与之前判若两人，他没日没夜地巡视监督着桥梁的修建工作。当时英军战俘中有两位桥梁工程师，在尼克尔森的虚心请教下，工程师说出了桥梁建设之所以停滞不前的原因：选址错误，河床不坚固导致了桥墩的下沉。于是他们改换了桥梁的修建地点。在人员的安排上也进行了调整，更加注重团队合作，在修桥材料的选择上也进行了优化。这时候的尼克尔森已经将自己全身心地投入桥梁工程师这个角色中。他认真负责，讲求效率与质量，极具工匠精神。营地的医生无法理解尼克尔森的行为，向他发出质疑：为什么要这么卖力地帮日本人修桥？这时上校反问医生道：“如果你的病人是斋藤，你是尽力救他还是让他死？”这个反问真是直击人心，医生的职业宗旨是救死扶伤，不论病人属于哪个国家，不论病人是好是坏，一个真正具有职业操守的医生都不会见死不救。桥梁工程师也是如此，他的职责就是修好一座桥，此时他的眼中只有修桥这一件事，这个目标已经超越了战争、超越了国界。尼克尔森补充道：“总有一天战争会结束，我希望以后走这座桥的人，能记得它是怎么修起来的，被谁修起来的，是英国士兵，而不是奴隶。”

其实，中国历史上也有一位极具职业操守的工程师，他姓郑名国，生活在战国时期。那是一个兵荒马乱的年代，群雄逐鹿，虎狼之邦秦国迅速崛起，有东出之势，令其他各国颇为忌惮。郑国是韩国人，曾任韩国管理水利事务的水工（官名），参与过治理荥泽水患以及整修鸿沟之渠等水利工程。郑国被韩王选中派去秦国修建水渠，以耗财劳民，达到“疲秦”之目的。郑国是一名失败的间谍，却是一名成功的工程师。到了秦国以后，他在修渠工作上尽职尽责，完全将“疲秦”政策抛之脑后。后来秦国察觉到了韩国的阴谋，欲杀郑国，而郑国坦诚相告：“始，臣为间，然渠成，亦秦之利也。”他说修此渠对于韩国不过只能“延数岁之命”，对于秦国却是“建万世之功”。于是，秦王赦免了他，让他继续主持修渠工程。水渠建成之后，为秦国留下了富饶土地和万世功业，秦始皇即以郑国名渠，曰郑国渠。

郑国的修渠信念和尼克尔森的建桥信念异曲同工。桂河大桥在尼克尔森的带领下，成功地跨越了桂河，坚固而且精美，为这片荒凉的原始丛林增添了一丝活力。当大桥建成之际，尼克尔森带领士兵在桥头钉下桥牌时，他们的喜悦与满足溢于言表。因为，这正是工匠自身价值的实现，桥牌上写着："此桥的设计和建造工作均由英国士兵完成。——1943 年 2 月至 5 月"。

可与此同时，侥幸逃出的美军军官希尔斯接到盟军命令，要返回炸桥。就在大桥即将通车的时刻，尼克尔森发现了埋在桥墩处的炸药，他领着斋藤顺着因水位下降而露出的引线来到了河边，发现了准备引爆的美国士兵。就在斋藤举起刀的时刻，另一位美国士兵乔埃斯及时冲出刺死了斋藤。当乔埃斯告诉尼克尔森盟军总部下达的炸桥命令时，尼克尔森大为吃惊。是坚持工程师的职业操守保护桥梁，还是坚持为兵之道服从命令炸毁桥梁，尼克尔森的眼中充满了迷茫，他似乎已经站立不稳了。他们的打斗惊动了日军，一枚手榴弹在尼克尔森的身后爆炸，他扑倒在地，随即又艰难地站了起来，颤颤巍巍地朝引爆器走了过去。此时的他如灵魂出窍，眼神空洞，身体似乎也不受控制，他倒在了引爆器上，桂河大桥在这一刻炸毁，行驶的火车落入水中……

我们无法判断尼克尔森的倒下是有意还是无意的，也许，是战争让尼克尔森无法抉择，只有以疯狂和荒诞谢幕。

"啊每当人们，从这里走过，啊朋友再见吧、再见吧、再见吧！每当人们，从这里走过，都说啊多么美丽的花。"战争带来分别，说再见的不仅有逝去的战友，也有被炸毁的桥梁、被摧残的花朵。

总有一天战争会结束，士兵要踏上归家的路，走过孤独的桥。如今的塔拉河谷大桥与桂河大桥依然长桥卧波，沉默不语。多少生离死别，多少希望与绝望，多少欢笑与叹息，都化作桥下滔滔江流，随水飘零；都化作桥边一抹风吟，吹散在历史的烟尘中，留给后人无尽遐思与无穷想象。

三、遥远的桥，咫尺的和平——《遥远的桥》中的阿纳姆大桥

“我比任何时候都更惧怕夜晚，我们被敌人彻底包围……但经过三天毫不停歇的战斗，我们依然活着……”这是一位第二次世界大战中幸存的英军战士的口述。战争，不论胜负，带给人们的都是无尽的黑暗与折磨。

阿纳姆大桥又叫约翰·弗雷斯特大桥，位于荷兰东部城市阿纳姆，是跨越莱茵河上的一座公路桥，也是 1944 年盟军发动的“市场花园行动”中那座远不可及的桥梁。由理查德·阿滕伯勒执导，由肖恩·康纳利、迈克尔·凯恩、吉恩·哈克曼等主演的战争片《遥远的桥》（*A Bridge Too Far*）生动地再现了这一段历史。

1944 年 6 月 6 日，盟军成功登陆诺曼底。第二战场开辟后，军中普遍被乐观的情绪笼罩。激进的英军统帅蒙哥马利策划了一场名为“市场花园行动”的进攻计划：用大规模的空降兵力对德国后方进行袭击，以迅雷之势夺取莱茵河上的多座桥梁——阿纳姆大桥、格拉夫桥、奈梅亨桥等，以空降兵配合地面装甲部队，在德军措手不及之时，攻入德国腹地，进而取得战争的胜利。在这个计划中，英军陆军第 30 军作为先锋向莱茵河进攻；为配合英军，盟军第一空降军 3.5 万人负责占领桥梁及附近地区；参战的还有美军 101 空降师、82 空降师等雄师。布置了这么多的精兵良将，可谓是志在必得，却由于过分轻敌以及计划的失误，这场行动损失惨重，成了第二次世界大战中最具戏剧性的一场战役。

在“市场花园行动”中，盟军遭到德军的猛烈反扑，本欲夺取的 5 座桥梁最终占领了 4 座，英军第一空降师伞兵团在夺取了最后一座桥——阿纳姆大桥北端不久之后便遭到了德军的袭击，600 余名伞兵在与德军三天两夜的激烈交战中全部英勇牺牲。后来为了阻止阿纳姆大桥再次被德军利用，美国空军将它炸毁。

战争结束后，荷兰人在阿纳姆大桥的原址复架了该桥，但大桥的北端依然还保存着桥头堡，战争的痕迹依然能在这座桥上体现。1977

年，阿纳姆大桥被命名为约翰·弗雷斯特大桥，便是为了纪念指挥官约翰·弗雷斯特英勇善战、敢于牺牲的骑士精神。

影片把战争画卷展示在了观众面前，除了战斗场面的惊心动魄外，还有一些战斗外的细节引人深思。其实，一场战争并不仅仅依靠士兵们的浴血奋战，还有无数平民百姓在背后的默默付出。伤兵往往是战斗后方的最大问题，而在“市场花园行动”中，由于决策层的失误，盟军的伤亡极为惨重，医院中早已人满为患，伤兵只能安顿在征用的平民的房子中。当上校向达荷斯太太提出请求时，她爽快地答应了，并且尽力协助医生，安抚伤员。当征用的民房也无法容纳下伤兵时，医生找到了指挥官请求停战，当指挥官以战争即将胜利为由拒绝他时，医生说：“胜负我不关心，我只关心生死。”这是医生的心声，也是更多普通人的心声。

战争进行到此，似乎双方都忘记了最初是为什么而战。为自由？为生命？可在这惨烈悲壮的结局中，没有人是赢家，生命成了牺牲品。每一个平凡的个体都是这场战斗中的勇士。今天，在英军第一空降师师部旁有一块纪念碑，上面写道：“致海尔德兰的居民们：50 年前，英国和波兰空降部队士兵在这里进行了艰苦卓绝的战斗，以期打开通往德国的道路并尽早结束战争。虽然我们带来了死亡和破坏，但你们从未责怪我们。这块石碑将铭刻我们对你们大无畏精神的崇敬之情，特别是妇女们，在那个漫长的冬季，是她们冒着全家死亡的风险照顾我们的伤员。我们被你们视为逃亡者和朋友带入家中，而你们将永驻我们心中。这种情谊不会随我们的逝去而消失。”

阿纳姆大桥已成为一个遥远的历史背影，和平与安宁也成了我们生活的常态。虽然战争留下了满目疮痍，留下了悔恨懊恼，留下了生离死别，但也留下了难忘的情谊，留下了一个个让人肃然起敬的高尚灵魂。而那些曾经痛苦的回忆像历史隧道射出的警示光影，时刻提醒着我们珍惜当下，珍视和平。

第二节　又踏杨花过谢桥
——电影中的桥与爱情

一、我找一座桥——《廊桥遗梦》中的罗斯曼桥

罗斯曼桥（Roseman Bridge，见图 5-1）始建于 1883 年，位于美国艾奥瓦州麦迪逊县境内，在乡村公路跨越溪河处。麦迪逊县是一个水系发达的农业区，农民们修了不少桥。为了保护桥面，他们用木框架把桥面整个封闭起来以避免风吹日晒雨淋，远远望去，像一个走廊，因此又叫廊桥（Covered Bridge）。按照当地惯例，每一座桥都以距离最近的一家农户姓氏命名，这就是罗斯曼桥的来历。罗斯曼桥进入公众视野是在电影《廊桥遗梦》（*The Bridge of Madison County*）的热映之后，电影是根据美国作家罗伯特 · 詹姆斯 · 沃勒创作的同名小说改编的。

"在这个日益麻木不仁的世界上，我们的知觉都已生了硬痂，我们都生活在自己的茧壳之中，伟大的激情与肉麻的温情之间的分界线究竟在哪里，我们无法确定。但是我们往往倾向于对前者的嗤之以鼻，又给后者贴上故作多情的标签。"[1] 电影《廊桥遗梦》却给我们展现了一段温暖而深刻的爱情。作为摄影师的罗伯特（Robert）在寻找罗斯曼桥的途中邂逅了家庭主妇弗

图 5-1　罗斯曼桥（陈晓斌　摄）

1 沃勒．廊桥遗梦 [M]．梅嘉，译．北京：外国文学出版社，1994 : 7.

朗西斯卡（Francisca）。生活环境迥然不同的两人却有着格外相似的兴趣与品味，在短短四天的相处中，两人深深地陷入了爱河，不忍抛下家庭的弗朗西斯卡最终还是选择了与罗伯特分手，但这段爱情却并没有因为分别而结束。

罗伯特在找一座桥。作为摄影师，他为各地的美景驻足停留，每一个目的地都有着未知的浪漫与激情。“我找一座桥”，这也是他与弗朗西斯卡说的第一句话，桥让他们相遇。他是一个浪子，他自由，敢于冒险，四处为家，他爱每一个人，却没有深爱的人。

弗朗西斯卡就生活在罗斯曼桥边。她在意大利长大，少女时代的她热爱自由，对生活充满热情和幻想，音乐、艺术、文学这些极其浪漫的东西都是她的心头所好。这样的女孩当然向往一场浪漫的恋爱，可迟迟未等到理想情人的她遇到了丈夫理查德，他来自美国。那时的美国社会繁荣，人民自信，美国梦也随着好莱坞电影传播到世界各国，于是弗朗西斯卡怀揣着少女梦与丈夫一起来到美国。可这里与她梦中的地方截然不同，只有琐碎平凡的家庭生活。罗伯特对于桥的寻找唤起了弗朗西斯卡对于爱的渴望，这时的她才知道原来自己也在寻找一座“桥”。

从某种意义上来说，弗朗西斯卡就像是一座桥，一直默默守候在原地，四处漂泊的罗伯特在遇到弗朗西斯卡这座“桥”后终于找到了港湾的感觉。当弗朗西斯卡问他为何痴迷摄影时，罗伯特回答：“它让我向你走来。”罗斯曼桥让他们分别找到了自己一直寻找的东西。他想带着弗朗西斯卡离开，可是她是一座“桥”啊，溪流需要她，家庭需要她，她不能离开，也无法离开。

电影中有一个细节让人潸然泪下：大雨滂沱中，罗伯特的车在十字路口处停在弗朗西斯卡及她丈夫的车前，直到交通信号灯由红变绿了，他也迟迟没有移动，这是他们最后的道别，这也是罗伯特向弗朗西斯卡发出的最后的希望她和他一起走的请求。心有灵犀的弗朗西斯卡的手紧紧握住车门，颤抖的手的特写镜头流露着她内心疯狂的矛盾。在似乎就将拧开车门把手的那一瞬间，弗朗西斯卡突然被丈夫的鸣笛声惊到，她收回了手，眼泪顺着脸颊肆无忌惮地流下，眼睁睁地看着

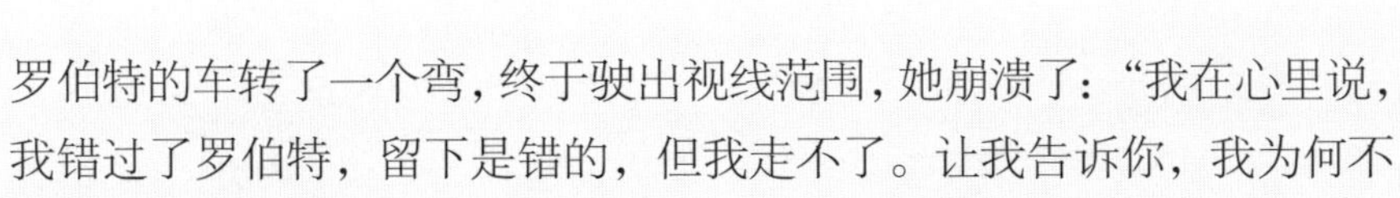

罗伯特的车转了一个弯，终于驶出视线范围，她崩溃了："我在心里说，我错过了罗伯特，留下是错的，但我走不了。让我告诉你，我为何不能走，请你告诉我，我为何该离去。我听到他的声音在回响。"

"两情若是久长时，又岂在朝朝暮暮。"弗朗西斯卡在乎的其实不是朝朝暮暮的相守，而是她在罗伯特心中的地位。当她知道她不是罗伯特生命中的过客，而是他将永驻心底的爱时，她的内心得到了宁静。弗朗西斯卡是幸运的，她粉红色的少女梦有人来陪她完成。与其说每个女人的心中都在期待着罗伯特这样的男人，不如说她们期待的是灵魂自由的爱。

爱情没有对错，后半生每当弗朗西斯卡想起罗伯特，她都是平静而幸福的。罗伯特亦是如此。他们的灵魂相知相爱，只是他们的身体没有选择相伴相守。

在电影的结尾，老年的弗朗西斯卡将罗伯特的信艰难而痛心地读完，当一行热泪从她脸上流下时，这样的感情早已超越了婚姻——基于灵魂相守的爱情就是全部的意义。

弗朗西斯卡去世前留下遗言，让儿女将她的骨灰撒在罗斯曼桥旁，她生前属于家庭，死后终将属于爱情。

影片的名字叫 *The Bridge of Madison County*，直译为《麦迪逊之桥》，但《廊桥遗梦》的译名似乎更为大众所接受与喜爱。"遗梦"既可以是遗憾的梦，也可以是遗留在那四天的梦，也可以是遗落在人间而最终天堂重逢的梦……不管怎样理解，"廊桥遗梦"更有让人回味的空间。

其实，不仅仅是罗斯曼桥，古今中外的廊桥似乎都经常与爱情联系在一起，或许，爱情就是廊桥的别名?

廊桥又叫风雨桥，因桥上有桥亭或走廊可以遮风挡雨而得名。

关于湖南省通道县平坦乡小溪河上的一座廊桥，也流传着一个美丽的爱情故事。在弯弯的渠水河的河东是侗寨，河西是瑶寨。侗寨里有一位姑娘叫阿姣，她面容姣好、歌声动听，寨子里许多年轻男子都在追求她，可她一个也没有答应，因为她早已芳心暗许。对岸一个年轻男子挑着桶向河边走来，他是瑶寨最俊美的男子阿高。阿姣和阿高从小就是渠河边的玩伴，“郎骑竹马来，绕床弄青梅”（李白《长干行·其一》）。青梅竹马的他们随着年龄的增长，感情也越来越浓厚。

因为侗寨与瑶寨有一些过节，渠水河上没有桥，阿高经常把鲜花绑在箭头上射到对岸去，阿姣也远远地在对岸挥着手中的侗锦向他微笑，他们就这样靠投赠信物与歌声交流。可有情人往往难成眷属，头人的儿子勐洞看上了阿姣，想据为己有，丝毫不考虑阿姣的感受。勐洞在河边调戏阿姣，对岸的阿高又气又恨，拿起弓箭向勐洞射去，箭射中了勐洞手中提着的画眉鸟，勐洞吓得落荒而逃。阿高与阿姣深知头人的儿子不是好惹的，两人闷闷不乐地来到河边，阿高偷偷地游到对岸，这对可怜的有情人只能在夜幕的掩护下诉说着自己的相思。

流不完的河水，说不完的体己话，阿姣告诉阿高，勐洞又来求亲了。

第二天天亮，正当阿高出门时，听到对岸阿姣的呼叫，他走到河边一看，阿姣正在被勐洞一群人追赶抢亲，阿高拿起弓箭射向对岸，可惜寡不敌众。走投无路的阿姣只得跳到河里，阿高也随她跳入河中，两人在水中紧紧相依，岸上一阵乱箭射下来，两人沉入了河底，只剩红色的浪花在水中翻滚。

有人说每天晚上都能看到渠水河腾起两条龙，龙身拱起化成一座桥，静静地连接着两岸的寨子，人们叫它回龙桥。夜晚，两岸的有情人都会到桥上相会，天一亮，桥便会消失。两寨的头人听说后也去桥上看，不料他们刚走到桥中心，桥便垮了。自那晚以后，回龙桥再也没有消失，从此永远地横跨在渠水河上。

侗族人还经常在风雨桥上摆长桌宴、举行婚礼。婚礼的选址是神圣的，或许是因为风雨桥遮风挡雨的安全感让人们备感舒适，或许是桥作为媒介的美好寓意让人们信任这个爱情的见证地。

沈从文曾经在给张兆和的情书中写道：“我这一辈子走过许多地方的路，行过许多地方的桥，看过许多次数的云，喝过许多种类的酒，却只爱过一个正当年龄的人。”

是的，“这样确切的爱，一生只有一次，我却不能下车奔向你，因为家庭与责任，只能将其好好珍藏”。

廊桥是爱的象征，是弗朗西斯卡对罗伯特的高纯度爱的见证，是她对家庭的忠诚，更是她对爱的信仰。

事实上，每个人心中都渴望着一座通往“爱”的神秘之桥，只不过它需要我们用一生的勇气与信仰去努力建造。多少年来，无数个罗伯特和弗朗西斯卡，无数个沈从文和张兆和，都成了爱情之桥上的行人。因为他们，人类在这个孤单的星球上不再孤单，在这个茫茫的宇宙中不再渺茫。

二、我爱过你，就再也没有爱过别人——《魂断蓝桥》中的滑铁卢桥

“我梦见绿色的花园，那儿的阳光用羽翅拂过我的脸颊，有如你曾经热切的吻。”这是伦敦滑铁卢地铁出口站的石柱上刻着的诗句，紧挨着滑铁卢地铁站的是滑铁卢火车站，就是电影《魂断蓝桥》（*Waterloo Bridge*）中玛拉（Myra）和罗伊（Roy）分别与重逢的地方。

在滑铁卢火车站旁的泰晤士河上，滑铁卢桥（Waterloo Bridge）静静地横跨其上。滑铁卢桥始建于1817年，是一座九孔石桥，建成通车时，正值英国的威灵顿公爵在滑铁卢战役中大胜拿破仑两周年，该桥便得名滑铁卢桥。20世纪40年代，滑铁卢桥进行了重建，由于当时正值二战，劳动力稀缺，只得由妇女担任粗重的建筑工作，并且还时不时地遭到法西斯的狂轰滥炸，建桥工作在1942年才完成，直到1945年才通车。

由茂文·勒鲁瓦执导，费雯·丽、罗伯特·泰勒等主演的经典影片《魂断蓝桥》便以这一段反法西斯战争的历史为背景。芭蕾舞演员玛拉和陆军上尉罗伊在滑铁卢桥上邂逅，在短短几天的相处中深深坠入了爱河，可就在两人准备结婚时，罗伊突然接到命令回到军队。这突如其来的离别让玛拉手足无措，为了见罗伊最后一面，玛拉错过了芭蕾舞团的演出而被开除，失去工作的玛拉生活窘迫。不久，罗伊的母亲来看望玛拉，这时，玛拉看到报纸上的阵亡名单里误登的罗伊的名字，几欲崩溃，这让她原本就拮据的生活雪上加霜。

在战争的无情与生活的重压之下，玛拉沦为了妓女。天意弄人，

生还的罗伊与玛拉再次相遇，这让玛拉对生活重新燃起了希望，但善良的玛拉不愿欺骗罗伊，在婚礼前夜悄然离去，在两人见面的滑铁卢桥上结束了生命。

这是一个凄美的故事，影片的译名最初是《滑铁卢桥》，但这样的名字让许多观众避而远之，甚至容易让人误认为是与拿破仑有关的影片。后来译名又改为《断桥残梦》，直到翻译为《魂断蓝桥》才让大众对这个爱情故事产生了浓厚的兴趣。新的译名无疑利用了在中国源远流长的蓝桥典故，暗示了这是个爱情悲剧，更容易在中国观众心中激起共鸣。

“蓝桥”最初可能出自《庄子 · 盗跖》中的尾生抱柱故事：尾生与女子相约于桥下，可心上人久久未至，却等来了一场洪水，为了践行约定与誓言，尾生竟不曾离去，抱柱而死。后来“蓝桥”就有了一方失信，另一方为之殉情的象征意义。在唐代裴铏所作的《传奇 · 裴航》中也可见到蓝桥的身影：裴航在蓝桥驿遇仙女云英，对她一见钟情，在花重金买下玉杵臼后又信守承诺返回蓝桥寻找云英，最终二人成婚，双双成仙。苏轼有《南歌子》词：“蓝桥何处觅云英？只有多情流水、伴人行。”纳兰性德《画堂春》之“浆向蓝桥易乞”，都引用了裴航蓝桥遇仙的典故。蓝桥在中国的文化传统中是与爱情密切相连的，“尾生抱柱”是后来“蓝桥会”故事的雏形，蓝桥似乎总是爱情故事中男女邂逅的绝佳地点。

然而，蓝桥在玛拉和罗伊的爱情故事中却并非只是一座一见倾心、一生相守的浪漫之桥。与其说玛拉和罗伊相遇的滑铁卢桥是一座通往爱情的蓝桥，还不如说是一座断桥，一座最终阻隔爱情的断桥。乱世的爱情总是让人唏嘘感慨，战争的背景让两人无法像普通情侣那样厮守，身为陆军上尉的罗伊（出身名门）与身为芭蕾舞演员的玛拉也可谓是门不当户不对，更不用说玛拉为生活所迫沦落风尘了。他们相遇在桥上，可是战争与身份的差异让这座桥注定是座断桥。当重逢时罗伊看到玛拉躲闪的眼神，不停地询问玛拉是不是已经心有所属，玛拉说：“我爱过你，就再也没有爱过别人。”玛拉再也没有爱过别人，但如浮萍飘絮般身不由己的她也不敢再爱罗伊。她在桥上结束自己的

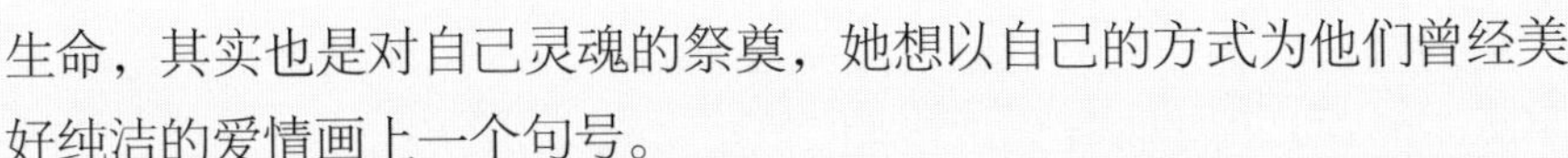

生命，其实也是对自己灵魂的祭奠，她想以自己的方式为他们曾经美好纯洁的爱情画上一个句号。

断桥下，是无法逾越的门第高下与身份差异的鸿沟。

“朔风如解意，容易莫摧残”（崔道融《梅花》），似乎世间红颜大抵都要经受比常人更多的磨难。不论中西，爱情都不是婚姻结合的唯一依据，身份与门第常常成为一道无法跨越的门槛。英国的玛拉是如此，明末清初“秦淮八艳”之首的柳如是也是如此，她在无数狂风暴雨的摧折下，走完了她顽强却依然不免悲剧的一生。

柳如是的出身很有可能也是书香门第。在她四五岁的时候，家庭横遭变故，幼年的她被拐卖到吴江（今苏州）盛泽镇的一家妓院，从此沦落风尘。当时云间派首席诗人，也就是被后人誉为明朝一代词宗的陈子龙与柳如是曾有过一段刻骨铭心的爱情，他们互相钦慕、亦师亦友。然而，爱情让他们忘怀世事，世事却无法忘怀这一对恋人。他们的爱情面临的最大障碍，也是子龙和如是都心知肚明，却一直在刻意回避的现实——陈子龙早有家室，且其夫人张氏出自名门，深得长辈信任。身份的差异让柳如是成为陈子龙的外室尚且不可能，遑论成为堂堂正正的夫人。在家族的强悍压力下，陈子龙与柳如是被迫分离。虽然如是后来遇到了愿意疼爱她一生的钱谦益，钱谦益不顾世俗舆论的攻击，以极为隆重的婚礼迎娶柳如是为如夫人，并且给予她最大的尊重和最完整的爱。但在钱谦益死后，柳如是妾的身份依然没有办法让她在生命和尊严中两全，她在钱氏家族的逼迫下选择了自尽。

也许柳如是更愿意以“柳”和“梅”来比拟她的一生。她的身世如同柳絮般“总一种凄凉，十分憔悴”，坎坷多难，可她的灵魂，却如梅花一般幽贞高洁，“待约个梅魂，黄昏月淡，与伊深怜低语”。梅花的幽幽暗香，就像爱人温馨的陪伴，润泽着她孤独的内心，滋养着她高贵的灵魂，更诠释着她对爱情的永恒守望。

如梅一般冰清玉洁的灵魂，却又如柳絮一般柔弱漂泊的身世，注定了玛拉和柳如是相似的爱情悲剧的结局。

但玛拉与柳如是不同的，柳如是在男方家庭的允许下，愿意以妾的身份与丈夫长相厮守；而在西方人的观念中，爱情是平等的，当玛拉沦为妓女的那一刻，她就已经无法享有爱情中灵魂的平等，所以她不仅不能在身份上选择做罗伊的夫人，更没有办法在尊严上与他平等地相爱，这也是她不得不选择终结自己生命的原因。面对爱情，罗伊是玛拉生命中的“陈子龙”还是“钱谦益”？影片最后，罗伊站在滑铁卢桥上深情地抚摸着玛拉留下来的吉祥物，这似乎已经给了我们答案。

在小仲马的《茶花女》中也描述了一个让人久久不能释怀的爱情悲剧：花容月貌的玛格丽特是巴黎红极一时的“社交明星”，她随身的装扮总是少不了一束茶花，所以人称“茶花女”。身为风尘女子的玛格丽特与税务局长的儿子阿尔芒相爱了，欲与他共度余生，却遭到了阿尔芒家庭的极力反对，无奈之下，她只得离开。可不知情的阿尔芒却以为情人背叛了他，开始肆意报复。直到玛格丽特去世，阿尔芒看到玛格丽特的日记后才知道事情的原委，后悔莫及。玛格丽特的日记中有这样一段话：“除了你的侮辱是你始终爱我的证据外，我似乎觉得你越是折磨我，等到你知道真相的那一天，我在你眼中也就会显得越加崇高。”（小仲马《茶花女》）

在玛拉与罗伊、柳如是与钱谦益、玛格丽特与阿尔芒的爱情故事中，不可逾越的门第差距似乎是他们面对的共同障碍。

泰戈尔在《萤火虫》中曾写下这样的诗句：“你完成了你的生存 / 你点亮了你自己的灯 / 你所有的都是你自己的，你对谁也不负债蒙恩 / 你仅仅服从了 / 你内在的力量 / 你冲破了黑暗的束缚 / 你微小，但你并不渺小……”柳如是、玛拉、玛格丽特都像那只小小的萤火虫，尽管微小的力量不一定能改变世界，但她们始终遵从内心的呼唤，服从内在的力量，微小而不渺小的生命始终亮着一盏属于自己的灯，顽强地与黑暗抗争。

玛拉只能以生命祭奠那一段“我只爱过你，就再也没有爱过别人”的爱情。其实，不论是中国还是西方，家庭门第的悬殊都足以让一座通往爱情的幸福之桥变成通往爱情悲剧的断桥。玛拉选择在邂逅一生唯一爱情的“蓝桥”上终结自己的生命，因为，她只能以这种方式来忠于自己的爱情。

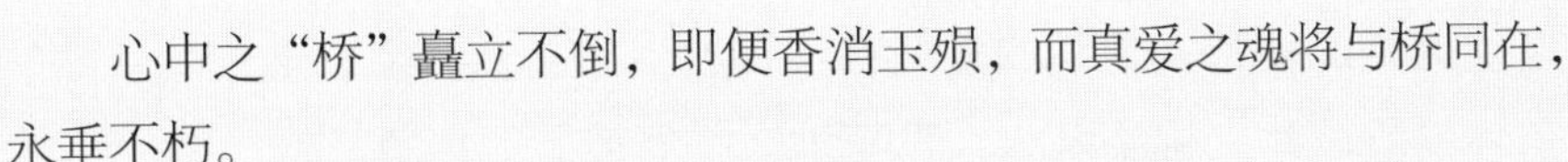

心中之“桥”矗立不倒，即便香消玉殒，而真爱之魂将与桥同在，永垂不朽。

三、梦里梦到的人，醒来就应该去见他——《新桥恋人》中的巴黎新桥

“如果你爱一个人，就告诉他：‘天空是白色的’，如果那个人是我，我就会回答：‘云是黑色的’。这样就能知道我们彼此相爱。”这是电影《新桥恋人》（*Les Amants du Pont-Neuf*）中的一段对白，黑色的云给人一种压抑逼迫的感觉，可为了让彼此的心意明了，他愿意他世界中的云彩都变成黑色。除了风花雪月、你侬我侬，还有一种爱情，以自私和伤害的形式出现，而以善良和包容的升华落幕。

巴黎新桥（Pont-Neuf）坐落在西堤岛（Île de la Cité）的西端，长 232 米、宽 22 米，大桥连接着巴黎塞纳河的两岸，由西岱岛分别连接左右两岸的两座独立拱桥组成。它也是巴黎建桥史上第一座桥上没有建房的石桥。新桥最初由亨利二世在 16 世纪中叶开始筹建，1578 年，在亨利三世在位时新桥奠基，之后受到财政危机、宗教战争和政治动乱等因素的影响，直到 1607 年才由亨利四世主持落成仪式。它与塞纳河一起见证了花都的变迁与发展，虽名为新桥，却是巴黎最古老的桥。新桥建成后就没有再重建，至今法语仍将“经久耐用”的东西比作“新桥”，“历久弥新”也确实是新桥最生动的写照。

由莱奥·卡拉克斯执导，由德尼·拉旺、朱丽叶·比诺什等主演的爱情文艺片《新桥恋人》就是以这座桥为背景的。两个身体残缺、内心绝望的人在修缮中的新桥上相遇了：一个是患有眼疾的富家千金米歇尔（Michele），她被男友抛弃，加之眼疾日益严重，开始了自我放逐的流浪生活。她的绝望来自萦绕在心底而又无处寻觅的琴声，那段恋情早已如轻烟般消散，而心中那把大提琴上演奏出的音符却如刀割般越来越深。一个是流浪汉亚力斯（Alex），他没有工作、无家可归，他矮小丑陋，因为醉酒被轧伤了腿。米歇尔与亚力斯以桥为家，他们白天在桥上吐露心事，夜晚在桥上相拥入眠。米歇尔热爱绘画，亚力

斯便当她的模特，他们的爱情在惺惺相惜中日益深厚，他们用残缺的身体爱着彼此，相濡以沫，默契地守护着彼此的自尊。

可绚烂的事物往往是短暂的，如那天夜晚新桥上空绽放的烟花。一天，亚力斯看到满街贴满了寻找米歇尔的启事，上面写着米歇尔的眼疾有望治好，亚力斯一时惊慌失措。“认识你之前，我是寂寞的，认识你之后，我是孤独的。”（格非《欲望的旗帜》）亚力斯就是如此，他害怕失去米歇尔，更害怕米歇尔的眼疾被治愈。在这一段爱情里，身为流浪汉的亚力斯处于弱势的一方，他害怕完美的米歇尔不会接纳他这个不完美的人。于是他疯狂地将所有的寻人启事烧掉，只有当海报上米歇尔的脸在熊熊烈火中变得斑驳时，亚力斯的心似乎才得到了一点安慰。但米歇尔最终还是从收音机的播报中得知了消息，决绝地离开了亚力斯。痛苦的亚力斯把枪口对准了自己的手掌。

在亚力斯犯下烧毁寻人启事的“罪行”时，不幸让运送海报的司机触火身亡，亚力斯进入监狱赎罪。

新桥既是米歇尔和亚力斯感情的萌生地，亦是他们心灵的载体。正在修缮的桥就如有着生理缺陷的他们，这时的他们自私地爱着对方，以至于亚力斯甚至想剥夺米歇尔重见光明的机会。爱只有在平等的前提下才能成立，而对于亚力斯来说，爱维系在米歇尔本该被弥补的身体的缺陷上，这样的爱是畸形的，甚至很难将它定义为“爱”。米歇尔也在很努力地爱着亚力斯，但当她明白亚力斯只是在利用她身体的缺陷来维持这段感情的时候，她选择了离开。

抛开身体的残缺，其实社会地位的差距也是导致亚力斯表现出这样病态的爱的重要原因。身为流浪汉的亚力斯面对着富家千金，身份差异带来的自卑让他害怕失去，即便后来他出狱后找到了得以谋生的工作，他们之间的社会地位还是不对等的，他心底的自卑依然存在，这与《魂断蓝桥》中的爱情悲剧颇有些相似。

“假若他日重逢，事隔经年。我将何以贺你？以沉默，以眼泪。”（拜伦《春逝》）米歇尔与亚力斯重逢这天，大雪覆盖着新桥，桥上人来车往，与先前大不一样。两人在桥上写生、在桥上畅谈、在桥上依偎。米歇尔离开亚力斯后，眼睛得到了救治；亚力斯在监狱中得到了改造，跛足也变好了。修缮好的新桥就如身体缺陷被修复好的两人，他们选择在这座爱情的标志物上相见。此时的米歇尔认为“没有什么是不能挽回的，新桥也修好了，现在很坚固”。身体完整性得以保障的她似乎被重新赋予了“爱”的能力，她更加勇敢：“梦里梦到的人，醒来就应该去见他。”

爱情中的自私与宽恕，是文学与影视艺术作品偏爱的主题，无论古今，无论中外，皆是如此。由曾国祥执导，周冬雨、易烊千玺领衔主演的中国电影《少年的你》同样讲述了一个赎罪与宽恕的爱情故事。高考在即，成绩优异、善良却柔弱的陈念无意间被卷入校园霸凌事件，成为校园暴力施暴的对象。在一次霸凌中，她与因为家庭的残缺而沦为街头小混混的小北相遇，从此她有了保护她的人。桀骜不驯又勇敢无畏的小北发誓要帮助她完成她的梦想：考上一所好大学，并且用自己的能力让这个世界变得更好。陈念的梦想也成了小北的梦想：“你保护世界，我保护你。”这是小北从此许给她，也许给自己的誓言。后来陈念失手杀掉了霸凌者，他为了使她完成梦想，背负了一切罪名，制造了强奸迷局。陈念熬过了高考，熬过了警察的审问，却没有熬过自己的内心。她最终选择了自首，去监狱赎罪。

陈念与小北，成长环境的缺陷让他们过早地面对着生活的艰难，爱的缺失一度让他们在成长道路上迷失方向，让他们以为爱就是无条件、无原则的保护，是牺牲一人成就另一人。但几年后出狱的他们方才明白，爱是宽恕彼此的残缺，共同进步，让彼此变得更加强大。当陈念走进大学校园的大门时，小北也终于能光明正大地守护在她的身边，一如他当初的誓言：“你保护世界，我保护你。”青春的爱情才终于呈现出了阳光下新鲜与芬芳的样子。

因为彼此共同的努力，残缺的爱不会永远残缺，就像一座破损的桥依然可以焕然一新。法语 les amants du Pont-Neuf 既可译为“新桥恋人”，也可译为“恋新桥的人”。新桥与他们的爱情一样，曾经残缺，历经修缮。如果说，米歇尔与亚力斯之前的爱情是一种残缺的爱，两人生理上的残缺让他们以为爱情是自私与占有；而当他们的身体与心灵都得到治疗后，他们才发现依然深爱着彼此，只是爱的方式不够健全。面对着曾经阻碍自己治愈眼疾的亚力斯，米歇尔迈出了原谅的那一步，用她的善良与包容诠释着她心中的爱，引领着爱走向一个全新的境界。

历久弥新的新桥是爱情的理想形式，同时是他们的信仰与追求。他们虽然离开了新桥："我们去大西洋吧，让巴黎在身后腐烂！"却驶向了心中那座"桥"，那座象征着历久弥新的爱的桥梁，开始了一段新的爱情旅程。

他们是新桥上的一对恋人，同时是恋着新桥、追寻着新桥的人。

其实，爱就像一座桥，也会历经风吹雨打，也会面临残缺破损，但只要用心修缮，一切皆可以历久弥新。

梦里梦到的人，醒来就应该去见他。

你好，我梦到了你，是爱叫醒了我。

四、当日落的钟声响起，我要在叹息桥吻你——《情定日落桥》中的威尼斯叹息桥

传说在日落钟声响起时，如果一对情侣乘坐轻舟，在威尼斯的叹息桥下亲吻，神迹就会降临，保佑他们相爱到永远。多少有情人为这个美丽的传说折腰，欲往叹息桥实现这个爱的誓言。

威尼斯叹息桥（意大利语：Ponte dei Sospiri）是位于意大利威尼斯圣马可广场附近、公爵府（总督府）侧面的一座巴洛克风格的石桥。在运河水道上有几座桥，叹息桥的造型最为独特，有别于一般的木廊桥：它是密封式拱桥，上部穹隆覆盖，只有向运河一侧有两个小窗。这是中世纪欧洲典型的连接两栋建筑的石拱廊桥形式，也叫"石拱屋桥"。叹息桥建于1603年，因桥上死囚的叹息声而得名。当时桥的两端连接着威尼斯共和国总督府（都卡雷宫）和威尼斯监狱，是古代由法院向监狱押送死囚的必经之路。进了威尼斯监狱的重犯再也不能看到外面的世界，而被押至叹息桥时他们被允许稍稍驻足，这也是他们留恋"人间"的最后时刻。

传说曾有一个男人被判刑，走到叹息桥时恳求狱卒让他看最后一

眼。男人在精致的窗棂前停下，他向桥下望去，一条窄窄长长的贡多拉（独具特色的威尼斯尖舟）正驶过桥下，船上一男一女正在拥吻，男人定睛一看，女子竟是自己的爱人。绝望与愤怒涌上心头，他疯狂地撞向花窗，坚固的窗子毫发无损，桥上却留下了一摊血迹和一具尸体，血没有滴下桥，怒吼声也未曾传出。后来，这个悲惨的故事也渐渐被人遗忘，人们记得的，只是叹息桥——犯人们最后一瞥的地方。再后来，悲剧被传成了一吻终生的美好愿望。英国浪漫主义诗人戈登·拜伦也曾在桥上流连，他在长诗《恰尔德·哈洛尔德游记》中写道："我站在威尼斯的叹息桥头，一边是宫殿，一边是监狱。"

由乔治·罗伊·希尔执导，劳伦斯·奥利弗和黛安·莲恩出演的喜剧爱情片《情定日落桥》（*A Little Romance*）讲述了两个未成年的少男少女为实现在叹息桥下接吻的传说而发生的趣事。美国小姑娘罗伦（Lauren）随改嫁的母亲来到法国，性格内向的她没有什么朋友，她唯一的爱好是阅读海德格尔的书。她与法国男孩丹尼尔（Daniel）在一个电影拍摄现场相遇，两人聊得很投机，当罗伦发现丹尼尔也对海德格尔有所了解后，顿生喜得知音之感，渐渐萌发了情愫。在一次约会中，他们偶遇了一位老绅士朱利斯（Julius），朱利斯给他们讲了自己与爱蜜莉安的爱情故事，并提起了古老而浪漫的叹息桥传说，罗伦为此心驰神往。罗伦与丹尼尔的感情在琐碎的相处中迅速升温，可就在此时，罗伦的父亲决定一个月后举家迁回美国，这让罗伦更加坚定了与丹尼尔进行叹息桥之旅的决心。

但两个未成年人想跨境是不可能的，于是他们找到了老绅士朱利斯，并编造了一个谎言：罗伦要去威尼斯看望病重的母亲。善良的朱利斯答应了他们，带着他们启程前往威尼斯。父母不见罗伦的身影，着急地报了警，在警察的协助下，他们发现朱利斯其实是一名扒手，有犯罪记录。三人在资金的紧缺和逃避警察的搜寻中起了内讧，他们都坦白了：朱利斯告诉他们路上的经费都是偷来的，并且自己的爱人爱蜜莉安也是虚构的，妻子早在年轻时就离开了他。罗伦也告诉朱利斯自己不是去看望病重的母亲，而是去叹息桥下完成那个吻。朱利斯起初气急败坏，但最后还是选择帮助他们。为了这对"罗密欧"与"朱丽叶”能顺利在日落时分赶到叹息桥，朱利斯以风度翩翩的姿态自投罗网，拖延住了警察，即便在暴力的威胁下也紧紧地守护着与孩子们的约定。

叹息桥在电影的前半部分都只出现在朱利斯的讲述中、罗伦的憧憬中，也正是这样“犹抱琵琶半遮面”的身影，吸引着观众与罗伦一起前往这趟未知的旅程。威尼斯叹息桥其实是一种理想，一种爱的理想，罗伦和丹尼尔在追寻，朱利斯也在追寻。朱利斯在他高龄的岁月里，还保留着些许浪漫情怀，他借心中的虚构人物爱蜜莉安来续写自己未完成的罗曼史，这也是他原谅罗伦的欺骗，仍要帮他们去往叹息桥的原因。因为罗伦愿望的实现就是朱利斯自己爱情的满足，罗伦和丹尼尔同时也帮他完成了那个叹息桥下被爱神庇佑的吻。

这样对理想爱情的执着追求在中国文学作品中亦有经典的呈现。《红楼梦》中的宝黛爱情结局虽不似罗伦和丹尼尔这般温馨，但那份少年对爱的渴望与任性却是与此颇有共鸣的。黛玉在读过《西厢记》《牡丹亭》等当时的“禁书”之后，被崔莺莺与张生、杜丽娘与柳梦梅一往情深的爱情触动了内心深藏的情愫，让她顿生惺惺相惜的知音之感。《牡丹亭》中正值豆蔻年华的杜丽娘从后花园中踏春归来，梦到与一书生吟诗作对，两情相悦，醒后茶不思饭不想，因相思而亡。后书生柳梦梅进京赴考，与杜丽娘的灵魂缠绵，如胶似漆，杜丽娘因爱而起死复生。“情不知所起，一往而深，生者可以死，死可以生。”（汤显祖《牡丹亭》）

不是所有的爱情都必然走向白头偕老的完美结局，但每一段爱情中的真诚、纯洁与唯美依然值得珍惜与珍藏。爱情中所有的美好，一如少年的纯粹与坦荡、青年的热烈与浪漫、中年的深沉与执着、老年的风轻云淡与静静相依，都是人生记忆与艺术经典中不可复制的动人画面。

因为，每一种爱情，都是一座桥梁，它的两头连接的是独一无二的你和独一无二的我。

罗伦和丹尼尔最后还是分别了。罗伦说：“我会每天给你写信，只要你不嫌烦，直到有一天，我们变得和其他人一样，不再特别。”“不，我不要你变得和其他人一样，我也不要像其他人一样，我们现在不是，永远也不是。我很高兴我们与众不同。”对爱的追寻让他们与众不同，其实不论他们最后是否到了叹息桥，或者是否能相伴终生，这个旅程本身才是最有意义的。只要叹息桥的传说在你心中生根，只要心存浪漫，敢于追求，不论你走到哪儿，爱神都会将你庇佑。

这部电影与它的英文名一样，为我们展现了一场小小的浪漫，年少的轻愁别绪、年老的绮梦幽情，威尼斯叹息桥在召唤着每个人心中对爱的追寻与向往。那么，请勇敢一点吧！整个城市的钟声都为这个纯洁的吻而敲响，传说只属于相信它的人们，因为爱情的信徒本身就是传说的一部分。

在夕阳的余晖中，你会与谁拥吻在叹息桥？

下编

灞水桥边酒一杯

——中国古典诗词中的诗意桥梁

第六章 朱雀桥边野草花

——“桥梁意象”的生成及文化内涵

第一节　“桥梁意象”生成的基础

中国是世界上桥梁建造历史最悠久的国家之一。数千年来，劳动人民因地制宜、就地取材，建造了数不胜数、类型众多、构造别致的桥梁。在种类上，有梁桥、拱桥、浮桥、索桥等；在分布上，大江南北，平原丘陵，星罗棋布；在技术上，巧夺天工、神奇卓绝，自古就处于世界一流水平和领先地位。

桥梁由于其连接两端的特殊建筑形式，在传统文化中被赋予了诸多文化内涵。日本著名桥梁学者伊藤学教授在他的《桥梁造型》一书中说道：“桥能满足人们到达彼岸的心理希望，同时也是使人印象深刻的标志性建筑，并且常常成为审美的对象和文化遗产。”[1]桥梁的发展孕育了桥梁文化。我国著名的桥梁美学专家唐寰澄先生多次说，“三个统一性”是桥梁美的最重要的属性：感性和理性的统一或感觉和意识的统一；客观和主观的统一或人和自然的协调统一，即“天人合一”；形式和内容的统一，即造型和功能的统一。归纳起来，桥梁美学的法则是多样中的统一、和谐中的个性、对称中的韵律。另外，桥梁美学亦有“八纲”之说，即刚柔、动静、阴阳、虚实的矛盾和统一。若从“三个统一性”的角度分析，桥梁文化具有深刻的自然、历史、人性的渊源：一是涉水渡桥的自然功能；二是涉险设桥的攻防功能；三是涉难思桥的寄情功能[2]。可以说，正是这一“涉难思桥”的寄情功能，即桥梁文化的人性渊源所牵涉的“情”与“思”，为“桥梁意象”提供了生成的条件。“桥梁意象”不同于“桥梁”，它作为具有显著文学特征的概念，深深根植于桥梁发展的现实基础与桥梁文化的人性渊源，这是它生成的最根本的先决条件。

基于这样的认知，我们通过考察中国古代文学作品中关于“桥梁”的描写和记载，不难得知，从“桥梁”到“桥梁意象”实际上经历了一个漫长而复杂的渐变过程，而“意象”及其相关理论在这一过程中

1 伊藤学．桥梁造型[M]．北京：人民交通出版社，1998：78.

2 唐寰澄．桥梁美的哲学[M]．北京：人民铁道出版社，2000：56.

起到了至关重要的推动作用。

“意象”作为古今中外众多学科都在使用的一个核心概念，其内涵、生成过程具有一定的争议性。在西方美学领域，康德认为意象的产生有赖于主体的知解力和想象力的和谐协调活动；黑格尔也认为，美感的体验需要借助想象将感性、理性、情感与理解统一起来，才能形成一种意象化的“充满敏感的观照”。所以说，作为个人审美体验的意象是针对美学中的欣赏与创造，简单来说，就是基于物象刺激，即由想象力创造出一个直观的虚像，从而激发情感，构成一个情景交融的情境，最终在这个活生生的情境中发现审美之真。

在中国文论中，“意象”是一个非常重要的概念，它是客观事物经过创作主体独特的情感活动而创造出来的一种艺术形象，是寄托主观情思的客观物象，可以使客观事物得到艺术升华。“意象”理论的形成可以追溯到先秦时期，例如在《周易 · 系辞》中提出了“圣人立象以尽意”，“意”的本义是识心所识，而“象”的本义是似，“意象”被认为是卦象、物象、兴象（含比喻、象征等）等的总称。意象所指不仅包括人对具象直观的形而下的关注，而且包括对天道的理解参悟。意象最突出的特征，就是将眼耳相接的具体事物的印象形诸感官，并且可以引人进入玄远之境，与万化冥合。可以看出，意象原初含义揭示的是先民以巫术为手段，以了解自然为目的的一种生存方式和“兴象”思维。而正是这种“兴象”思维促进了“意象”发展、衍化为中国古代文学中一个极为重要的审美要素和评判标准，这为文学领域“桥梁意象”的生成提供了强有力的理论依据。

第二节 作为物象的“桥梁”与“桥梁意象”的生成

在从“桥梁”到“桥梁意象”渐变的过程中，最初“桥梁”的物象特征是非常明显的。中国古代文学作品中关于“桥”“梁”的描写，

比较早地见于先秦诗歌总集《诗经》。《诗经·大明》：“文定厥祥，亲迎于渭。造舟为梁，不显其光。”这里的“梁”是具有实际意义的指向存在。《诗经·有狐》：“有狐绥绥，在彼淇梁。心之忧矣，之子无裳。”诗中提到了“淇”水上的“桥”。另外，先秦诸子的文章中也有关于“桥梁”的。比如《庄子·秋水》中庄子与惠子的“濠梁之辩”即发生在跨越濠水的桥梁之上，“梁”是辩论的发生地。《庄子·盗跖》中还有一个“尾生抱柱”的故事也涉及“桥”：尾生和一个女子相约在桥下相见，等了很久，潮水上涨时尾生也不愿离去，最后抱着桥柱而死。至汉代，司马迁《史记·留侯世家》中记载了张良与黄石公在“圯”上的相遇：“张良尝从容步游下邳圯上，遇一老父，受《太公兵法》。”此处的相遇之地“圯”即为桥。汉乐府《战城南》中也有提及“梁”的诗句：“梁筑室，何以南？何以北？禾黍不获君何食？愿为忠臣安可得？”其中，学者对“梁筑室”中的“梁”字的解释有争议，有的把“梁”解释为没有实际意义的表声词，有的则把“梁”解释为“桥梁”。若“梁”作“桥梁”解，并认同“梁筑室，何以南？何以北”整句用了比兴的手法，引出“禾黍不获君何食？愿为忠臣安可得”句，那么此处的“梁”仍然是作为“筑室”的地点来理解的。

汉末及魏晋南北朝时期，文学作品在延续这一传统的基础上，“桥梁”实用性的一面也得到了强调。即便曹氏父子已经表现出对“桥梁”的一种期待，也还是把“桥梁”作为一种实体来感知。曹操在出征途中经过太行山时写下的《苦寒行》描写了行军的艰辛：“我心何怫郁，思欲一东归。水深桥梁绝，中路正徘徊。”彼时远征的曹操希望有桥可以渡河，到达胜利的彼岸，早日赢得战争，东归故乡。曹丕在《杂诗》中也表示出对桥的渴望：“郁郁多悲思，绵绵思故乡。愿飞安得翼，欲济河无梁。”“梁”与“翼”是作为并列的实用性物象而被期待的。南朝宋鲍照的《行药至城东桥诗》中的“城东桥”仍然指示了地点之所在。

直至北周庾信时，其笔下的“桥梁”意象化之路才逐步开启。在《哀江南赋》中出现了三处有关“桥”的描写：第一处，序文中有“下亭漂泊，高桥羁旅；楚歌非取乐之方，鲁酒无忘忧之用。追为此赋，聊以记言；

不无危苦之辞，惟以悲哀为主”句。第二处，序文中有“钓台移柳，非玉关之可望；华亭鹤唳，岂河桥之可闻”句。第三处，正文中有“东门则鞭石成桥，南极则铸铜为柱”句。“华亭鹤唳，岂河桥之可闻”说的是陆机挂帅、河桥兵败的典故，这里的“河桥”与“鞭石成桥”都是实指。而第一处的“高桥羁旅”则初具意象化的特征，它化用了历史典故。《后汉书·梁鸿传》有载：“（梁鸿）至吴，依大家皋伯通，居庑下。”梁鸿所依附之皋家傍桥，谓皋桥，又称高桥，在今江苏苏州阊门内。在这里，庾信已然为作为地点的“高桥”赋予了深厚的“情思”。庾信之哀江南，是哀江南之伤心事，或者说，哀江南俊杰之伤心事，梁鸿的遭际引起了他的共鸣，而“高桥”成为他们之间跨越时空的情感通道，并承载了创作者的深切“情思”。庾信以他伟大的天才、敏锐的体悟、自觉的意识，从史书记载中提炼并构建了“桥梁”与人生漂泊之间的隐秘联系，为“桥梁”意象化的开启做出了突破性贡献。

由此可见，在中国文学作品早期关于“桥梁”的记载和描述中，其主要内涵是具有实指意义的。“桥”“梁”是作为物象而存在的，或指桥梁本身，或指桥梁所在地。其原因是复杂的，这极有可能是因为中国早期桥梁的发展还处于初级阶段，桥梁尚未大量出现。更为重要的原因可能是人们对于“桥梁”的认知仍然限定于桥梁的原始实用功能，这在很大程度上压抑了创作者对桥梁的敏感体悟与审美想象，即便庾信写出了“高桥羁旅”这样的句子，但仍然属于极少数天才个体的灵感闪现。直至隋唐时期，桥梁技术不断进步，中国古代桥梁的建造飞速发展，尤其到了唐代，由于疆域辽阔、文化繁盛、诗人漫游及交游之风盛行，桥梁开始频繁地进入诗人的视野和诗人的日常生活。人们既有遭遇河道阻隔时对于桥梁的期待希冀，也有临桥送别时的离愁别绪；既有对于桥梁认知的不断拓展与持续深化，也有对于桥梁更加个性化的敏感体悟与丰富想象。当现实中大量“桥梁”开始不断地进入创作者的视野，为创作者“情思”所系，并被一代代书写传播时，“桥梁意象”才应运而生，以至蔚为大观。

而与之相应的是，在文学领域中，“意象”理论也进一步深化发展，这为创作者有关“桥梁意象”的具体创作提供了更为有效的引导，

从而对“桥梁意象”的生成起到了重要的推动作用。早在西晋挚虞《文章流别论》中，即强调“古之作诗者……所以假象尽辞，敷陈其志”。南朝梁刘勰在《文心雕龙·神思》中写道：“故思理为妙，神与物游。”“神与物游”形象地描述了从自然物象到文学意象的形成过程，精神和外物互相交接、沟通，这就使得自然物象具有了丰富的意指，变得鲜活可感，成为人们抒情达意的工具。刘勰又提出明确的写作要求——“独照之匠，窥意象而运斤”。随着古代文论诗论的进一步发展与成熟，到了唐代，“意象”更是成为一种评判标准和文学理论。托名王昌龄的《诗格》云：“久用精思，未契意象。”司空图《二十四诗品·缜密》：“意象欲出，造化已奇。”殷璠的《河岳英灵集》更是以“意象”为标准对古今诗人加以衡量评点，例如其批评南朝诗歌：“理则不足，言常有余；都无兴象，但贵轻艳。虽满箧笥，将何用之？”而其评陶翰诗则称“既多兴象，复备风骨”，评孟浩然诗亦称“无论兴象，兼复故实”。

事实上，意象包括四个核心要素，即属于“意”层面的“情”与“理”，属于“象”层面的“物”与“事”。要生成意象，“意”与“象”自身的存在是基础，而创作主体在受到外物刺激时，常选择“象”为载体，通过审美加工将个体之“意”寄托其中，从而构成“意中之象”，继而借助诗词文本作为媒介将其外化，构成“着意之象”。当文本意象构成并得以传播之后，读者一方面通过阅读对其进行理解与阐释；一方面在个体创作中自觉地加以模仿与借鉴，从而构成读者意象。正是在这种“意象”理论与创作背景下，“桥梁”在唐代诗歌中被诗人们反复使用，实现了从表达实体意义到以写意抒怀为主的成功转换，从而完成了“桥梁意象”的生成。

第三节　唐诗宋词中“桥梁意象”的分类及其文化内涵

“桥梁意象”从唐代开始大量出现，经过宋代的继续发展，基本确立了后世对于“桥梁意象”的系统认知。在已有的研究基础上，我们尝试以最具代表性的唐宋诗词为考察对象，以《全唐诗》《全宋词》为具体的考察文本，对它们包含的含义丰富的“桥梁意象”进行适当的分类梳理和考察研究，并尽可能地挖掘不同“桥梁意象”背后所蕴含的深层文化内涵。

一、唐诗“桥梁意象”分类及其文化内涵

《全唐诗》中“桥”的出现超过1800次（包含如“鞍桥”“桥梓”等少量实际上与桥无关的内容）。“桥”在诗歌中作为一种意象，承载着诗人内心深处的丰富情感，是深情动人且具有感染力的，而不是坚硬冰冷的。爱情、友情、游子的羁旅之愁、物是人非的慨叹等情感在诗歌中都可以通过“桥”这一意象传递出来并且引人共鸣。

（一）从文化视域进行分类

云清芝在其论文《论唐诗中的桥意象》中将唐诗中的“桥”意象划分为具象的桥、审美的桥、历史的桥、心灵的桥，并从这四个维度进行分析和阐述。所谓具象的桥，是指诸如二十四桥、灞桥、渭桥等客观存在的千姿百态的桥。它们既是客观存在的具象实体，也是生产发展和桥梁建筑艺术的见证，同时还凝聚了厚重的文化意蕴；审美的桥则是指集绘画美、音乐美、建筑美于一身的桥意象，侧重桥在诗歌中带给人的一种审美的艺术享受；历史的桥是指经历了唐朝的繁华昌盛、动乱衰颓，屹立在时光长河中静观人事变迁的桥，它们在文人的

笔下时常会含有作者本身对人事变迁、朝代更替的感慨，以及对昔盛今衰的叹息；而心灵的桥则是指能够传递出诗人心灵境界的那些桥意象，它们见证着人世的情爱、悲欢、离合，同时成为诗人抒发羁旅漂泊之感的媒介，“代言”着乡愁的种种况味。这种多层次的分析视角较为全面地概括了桥意象在诗歌中的内涵。当然，诗歌中的桥意象往往具有多重内涵。它既可以带给人审美的艺术享受，也能表现作者的心灵世界。如《枫桥夜泊》：“月落乌啼霜满天，江枫渔火对愁眠。姑苏城外寒山寺，夜半钟声到客船。”在张继的笔下，枫桥的形象似乎被定格成一幅灵动的画卷，富有诗意美和禅意美，但它同时表现了诗人内心深处的旅愁、客思及人生感慨。

（二）从情感层面进行分类

曹静宜在《古诗词中“桥”意象的探索》一文中从桥的作用、建筑形态以及与人的关系等方面出发，对“桥”意象所传递的复杂的情感与诗人态度进行了分析。文章指出，“桥”的第一个意象应为爱情的象征，这一意象的源头可以追溯到先秦典籍之中，并在后来的诗词创作中被众多文人所化用。“诗人们把桥当成一种情感传递的媒介，人们通过桥的沟通作用，突破一种地域上的阻碍，更打破了一种身份、地位、阶级的差别，从而追求一种浪漫、美好的感情。”没有桥的存在，相爱的男女天各一方，只能遥遥相望。“桥”意象在时间上有着第二层含义：表达今非昔比、物是人非的慨叹；又或是诗人伫立桥上，生出的远走天涯的羁旅之愁。同时，桥在诗歌中多与柳相联系，构成了送别地点，表达惜别、留恋、怀念之情，如“灞桥折柳送别”已经成为古典诗词中的经典意象。除了离别之外，“桥”意象在部分诗歌里还可以作为由生入死的媒介的象征，如杜甫《兵车行》“耶娘妻子走相送，尘埃不见咸阳桥”，这里的桥既是诀别的地点，又像是走向死亡的一种暗示。另外，桥有时也作为温馨、繁华、温暖等意象而呈现，有时也作为诗人独立思索的地点、作家精神之路的象征。

向丽在《言说不尽的桥意象》一文中，将诗歌中的桥视为“无形的心之纽带、追昔的感慨之所、孤旅者的反衬、精神依恋的知己、没有终端的多声道、独特的生命线”这六种意象内涵，诠释了古诗词中桥意象的丰富意蕴，强调桥在中国的历史上绵延数千年，不仅渗透到人们的日常生活中，也浸润在中国的传统文化之中。在唐代诗人的笔下，“桥”已然带上了一种文化的、历史的、自然的美，升华为精神依恋的知己，是“一剂灵魂的补剂”。刘炜桐的《浅析“桥”意象在古诗词中的体现》一文，将“桥”意象视作爱情、思家、报国的见证。王浩宇在《试论唐诗中“桥”意象的文学特征》一文中将唐诗中的“桥”分为穿越时空变换的历史之桥和体验世间情感的心灵之桥，分析了其中所蕴含的家国情怀以及友情、爱情、游子羁旅等情感。

（三）从艺术学的角度进行分类

张晶、周晓琳等将古代文学作品中的桥意象归类为三种情况进行解析。

第一种情况是指桥在诗歌等作品中作为构成画境的元件而出现。这类意象的首要内涵就是通过其本身的实用性和外在美，在诗歌作品中形成以桥为点睛之笔的美丽画卷，从而带给读者强有力的视觉冲击。比如刘禹锡《竹枝》“桥东桥西好杨柳，人来人去唱歌行”，既写出了桥作为通行工具的实用价值，也勾勒了一幅以桥为中心的生机勃勃、生活气息浓厚的小村初春图景。

第二种情况是将桥作为感情伤怀的艺术载体。这种感伤的情绪包括离别、相思、旅途的感伤，也包括抒发沧海桑田的历史感伤。李益《洛桥》中的“那堪好风景，独上洛阳桥”、刘禹锡《乌衣巷》中的“朱雀桥边野草花，乌衣巷口夕阳斜”表达的都是这种物是人非的历史慨叹。

第三种情况便是通往理想境界的艺术符号。这是指在古代诗歌等作品中出现的掺杂虚构和想象成分的桥，这些桥不一定实实在在存在，但是同样也寄托了作者的某些情感。比如“蓝桥”，在传统文学与人们的意识中，它一般表示对爱情的至死不渝，但是否存在这样一座特定的“蓝桥”，学术界尚存疑问。

陶刚在《古典文学中的“桥”意象》一文中也将诗歌中的桥意象

分成了四类，即情爱、理想、闲逸和哲理之桥。但他同时指出，这些意象之间实际上并没有明确的界限，几类意象时常交叉出现，因而在不同的作品中还应进行具体而微的分析。

二、宋词“桥梁意象”分类及其文化内涵

《全宋词》中关于“桥”的描写有1300余处。从建筑材料来看，有石桥、木桥等；从桥的造型来看，有平桥、斜桥、虹桥等。大致来讲，从数量上看，南方的桥要远远比北方多；从风格来看，北方由于高山雄伟、平原辽阔，所建桥梁一般浑厚壮观、气魄宏大，而南方由于水网密布、河道纵横，所建桥梁一般轻盈灵巧、形态优美；从桥的美学风格来看，乡村郊野之桥大多朴素小巧，不求华丽，城市之桥则更注重造型及美观，大多有一定的装饰和雕琢。这些桥梁的建造不仅满足了人们的生活需要，更为周围的城市环境增光添彩。

作为人类创造的“第二自然”，桥见证着人类社会的不断前进与发展，更在不同程度上反映着社会的风貌与特征，是人类社会生活不可或缺的“点缀”。“桥”意象是宋词中出现次数较多、具有代表性和典型性的景观小品。“桥”意象能得到词人如此青睐，可能是因为桥已经成为宋人生活中的习见景观且对词人有引发情绪的作用。

宋词中的“桥”意象大致可以分为如下几类：

（1）爱情之桥，如鹊桥、蓝桥、断桥以及星桥等。钱奕坤《论中国古代文学中的蓝桥》一文对鹊桥、蓝桥、断桥三者进行了比较。蓝桥与鹊桥文学意象的发生都是在故事生成之后，而断桥文学意象的发生则是在故事生成之前；断桥意象与蓝桥、鹊桥相比，包含的意义更多。在古典诗词中，断桥是实之意象；鹊桥是虚之意象；蓝桥意象一直处于由实之意象向虚之意象过渡的阶段，为半虚半实之意象。在表达有关爱情的内容时，断桥意象所表达的情感多是感伤悲凄的；鹊桥意象所表达的情感虽有欢会、离愁、相思三种，但大多局限于七夕这一日。蓝桥意象既可表达男女欢会的喜悦，也可表达被阻隔的男女相思之叹，还可表达天不遂人愿的爱情悲剧。写断桥，人在断桥；写

鹊桥，时正乞巧；唯有蓝桥，不受时空束缚，表意最为丰富。

（2）离别之桥，如灞桥等（在《全宋词》中，灞桥意象出现了34次）。武春媛《论宋词中的桥意象》一文详细论述了灞桥意象与柳意象、雨雪意象相结合，共同表达离情别绪，抒发羁旅在外、漂泊异乡的愁情。

（3）历史兴衰之桥，如二十四桥、朱雀桥等。

（4）闲适隐逸之桥，如小桥、月桥、野桥、溪桥等。王晓梦在《中国古典诗词桥意象探析》一文中，对“小桥”这一意象的来源做了详细阐释。小桥并不是某一座桥的名字，而是泛指那些没有名字、坐落在市井巷口或荒郊野外的桥。文人墨客走到这里，静静地看着这些小桥，他们会忘了尘世的喧嚣，慢慢品味内心那久违的平静。该文列举了包括冯延巳《鹊踏枝》在内的多首词，体现出词人寄情山水、遗世独立的情怀。而诗词中所指的月桥，并不一定是指文献中所说的“古月桥”。由于很多桥呈拱形，与弯月相似，因此文人喜欢把拱桥称为月桥。拱桥以其曲线之美使人联想到弯月，想起浩渺的星空，不禁生出一种羽化飞仙、超脱尘世之感。该文作者通过分析被后世誉为经典的贺铸《青玉案》等词，认为其宁静安谧的神韵和玲珑晶莹的光彩创造出静与净的意蕴，从而引发出词人的闲适情怀。

（5）羁旅怀乡之桥，如枫桥、板桥等。唐代张继《枫桥夜泊》是记叙夜泊枫桥的景象和感受的诗，“枫桥”这个意象和落月、渔火、钟声等组合在一起，共同烘托出优美中饱含着凄清冷切的格调，映照出诗人飘零愁寂怅惘之心境。此诗广为传颂，枫桥也因此名声大振。

（6）理想哲理之桥。冯延巳《鹊踏枝》“独立小桥风满袖，平林新月人归后”中的小桥已不仅是诗人思考的地点，更是他精神的一种寄托。作者希望摆脱痛苦，因此他独立小桥，希望从哲理的体悟中寻求解脱。“旧时茅店社林边，路转溪桥忽见”，这里的桥是一种转机的象征，作者在不经意间赋予了它一种希望和光明的意义。

桥梁客观上有连接两岸的作用，没有桥也就意味着不能到达理想的彼岸。所以古代文人常常通过对桥的描写来抒发理想愿望不能实现时的失落感，“桥梁意象”因此还包含一种对人生和世界的哲学思考。

综上所述，一方面，“桥梁意象”在唐宋时期开始形成了比较稳定的象征意蕴与文化内涵，成为后世的典范。元马致远“小桥流水人家”中的“桥”仍然是羁旅思乡的触点。明陆健在《古桥仙迹》中对河北赵州桥赞美道：“车马人千里，乾坤此一桥。良工玄绝代，巧构称殊桥。”这与唐崔恂在《石桥咏》诗中的称颂“代久堤维固，年深砌不隳”有异曲同工之妙。清王士祯在《灞桥寄内》中写道：“长乐坡前雨似尘，少陵原上泪沾巾。灞桥两岸千条柳，送尽东西渡水人。”此时的灞桥还是那个流淌着离情别恨的千古伤心之处。

另一方面，桥梁的意象化为桥提供了多面性。唐诗宋词中的桥既可视为“无形的心之纽带、追昔的感慨之所、孤旅者的反衬、精神依恋的知己、没有终端的多声道、独特的生命线”，也能被当成爱情相思、游子羁旅、赤诚报国的见证。人是会移情的动物，常常将自身的感情投射到身边之物上，而桥作为特殊的建造物，承载了太多的爱恨情仇与悲欢离合。

桥是回家的路，摇曳着千古的乡愁；桥是情人的热望，歌颂着彼此的美好；桥是抚今追昔的驻所，是揉碎残阳的倒影；桥是马蹄声声，桥是柳色青青，桥是梦里的家……“桥梁意象”催生出的桥梁的多面性，为创作者与读者提供了更为广阔的想象空间与审美空间，为文学史、文化史积淀了丰富的价值和意义。每一个“桥梁意象”不仅体现了个性化的文化内涵和意蕴，而且在生成、渐变的动态过程中，它们逐步成为一个稳定共生的文化共同体，不断建构人们的精神文化世界，进而成为千百年来创作者与读者共有的知识与信仰，这就使得中国桥梁及桥梁文化无可争议地珍藏于中华民族的文化宝库，熠熠生辉，世代相传。

第七章

二十四桥明月夜

——历史古桥的诗化情意

历史的风云如同“滚滚长江东逝水”，而纵横于东西南北江河之上的桥梁，则以各自的形态见证着历史的风云变幻。它们有的历尽沧桑却依然顽强伫立；有的在纷纭动荡中屡毁屡修，历久弥新；有的已经淹没在历史的洪流中，只留下永恒的文字供后人不断怀想。千百年来，人们关于“桥”的想象与情思不断跨越时空的阻隔，沉淀为一个个关于“桥梁”的意象：或在风霜雨雪中等待故人归来，或在雪夜梅边期盼与恋人相依，或在清冷月色下历尽城市繁华……本章即选取在古典诗词中出现频次较高且较具代表性的古桥，如灞桥、二十四桥、朱雀桥、断桥、渭桥、洛桥等，梳理其意象形成的渊源，鉴赏以之为核心意象的经典作品，以期尽可能清晰地呈现古桥之于中国古典诗词的丰厚内蕴。

第一节　灞桥风雪在，似是故人来

在中国古典诗词中，“灞桥”因其独特的地理位置和别具意味的文化内涵被历代文人雅士所吟咏，成为中国文学的经典意象之一。作为长安（今陕西西安）东部的门户，灞桥是时人进出长安的交通要道，也是连接函谷道、武关道、蒲关道的交通要冲。古往今来，无数的文人墨客从桥上走过，留下了浩如烟海的金句篇章，他们或是于“灞陵伤别”之际留下一声叹息；或是骑驴“觅句灞桥风雪天”；又或是借灞桥来表达一种故国之思……这一座小小的桥梁，见证着人世间的离合悲欢与历史更迭，承载着浓重的相思别绪，也留给后人无尽的遐想。隋朝古灞桥遗址如图 7-1 所示。

图 7-1　隋朝古灞桥遗址（王蔚秋．说桥 [M]. 上海：同济大学出版社，2011.）

灞桥最早于何时建立，历史上并没有十分确切的记载，但“灞桥”一名的由来可以追溯到“灞水”。早在春秋时期，灞水上已有建桥的可能。《史记 · 王翦传》中有秦始皇送王翦至灞上南下伐楚的记载。当时王翦率兵六十万，如果河上没有建桥，通过灞河去征战的可能性是很小的。北魏郦道元的《水经注》中有关于灞水的详细记载：“古曰滋水矣。秦穆公霸世，更名滋水为霸水，以显霸功”，“水上有桥，谓之霸桥”。据《汉书 · 王莽传》记载，灞桥曾因火灾被毁，王莽重新修建后曾短暂改名为“长存桥”，后定名为“灞桥”。汉人送客常至于此，并折柳送别，直到唐代，风气尤盛。江淹《别赋》开篇有“黯然销魂者，唯别而已矣”之语，人们便将灞桥送别的传统与“黯然销魂”的离情相联系，灞桥又被称作“销魂桥”。

灞桥自汉代开始就成为文学作品反复吟咏的重要对象，经过魏晋南北朝的积淀，发展至唐代，“灞陵文学”已经成为一道地域特色和人文色彩兼具的文学景观。唐人笔下的“灞桥”，往往是诗人在亲身到访此地之后有感而发的吟咏，带有浓厚的主观色彩，蕴含着诗人极为丰富的情感体验。在唐诗中，灞桥意象最突出的内涵是表达离别的伤感。这种意象的形成与其作为京城门户的交通地位有着重要的联系。长安是全国的经济政治和文化中心，也是当时文人士子最为向往的地方，而灞桥是进出长安的必经之路，也是京城内外的分界线。因而，灞桥上的迎来送往，相较于别处而言，有了更为特殊的内涵。

许多文人志士满怀理想经由灞桥出入长安，留下各自不同的人生轨迹，他们或是应举赴任，入仕为官；或是功成名就，衣锦还乡；或是落第贬谪，失意离京；又或是旅宦游幕，迁徙漫游……无论是哪一种分别，必定会带来时间和空间的阻隔，总是能引起人出于本能的伤感与留恋。恋人分手时的难舍难离，好友告别时的失落惆怅，亲人分隔两地的孤寂相思……这些因离别而引发的情绪既伤感又浪漫，既体现了某种情感共性又不乏诗人的独特感悟。

灞桥常常与酒、柳、月、流水等意象组合，共同营造浓郁的离别氛围。唐代在灞桥附近设立了驿站，种植了很多柳树，时人送别亲朋好友常止步于此，并折下桥头柳枝相送。每到春季，灞桥两岸柳絮飘舞，宛如飞雪，形成了被誉为关中八景之一的“灞柳风雪”美景。李白言“送君灞陵亭，灞水流浩浩”（《灞陵行送别》），罗邺叹“何事离人不堪听，灞桥斜日袅垂杨”（《莺》），罗隐感“灞桥酒盏黔巫月，从此江心两所思”（《送溪洲使君》）……这样的离愁别绪仿佛随着漫天飞絮落在行人的衣襟上、沾在离人的心头，缠缠绵绵，挥之不去。

随着唐代诗歌创作的繁荣，灞桥意象的使用频率也不断增高。因个人遭际的不同，诗人行至灞桥时，会生发出独特的情愫，如“惆怅灞桥路，秋风谁入行”的羁旅漂泊之愁；“朝来灞水桥边问，未抵青袍送玉珂”的身世感伤；“游子灞陵道，美人长信宫”的宦游寂寞……

宋代的长安不再是京城，南宋时的长安更是沦为金国的属地，灞桥也失去了其交通枢纽的地理优势，灞桥的意象内涵亦相应地发生了转变。宋代文人途经灞桥的概率并不高，因而他们将灞桥的意象内涵转移到抽象的诗思层面。晚唐宰相郑綮提出的“诗思在灞桥风雪中驴子上”一说，直接推动了灞桥意象内涵的转变。受到晚唐骑驴苦吟诗风的影响，“灞桥”与“风雪”“驴”组合，构成了一种新的诗歌创作意境，并由此渗透到绘画领域，为绘画艺术的发展提供了新的创作动能。而灞桥本身的意象内涵，借助“风雪驴背”所衍生出的文学情境加以延伸和拓展，不仅演变成一个典型的诗学话题，而且揭示了一种好诗源于风雪苦吟，名句来源于寒士求索的诗歌创作理念。人们在“灞桥风雪驴背”之上寻找诗思灵感，以彰显文人的气质与追求。“灞桥风雪”发展到宋代，已经不单指作诗经验的总结，还反映了当时文人的志向与志趣，即追求一种即便失意困顿却仍然高贵优雅的精神状态。陆游有诗云：“作梦今逾七十年，平生怀抱尚依然。结茅杜曲桑麻地，觅句灞桥风雪天。”这其实就是诗人心声的吐露——他所希冀的人生境界本是驰骋疆场、收复中原、统一国家，可是现实事与愿违，由于朝廷奉行主和政策，他的满腔报国热情无用武之地，不得不接受“把酒话桑麻”的恬淡闲适和“觅句风雪天”的诗人情怀。

当然，在宋代文人笔下，借灞桥意象来抒发离愁别绪的传统并没有完全消失，如苏庠的“灞桥杨柳年年恨，鸳浦芙蓉叶叶愁”（《鹧鸪天》），柴元彪的“阳关酒尽，灞桥人远，也须别去”（《水龙吟》）等诸多诗句，仍是借灞桥表达相思离别之情。南宋时期，受到北方游牧民族的侵逼，北土逐渐陷落，长安沦为金人的属地，一些爱国诗人开始在作品中运用灞桥意象来表达对于中原故土的怀念以及收复失地的愿望。陆游就是这一时期杰出的爱国诗人代表。

看陆游在南郑（今陕西汉中）从军期间写的一首词——《秋波媚·七月十六日晚登高兴亭望长安南山》：

秋到边城角声哀，烽火照高台。悲歌击筑，凭高酹酒，此兴悠哉！　多情谁似南山月，特地暮云开。灞桥烟柳，曲江池馆，应待人来。

这首词作于乾道八年（1172）七月十六日，高兴亭就在南郑子城的西北面，这正是陆游到南郑从军期间最为意气风发、最为斗志昂扬的时候。他和宣抚司的同事们在工作之余，呼朋引伴地一起到高兴亭去欢宴。觥筹交错、开怀畅饮中，渐渐地，诗人酒兴上来了。他乘着酒兴，豪迈地铺开纸笔，满饮了一盅酒，挥毫写下了这首词。

七月的汉中已经能感觉到秋天的凉意，前线传来军中号角的声音，在清凉的秋夜越发显得苍凉悲壮；远处的烽火映照着高台，渲染出边疆战场的气氛。诗人似乎忘了这是难得的闲暇时光，他的心里无时无刻记挂着的，只有两个字——“中原”！“悲歌击筑”出自《史记》中的一个故事：燕太子丹派遣荆轲去刺杀秦王，来到易水边上的时候，高渐离击筑，荆轲和而歌曰：“风萧萧兮易水寒，壮士一去兮不复还。”此时此地，陆游心中也涌起一股战士即将出征的豪情，他又满斟了一杯酒，洒在地上，向苍天祷告：让老天保佑我们如愿以偿，顺利地收复中原吧！

也许上天真的被诗人这一腔赤诚感动了，连月亮都感染了诗人的真情，特意为“我”破云而出，深情地照耀着“南山”，照耀着中原大地。这里的“云”也许还可以理解为金人对大宋王朝领土的侵占。诗人热切盼望赶走敌人的心情，就正和多情圆月破云而出的勇敢一样，他们一定会等到冲破云层的阻隔、重见光明的那一刻！“南山”指的是长安的终南山。借着明亮的月光，诗人仿佛看到了长安的灞桥，杨柳依依；仿佛看到了长安的曲江，池馆依旧。那都是大宋的故土啊！如今它们都在月光下静静地等候——“应待人来”。它们如此殷切等待的人会是谁呢？当然是南宋朝廷的收复大军！它们在等着大宋的军队越过秦岭，让沦落的土地和流离的人民重新回到亲人的怀抱。而在这支威武雄壮的大军中，当然少不了诗人陆游威风凛凛的身影。一个“应”字，充分表达了诗人对收复中原的自信和热切。

可惜的是，雄心勃勃、满怀期待的陆游并没有等来南宋朝廷成功北伐的那一天，这种对故国家园的深情，最终也只能化成“老来万事浑非昔，惟有诗情似灞桥”的无奈与绝望。可以说，深沉而热烈的故国之思为灞桥意象的内涵注入了新的活力。随着政治、经济、文化以及文学中心的转移，南宋走向灭亡，灞桥逐渐成为一个边缘化的历史名词，“灞陵文学”的发展也渐趋消歇。

古灞桥昔日风貌已然不见，但在那些动人的诗句中我们仿佛仍能依稀瞥见这座古桥曾经美丽的倩影。北宋贺铸说“想灞桥、春色老于人，恁江南梦杳”，南宋高观国说“依依灞桥怨别。正千丝万绪，难禁愁绝”……三百多年，大宋如梦，灞桥如梦。诗人们伫立桥上所生发出的喜怒哀乐，与今人仍然相通，这种穿越时空阻隔的情感依然能够引起我们的普遍共鸣。

第二节　二十四桥仍在

自秦置广陵县以来，扬州一直是水陆交通的咽喉之地；隋朝时改称扬州，隋炀帝开凿大运河后，扬州更是达到全盛。“唐诸道，郡国之富贵，人物之众多，城市之和乐，声色之繁华，扬州为冠，益州次之，号曰‘扬一益二’。”（谢枋得《叠山先生注解章泉涧泉二先生选唐诗》卷三）在唐王朝治下，扬州物产丰富，商业发达，经济繁荣，交通四通八达。“腰缠十万贯，骑鹤下扬州”，“月明桥上看神仙”（张祜《纵游淮南》），扬州不仅成了当时“土豪”与才子的人生梦想之地，而且吸引了世界各地如波斯、日本等国的商人慕名而来，且在此“乐不思蜀”。

在这些“广陵漂”中，有一位诗人用两句诗勾勒了扬州最妩媚婉丽的风情。这个诗人就是大名鼎鼎的小杜——杜牧。他写的这两句诗，其中一句是“二十四桥明月夜”，另一句是“春风十里扬州路”。“二十四桥”就是本节的主角了。

唐文宗大和七年（833），杜牧受聘于淮南节度使牛僧孺，随赴扬州担任淮南节度推官、监察御史，开始了他的扬州生活。在扬州，杜牧自由生活，挥洒诗情。他这样写扬州城：“每重城向夕，倡楼之上，常有绛纱灯万数，辉罗耀列空中，九里三十步街中，珠翠填咽，邈若仙境”（《杜牧集系年校注》）。后来杜牧在一首寄给友人的诗中回忆扬州城：刻在他记忆深处的，不仅有“明月夜”，更有耐人寻味的“二十四桥”：

青山隐隐水迢迢，秋尽江南草未凋。二十四桥明月夜，玉人何处教吹箫。（杜牧《寄扬州韩绰判官》）

这是“二十四桥”第一次出现在《全唐诗》中，也由此留下了“二十四桥”这个未解之谜——这是一座名为“二十四桥”的桥，还是一共有二十四座桥呢？抑或还有别的可能吗？关于这个问题的答案，不仅现在的我们难以确知，距离杜牧时代较近的宋人也难以确定，宋王象之《舆地纪胜》云：

二十四桥，隋置，并以城门坊市为名。后韩令坤者，省筑州城，分布阡陌，别立桥梁，所谓二十四桥者，或存或亡，不可得而考。或谓二十四桥只是一桥，即在今孟玉生山人毓森所居宅旁。玉生尝导余步行往观，桥榜上有陶文毅公题“二十四桥”大字，询之左近建隆寺、双树菴僧人，俱未敢以为信。

据王氏所云，这二十四桥原本是隋朝建造的，以城门坊市命名。后来北宋初年的韩令坤，重新调整扬州城的规划布局，新修了一些桥，原来的二十四桥有的保存下来，有的被拆毁。也有人说二十四桥其实是一座桥，就在孟玉生的住所旁边，甚至孟玉生还曾经带王象之前往实地观赏，看到桥上有“二十四桥”四个大字，不过，王象之还是不敢确信这就是传说中的“二十四桥”。

王氏的记录提供了两种不同的说法，一种是说二十四桥指二十四座桥，这一说法在宋沈括《梦溪笔谈》中得到了印证：

扬州在唐时最为富盛，旧城南北十五里一百一十步，东西七里三十步。可纪者有二十四桥：最西浊河茶园桥，次东大明桥，入西水门有九曲桥，次东正当帅牙南门，有下马桥，又东作坊桥。桥东河转向南，有洗马桥，次南桥，又南阿师桥，周家桥，小市桥，广济桥，新桥，开明桥，顾家桥，通泗桥，太平桥，利国桥。出南水门有万岁桥，青园桥。自驿桥北河流东出，有参佐桥，次东水门东出有山光桥，又自衙门下马桥直南，有北三桥，中三桥，南三桥，号九桥，不通船，不在二十四桥之数，皆在今州城西门之外。

沈括根据他所掌握的文献，记录下了二十四座桥梁的名称，只是在他生活的时代，部分桥已经不复存在，因此他所记载的二十四桥，实际上也不足二十四座。

第二种说法即二十四桥是一座桥。清人吴绮《扬州鼓吹词·序》中有这样的记载：

出西郭二里许有小桥，朱栏碧甃，题曰“烟花夜月”，相传为二十四桥旧址。盖本一桥，会集二十四美人于此，故名。

传说隋炀帝曾经在明月如水的夜晚，携二十四名美女在桥上吹箫作乐，箫声凄迷幽怨，春风轻轻拂过，美女们衣袂飘然，如梦如幻，远远望去，宛如天上下凡的仙女，真可谓此景只应天上有，人间哪得几回见！这一绝美的景致虽然已经消失在变幻的历史风云中，但是历朝历代的人们只要来到扬州，仍然会在自己的想象中一遍又一遍地重现这幅美丽的“图画”。若传说可信，则是因为有了二十四位美女月夜吹箫的故事，才使得这座桥有了“二十四桥”的美名。

当然，还有一种说法，认为“二十四”只是个略数。例如李白诗“飞流直下三千尺，疑是银河落九天”，杜牧诗“南朝四百八十寺，多少楼台烟雨中”，秦观词“铁瓮城高，蒜山渡阔，干云十二层楼”……数字可能都是虚数，“二十四桥”“三千尺”“四百八十寺”“十二层楼”这几个数字都是略数，且都为“三”的倍数，这其实体现了中国古代文化对于数字“三”的偏好，而“二十四桥”亦为“三”之倍数，其为略数之可能也就可以理解了。

无论是指“二十四”座桥，还是只有“一”座桥，在人们的记忆中，“二十四桥”永远象征着那个繁华富庶的扬州城，那个春风十里的扬州梦。

在杜牧写下“二十四桥明月夜”的300多年后，1176年，在南宋孝宗淳熙三年的冬至日，一位叫姜夔的大才子来到了扬州。初次来到扬州的姜夔，满脑子装的都是杜牧“春风十里扬州路”“二十四桥明月夜”的美丽诗句，于是，他一进城，就迫不及待地去寻找二十四桥。

二十四桥还在，可是，扬州城完全没有他想象中的繁华美丽。这一年，离北宋的靖康之难刚好 50 年。北宋灭亡之后，金兵又数次南侵扬州，曾经繁华的国际大都市一次又一次被战火肆意摧残。当年轻的姜夔来到扬州的时候，他惊讶地发现，暮色下的扬州几乎成了一座空城，没有“春风十里”的繁华美艳，没有月色如水，没有悠然吹箫的“玉人”，只有远处传来军营的号角声，此起彼伏，悲凉而空旷。

此刻，孤独的姜夔忍不住长叹一声，向 300 多年前的杜牧倾诉：杜郎啊杜郎，如果你和我一样，这个时候再来到扬州，看到这种残败的景象，恐怕你也会惊讶得不敢相信自己的眼睛吧？哪怕你的才华再高，诗情再好，你也写不出“春风十里扬州路”“二十四桥明月夜”那样旖旎多情的诗句了吧？当年映照着繁华都市的明月，如今只是一轮“冷月”，陪伴着同样凄冷的城市。当年的春风十里扬州路，如今再也看不到富丽堂皇的亭台楼阁和容颜娇媚的丽人，只剩下肆意蔓延的荒草乔木和荠麦。二十四桥旁边的红芍药花还在一年一年地开着，可是还有谁会来欣赏它呢？杜郎啊杜郎，如果你再来到扬州，看到这一切，你一定也会和我一样悲痛欲绝吧？

正是深深有感于杜牧笔下“春风十里”的美丽扬州，再对比眼前的一片荒凉，姜夔才专门制作了这首著名的《扬州慢》曲。

淳熙丙申至日，予过维扬。夜雪初霁，荠麦弥望。入其城，则四顾萧条，寒水自碧，暮色渐起，戍角悲吟。予怀怆然，感慨今昔，因自度此曲。千岩老人以为有“黍离”之悲也。

淮左名都，竹西佳处，解鞍少驻初程。过春风十里。尽荠麦青青。自胡马窥江去后，废池乔木，犹厌言兵。渐黄昏，清角吹寒。都在空城。　杜郎俊赏，算而今、重到须惊。纵豆蔻词工，青楼梦好，难赋深情。二十四桥仍在，波心荡、冷月无声。念桥边红药，年年知为谁生。

从曾经的繁华富庶到彼时的黍离之叹，扬州的“二十四桥”是历史变迁的见证者，更是亲历者。在姜夔的笔下，“二十四桥”已经成为一个典型的文学意象和文化符号。在今天的扬州城瘦西湖公园里，复建了一座二十四桥（见图 7-2），桥长 24 米，宽 2.4 米，栏柱 24 根，台级 24 层。站在这座“复活”的石桥之上，远眺青山隐隐，春水迢迢。春风过处，杜牧的扬州一梦，姜夔的淮左空城，与眼前这座依旧繁华的扬州城重叠幻化，尽显曼妙迷离之姿。

图 7-2 如今的二十四桥

第三节　断桥不断肝肠断

断桥意象入诗最早是在唐朝。中唐诗人张祜《题杭州孤山寺》诗云："楼台耸碧岑，一径入湖心。不雨山常润，无云水自阴。断桥荒藓合，空院落花深。犹忆西窗月，钟声出北林。"此断桥在孤山寺旁，今日之断桥亦在孤山近旁。然而断桥既可确指杭州西湖之断桥（见图7-3），亦可泛指"断了的桥"。《说文解字》段玉裁注："截也。戈部，截下曰断。今人断物读上声，物已断读去声。引申之义为决断。"既然"断"是截断的意思，与"合"便相矛盾。断了的桥，荒藓不可以再合，故《全唐诗》将张祜诗中"断桥荒藓合"一句改为"断桥荒藓涩"。

西湖断桥本名宝祐桥，又名段家桥。出现在古典诗词中的"断桥"通常有两个含义：一是作为一种具有象征意义的"断桥"；二是作为桥名，专指西湖断桥。无论"断桥"意象取何意，都蕴含了历代文人的无限情思。

图7-3　西湖断桥（周勇　摄）

一、断桥无数垂杨柳，总被行人折渐稀

偏于象征意义的“断桥”意象，具有鲜明的特征和独特的审美情趣，寄寓了诗人丰富的思想情感。

其一，“断桥”之“断”有着分别、分离的含义，“断桥”多指断毁的桥，其破败萧条之景象与离愁别恨之悲情形成一种暗合，因此“断桥”也就成了诗人书写离别之沉痛的重要意象之一。

> 雨晴气爽，伫立江楼望处。澄明远水生光，重叠暮山耸翠。遥认断桥幽径，隐隐渔村，向晚孤烟起。　　残阳里。脉脉朱阑静倚。黯然情绪，未饮先如醉。愁无际。暮云过了，秋光老尽，故人千里。竟日空凝睇。

这是柳永漂泊江南时所作的《诉衷情近》，上片描写江南水乡秋晚之景，远水、暮山、断桥、幽径、渔村、孤烟，构成了一幅荒寒、凄清的日暮秋色图。下片转入抒情，并且通过“残阳”“暮云”等意象渲染出词人迟暮之感、飘零之叹，词人欲借酒消愁，却“未饮先如醉”——让他“如醉”的并非酒香，而是无边无际的愁与难以名状的“黯然情绪”。

桥本该成为情感联结的通道，然而“断桥”却注定是情感的阻隔。“寒江渐出高岸，古木犹依断桥。明日行人已远，空余泪滴回潮。”（唐刘长卿《蛇浦桥下重送严维》）“平生高李经行处，寂寞断桥漂落絮。”（宋刘辰翁《送李鹤田入浙赵春谷招》）断桥寄寓了羁旅之愁，承载着诗人别离之思。同时，“断桥”因其“断”字透露出诀别的无奈，羁旅宦游者目睹断桥，感物伤怀，心有戚戚，陡然心生飘零之伤与孤独之痛。

其二，断桥意味着无法到达理想的彼岸，所以古代文人常常通过描写断桥来抒发自身理想愿望无法实现的“士不遇”之悲。

“驿外断桥边，寂寞开无主。已是黄昏独自愁，更着风和雨。无意苦争春，一任群芳妒。零落成泥碾作尘，只有香如故。”陆游这首《卜算子·咏梅》作于孝宗淳熙四年（1177）冬天，52岁的陆游连遭打击，先是免官，再是被讥颓放，嘉州之命又被论罢。词中陆游以驿外断桥边绽放的梅花自喻，桥因长期无人通行而变为“断桥”，实际上传达出作者报国无门的无奈。驿外的断桥边，梅花正在恶劣环境中独自开放，恰是陆游不与世俗同流合污，始终坚守自己高洁的情操的象征。历经了人世的喧嚣，厌倦了世俗的冷暖，陆游渴望自己回归心灵的宁静——如果理想暂时无法实现，那么至少要保持初心的纯洁与坚定。在这首词中，断桥意味着现实与理想的阻隔，梅花则象征着不屈于现实的高洁和对理想的坚守。断桥旁，诗人遗世独立，如孤高的梅花一般，与风雨对抗，与时光作战。春华秋实，断桥如故，香魂如故，诗人不朽。

其三，断桥本来是常见的、普通的建筑，但它或许因为历经时代沧桑，见证了朝代的更替，进入诗人的视野之后，使诗人生发出无限的感慨。

从某种程度上说，中国文化是诗性的文化，诗人们时常会由生活中的日常事物生发联想，充满了以己推物、以己推人的诗意创造，让人在山河大地、阳光雨露、花草树木中，感受到欢乐与忧伤，在有限的现实环境中将时空无限拓展。宋周密曾写下“荒冢漫漫长野蒿，老狐啼雨树萧萧。子孙已尽山移主，空剩残碑补断桥”（《荒冢》）的诗句。荒冢上生长着无边无际的野蒿，老狐在雨中悲啼，树木萧萧瑟瑟。家园都已不复存在，只剩下荒冢旁的残碑和不远处的断桥，极尽凄清与悲凉。“惊波时失侣，举火夜相招。来往寻遗事，秦皇有断桥。”（张乔《送朴充侍御归海东》）“世变长椎髻，时更短后衣。魏庭翁仲泣，唐殿子孙非。树秃鸦争集，梁空燕自归。断桥春已暮，无赖柳花飞。”（汪元量《杭州杂诗和林石田》）“叹故国斜阳，断桥流水，荣悴本无凭。”（柴望《阳关三叠·庚戌送何师可之维扬》）在这些诗词中，时光流逝，朝代更迭，历史变迁，诗人站在断桥边，发思古之幽情，则断桥不仅仅是现实空间的阻隔，还意味着“前不见古人，后不见来者”的历史时空的断裂。

在诗人眼中，一片自然风景或许就能构成一个心灵的境界。断桥同样蕴含着一个丰富的心灵世界。除却象征离别之哀愁、理想不达之苦闷、历史兴亡之沧桑外，诗词中的断桥意象有时候还意味着安逸的环境与诗人闲适的心境。“龙舟晓发断桥西，别有轻舟两两随。”（白挺《湖居杂兴八首 · 其一》）“势凌空碧小嶕峣，秀木成阴映断桥。”（曹勋《题扇 · 霏微梅雨暗林塘》）“船出断桥春溆远，钟传萧寺晚楼孤。山明水秀轩扉敞，落日渔歌过里湖。”（董嗣杲《玉壶园》）这里的断桥安静古朴而又自然轻松。断桥意象还与竹意象共同构成了一个隐逸世界。“我游东村冲暮烟，断桥流水鸣溅溅。欲寻梅花作一笑，数枝忽到拄杖边。”（陆游《探梅》）“断桥流水小舟横，卧看林梢素月明。双鹤不知何事舞，风前时送九皋声。”（杨冠卿《题画扇》）在这样的诗篇中，断桥隔断的是诗人超然物外的心灵世界与纷繁喧嚣的尘俗世界，诗人仿佛在断桥处挥别了车马喧闹的尘世，走进了一片诗意充盈的天地，收获了精神的安然与宁静。

二、里湖外湖湖水深，断桥不断入湖心

“断桥”也可以特指西湖断桥。提到西湖断桥，最为人津津乐道的便是许仙与白娘子的传说，故事的两个关键情节就发生在断桥：一是许仙（宣）与白娘子的浪漫邂逅、一见钟情。二是他们经历几番曲折、水漫金山之后的再度相逢。两人经历了数次磨难，许仙一度被发配到苏州、镇江，白娘子屡次帮他渡过难关，二人结为夫妻，却受到金山寺法海和尚的阻挠和破坏。水漫金山之后，夫妻失散，却意外地在西湖断桥相遇。断桥见证了白娘子和许仙的美好爱情，也目睹了他们的苦难波折。

“断桥”意象常被用来抒写爱情，蕴含着强大的爱情力量。例如北宋词人张先在《山亭宴 · 湖亭宴别》中抒写了词人与恋人春游的美好。词上阕云：“碧波落日寒烟聚，望遥山、迷离红树。小艇载人来，约尊酒、商量歧路。衰柳断桥西，共携手、攀条无语。水际见鹭凫，一对对、眠沙溆。”断桥西侧是两人携手之处，或许正是“断桥衰柳”的萧条景象，让这里成为少有人打扰的僻静之地，反倒为恋人的幽会提供了绝佳的去处。断桥不断，两情相悦的温馨才能在相爱的人之间静静流淌，“攀条无语”又暗含了多少心心相印的默契与羞涩。在词中，断桥是恋人相会的浪漫之地，更是他们美好爱情的见证。“与君

别。相思一夜梅花发。梅花发。凄凉南浦，断桥斜月。”（房舜卿《忆秦娥·与君别》）此处的“断桥”则是别离后相思疯长的地方。而“长记断桥外。骤玉骢过处，千娇凝睇”（吴文英《惜秋华·木芙蓉》）中的“断桥”则是一段刻骨铭心的爱情的收藏之所，那里有热恋中的男孩女孩最美好的样子。

除此之外，“断桥”还多与“残雪”意象组合出现，西湖十景之一的“断桥残雪”享誉中外，在古典诗词中也经常出现。“断桥雪霁闻啼鸟”（陈亮《滴滴金》）、“梦到断桥，飞絮仍雪”（胡翼龙《霓裳中序第一》）、“犹忆蔫红稚绿，断桥雪未扫，天近春易”（王梦应《疏影》），这些都是诗词作者漫步西湖所见之景，“断桥”与“飞雪”，意味着天地的连接，而人在其中，备觉渺小孤单。可以说，“断桥残雪”所指示的空间更为阔大而辽远，给人的感觉也更为凄冷而孤寂。

第四节　朱雀桥边晚市

唐敬宗宝历二年（826），54 岁的刘禹锡由和州（今安徽和县，古称历阳）刺史任上返回洛阳，途经金陵（今江苏南京，秦时称秣陵），写下了一组咏怀古迹的诗篇。在组诗的序言中他说道：

余少为江南客，而未游秣陵，尝有遗恨。后为历阳守，跂而望之。适有客以《金陵五题》相示，逌尔生思，欻然有得。

刘禹锡自称自己年少时客游江南，但一直都没有机会到秣陵“旅游”，非常遗憾。后来在历阳做官，也只能“跂而望之”——踮起脚，眺望远方的秣陵城。直到有一天，一位好朋友来看望他，向他展示了《金陵五题》，刘禹锡为之感慨，也写下《金陵五题》组诗，其中第二首是这样写的：

朱雀桥边野草花，乌衣巷口夕阳斜。旧时王谢堂前燕，飞入寻常百姓家。

“金陵怀古”是中国诗歌史上一个长盛不衰的主题，多少个不眠之夜，秦淮河上金粉浮动，灯影摇红，而河边的金陵城贵为六朝古都，繁华竞逐，却又兴亡勃忽，国祚极短，往往引得后世文人无限慨叹。在这些金陵咏史诗中，刘禹锡的《金陵五题》是写得极早又写得极好的佳作之一。这首《乌衣巷》更是博得了白居易的“掉头苦吟，叹赏良久”，是刘禹锡的得意之作。

诗人选择将朱雀桥、乌衣巷作为吟咏对象，且没有着笔描绘朱雀桥边、乌衣巷口的繁华盛景，而是以野草花、夕阳、堂前燕、百姓家来呈现一派落寞苍凉之象，然而读者分明可以从中感受到一种历史盛衰兴亡的深沉慨叹。在历史的记忆中，朱雀桥、乌衣巷都是六朝繁华鼎盛的象征，而朱雀桥又因其战略地位的重要得到了诗人们的重点关注。

东晋明帝太宁二年（324），王敦作乱，进攻东晋都城建康（今江苏南京），引兵来到“大桁”，“大桁”就是朱雀桥。时任丹阳尹的温峤为阻止叛军的进攻，火烧大桁桥，从此朱雀桥消失在历史的长河中。东晋孝武帝年间（一说晋成帝咸康二年，此处从《方舆胜览》《资治通鉴》），置朱雀门，并对着朱雀门，用杜预“造舟为梁”（《晋书·杜预传》）之法，将舟连起来，在秦淮河上建起一座“长九十步，广六丈”的浮桥，“冬夏随水高下也”，名为朱雀桥。但是这座浮桥并没有保存下来，“至陈，每有不虞，则烧之”（《建康实录》），到南朝陈的时候，每当有敌人入侵都城建康的时候，守军就烧掉朱雀桥，以阻断敌人渡过秦淮河。因此，历史上的朱雀桥不断被毁，又不断被重建……

尽管这是一座多灾多难的浮桥，但它作为东吴、东晋至南朝时期建康城一座非常重要的桥，代表着历史记忆中那个烟粉繁华、车盖迎风、诗酒风流的六朝。刘禹锡诗中的朱雀桥，早已野草丛生，不复当年盛景。朱雀桥对于刘禹锡以及其后的中国文人而言，并不单纯是朱雀门外曾经的浮桥，而是凭吊兴亡的文学意象，是承载历史兴衰之叹的文化符号。它代表着那个王谢风流、秦淮艳影的时代，后代文人每每驻足朱雀桥时，都不免会想起曾经的繁华而感慨万千：

登临何处自销忧。直北看扬州。朱雀桥边晚市，石头城下新秋。

昔人何在，悲凉故国，寂寞潮头。个是一场春梦，长江不住东流。（朱敦儒《朝中措》）

这首词是朱敦儒避乱江南时，回想大宋衣冠南渡初期的情景而写的。南渡初期，宋高宗赵构曾由扬州移居建康，后迁至临安（今杭州）。词的上片写从建康望扬州的情事。“朱雀桥”是建康正南朱雀门外的大桥。在当时，建康还是登临消忧之地，可以远眺太庙神主所在地扬州城，近看金陵城中朱雀桥晚市。词的下片表现经乱后的情思。江山犹是，人物全非，“故国”悲凉，再没有人在桥边从容玩赏了，曾经热闹的地方已成今朝寂寞处，唯有潮水依然。回首前尘，恍如幻梦：“个是一场春梦”。这里的“春”不专指春天，而是统指美好的事物，故结句隐喻着国家的江河日下。故人的离散，国家的败落，盛衰之变带给词人无尽的哀伤。

这种兴亡之叹，在后代诗人那里不断得到回响。朱雀桥作为文学意象已经逐渐转变成为人们对于历史文化的永恒记忆：

朱雀桥边，何人会道，野草斜阳春燕飞。都休问，甚元无霁雨，却有晴霓。（辛弃疾《沁园春》）

亭何苦流涕，兴废古今同。朱雀桥边野草，白鹭洲边江水，遗恨几时终。唤起六朝梦，山色有无中。（白朴《水调歌头》）

也许，当刘禹锡写下“朱雀桥边野草花”的时候，他还没有想到，自己的一句诗竟然“一锤定音”，奠定了“朱雀桥”千古兴亡之叹的意象之源。

第五节　春色东来渡渭桥

提起渭桥，人们首先想到的，一定是唐朝时繁华富庶的都城长安。长安城作为诸多王朝的都城所在，其北临的渭河，同长安周边其余河流一起构成了“八水绕长安”的宏壮景象。因此，在渭河上修建的桥梁，成了长安城向北沟通渭北道的关键交通枢纽。唐代时架在渭河上的桥梁至少有三座，分别为东渭桥、中渭桥、西渭桥。中渭桥因位于长安城横门外，又称横桥；西渭桥因与长安城便门遥望相对，又称便门桥、便桥，也称咸阳桥。《旧唐书·职官志》内记载：“郎中、员外郎之职，掌天下川渎陂池之政令，以导达沟洫，堰决河渠。……凡天下造舟之梁四，河则蒲津、大阳、河阳，洛则孝义也。石柱之梁四，洛则天津、永济、中桥，灞则灞桥。木柱之梁三，皆渭川，便桥、中渭桥、东渭桥也。巨梁十有一，皆国工修之。”因此在唐代时，三渭桥依旧存在并正常使用着，是由长安通往渭北道、巴蜀、西域的交通要道。

第一，这三座渭桥都与长安城息息相关，它们是长安城中风土人情的见证者和亲历者。“贵里豪家白马骄，五陵年少不相饶。双双挟弹来金市，两两鸣鞭上渭桥。渭城桥头酒新熟，金鞍白马谁家宿。”（崔颢《杂曲歌辞·渭城少年行》）行人车马络绎不绝，街市店铺热闹繁荣，一众意气风发的少年郎相携来到金市，恣意扬鞭纵马，在渭桥桥头的酒家暂且停驻，买下刚温好的美酒。崔颢对于色彩的对比运用可谓炉火纯青，“金鞍”“白马”形成了鲜明的色彩对比，为诗作注入了生动活泼的气息，更衬托出渭桥作为重要交通要道的繁华熙攘以及少年郎的血气方刚、神采飞扬、青春无忧。韩翃创作的《羽林骑》一诗也写到了渭桥：“骏马牵来御柳中，鸣鞭欲向渭桥东。红蹄乱蹋春城雪，花颔骄嘶上苑风。”羽林骑为国羽翼、如林之盛，禁卫军们身着盔甲、炽烈无禁、纵逸不羁，“达达”的马蹄经过渭桥，骏马的红蹄与春城的落雪相得益彰，一片苍茫的雪白中是梅花般的蹄印。从他们的身上我们能够看到唐人世俗享乐的快意，感受到一种自由浪漫、蓬勃向上的时代精神。

第二，渭桥寄托了思乡之苦。李频的思乡诗《东渭桥晚眺》中写道：“秦地有吴洲，千樯渭曲头。人当返照立，水彻故乡流。落第春难过，穷途日易愁。谁知桥上思，万里在江楼。”诗人在溶溶的月色下，立于东渭桥边，渭水一望无际，仿佛足以引领着诗人的目光，一直眺望到江浙一带运漕粮的船只通过运河，千船齐聚，帆樯如林，好一派“南国”风光。诗人见到渭水源远流长、澄明如镜、鱼游可数的景致，难免想起这八百里秦川的长河流水，如同回到了吴越家乡的潺潺溪流之畔，思念故园的心情透过诗句喷薄而出。

渭桥除了寄托着诗人的怀人思乡之情，还遭遇过金戈铁马的战争与动乱。李白的《塞下曲六首 · 其三》作于唐玄宗天宝二年（743），此时李白供奉翰林，其诗作正彰显出了奔放浪漫、俯仰天地的盛唐气象。首二句“骏马似风飙，鸣鞭出渭桥”气势雄浑，颇有高唱入云之势，生动形象地描绘出了壮怀激烈的将士们怀揣着必胜之心，身下的骏马风驰电掣，一路鸣鞭从长安城出发途经渭桥，前往边塞战场击败胡人的景象，由此亦可见出当时渭桥作为连接长安城向北沟通渭北道的关键交通枢纽地位。接下来“弯弓辞汉月，插羽破天骄。阵解星芒尽，营空海雾消”几句表明战争大获全胜，敌人不堪一击、落败而逃。星芒散尽、海雾消失均是战争结束的征兆，天兵所向，势如摧枯拉朽。尾联“功成画麟阁，独有霍嫖姚”一句却一语双关，颇具讽刺意味。“麟阁”即麒麟阁，位于汉代未央宫中，汉宣帝时曾悬挂十一位功臣画像于阁中。霍嫖姚即汉武帝时的名将霍去病，他曾任“票姚校尉”。尾联除了隐含一种“一将功成万骨枯”的讽刺意味之外，其实也是以士兵的立场表达一种信念：纵然知道战争胜利后，只有将军才能封狼居胥、名列麟阁，但是他们依旧为能够报效家国而深感骄傲与自豪。这更表现出了将士们的英勇气概和牺牲精神，展现了一种颇为震撼心灵的悲壮色彩。

第三，渭桥是送别之地，承载了数不尽的离愁别恨。送别、分离是自古以来人类必须面对的永恒主题。正因如此，对桑梓故里的思念、亲属配偶的牵挂、友人告别的不舍，始终牵动着无数文人墨客的心弦，“别离”自然就成了唐诗中浓墨重彩的一笔。如卢照邻《晚渡渭桥寄示京邑游好》中写道：“我行背城阙，驱马独悠悠。寥落百年事，裴回万里忧。”诗人独自一人驱马晚渡渭桥，把萧索的背影留给身后的长安城，孤寂寥落的心绪昭然若揭。再如罗隐所作《寄渭北徐从事》云：“暖云慵堕柳垂条，骢马徐郎过渭桥。”诗人挥别好友徐从事，目送他骑着青白色相间的马远去，渭桥路旁柳色新新，仿佛是对远行人无尽的牵挂。“莫恨东风促行李，不多时节却归朝”两句则寄托着诗人对好友真挚的祝福与深切的思念，劝慰他不必因此怅然慨叹，并期盼着他早日归京。这些赠友送别诗意境辽远开阔而言语爽朗，侧重于鼓励、劝慰友人：此刻暂时的别离是为了不久之后的重逢，因为有希望，离愁别绪才能得到慰藉，并于慰藉之中倾注了信心和力量。

唐时三渭桥的出现是生产技术进步、社会发展和桥梁建筑水平精进的必然结果，亦是诗人或细腻幽微、或大气豪迈的心灵家园，是游子、征夫、怨女思乡怀亲的载体，是外乡通往故土的寂寞古道，是少年侠客鸣鞭策马的青春纵横，更是人们对于大唐盛世无限怀想的文化符号……

第六节　花晚洛桥闲

“津桥东北斗亭西，到此令人诗思迷。眉月晚生神女浦，脸波春傍窈娘堤。”白居易这首《天津桥》中的“津桥”即是洛桥。据《元和郡县图志》，洛桥初建于隋炀帝大业元年（605），架于洛水之上，最开始是一座“大缆维舟”的浮桥，但是每当洛水涨水的时候，浮桥辄被损坏。唐贞观十四年（640）才令石匠垒方石为脚，取“箕斗之间汉津也”（《尔雅》）之义，名为“天津桥”，又因洛水得名“洛桥”。唐代人由西京长安往东都洛阳都必经天津桥。

洛水上有窈娘堤。相传武三思曾得一乔氏青衣窈娘，能歌善舞。通晓音律的武三思认为窈娘的歌舞乃天下至艺，可是不久窈娘沉于洛水而亡（一说窈娘投井而亡）。白居易的好朋友元稹也在诗中写到过天津桥和窈娘堤：“心断洛阳三两处，窈娘堤抱古天津。”（《送友封》）于是天津桥和窈娘堤又寄托了人们对女性的同情以及对爱情的感叹。

洛桥在历史上亦几经毁修。《隋书·李密传》记载：“武贲郎将裴仁基以武牢归密，因遣仁基与孟让率兵二万余人袭廻洛仓，破之，烧天津桥，遂纵兵大掠。”唐时洛桥重修，而废于元代。洛桥初为浮桥，后为石桥，在隋唐时期，横跨洛河，连接两岸，其西为神都苑，往东则是上阳宫。洛桥正北便是巍峨的皇城，桥南方是里巷街区，春风晓月，烟火繁华。

“何堪好风景，独上洛阳桥”，当年洛阳桥畔，才子佳人，万国舟帆，其盛世景象今人已经难以想见。曾经的洛桥已经在历史的风烟中消逝，但诗歌中洛桥迷人的身影一直都在。千年以来，洛桥在文人墨客的文采华章中留下了万千风姿，让后人痴迷不已。

妾年初二八，家住洛桥头。玉户临驰道，朱门近御沟。使君何假问，夫婿大长秋。女弟新承宠，诸兄近拜侯。春生百子殿，花发五城楼。出入千门里，年年乐未休。（崔颢《相逢行》）

崔颢是较早将“洛桥”意象引入作品的诗人，《相逢行》中描述了一位家住在洛桥头的二八芳龄的女子，她出身名门，家中玉为装饰、朱漆粉刷的大堂门户临近车马通行的大道和流经宫苑的河道。女子有倾国倾城之貌，引得行人不免产生想要亲近之意，女子则极度夸耀夫家门第高贵，意图以此断绝他人念想，同时显示了自身的忠贞与高洁。诗中故事显然是虚构，且女主人公的原型明显是承继前代诗歌，例如汉乐府中的《陌上桑》等而来的，但诗人将故事发生的背景地置于“洛桥头”，无疑为女子夸耀门第高贵增添了可信度。

洛桥不似西湖断桥的烟雨缠绵，不似灞桥的黯然销魂，也不似赤阑桥的浪漫凄婉，洛桥注定是繁花似锦、富丽堂皇的。依诗中女子所述，女子家住“洛桥头”，“洛桥”在此诗中虽然只标示了地点，但是却暗示了女子的家世显耀，且与皇城关系密切。

在唐诗中，“洛桥”作为一种文学意象，常常与东都洛阳的盛景相联系，如：

花杂芳园鸟，风和绿野烟。更怀欢赏地，车马洛桥边。（杜审言《春日怀归》）

洛渚问吴潮。吴门想洛桥。夕烟杨柳岸。春水木兰桡。（崔融《吴中好风景》）

晓月调金阙，朝曦对玉盘。争驰群鸟散，斗伎百花团。遇圣

人知幸，承恩物自欢。洛桥将举烛，醉舞拂归鞍。（张说《东都酺宴四首·其三》）

张说既是开元年间的一代文宗，又是一代名相，因而他的诗中尽显宫廷气派，颇具应制诗雍容华贵的风范：天津晓月、吴门盛景，在盛世大唐的洛桥边，车如流水马如龙，人们宴饮歌舞，春风熏得游人醉，群鸟绕着百花翩跹起舞。入夜时分，皓月当空，玉壶光转，深蓝的夜幕与洛水相接，四周碧水茫茫，月影流转，好一片大好河山。

唐诗中的“洛桥”意象一度是大唐盛景、歌舞升平、百姓安乐的象征，体现出的是一种不同于清新秀美的江南小桥的金碧辉煌之美。

在繁华富贵的盛唐气象之外，“洛桥”作为出入洛阳的交通要道，也常常被诗人寄托相思之情：

相去三千里，闻蝉同此时。清吟晓露叶，愁噪夕阳枝。忽尔弦断绝，俄闻管参差。洛桥碧云晚，西望佳人期。（刘禹锡《酬令狐相公新蝉见寄》）

二月东风来，草拆花心开。思君春日迟，一日肠九回。妾住洛桥北，君住洛桥南。十五即相识，今年二十三。（白居易《长相思》）

刘禹锡的诗抒发的是对友人的牵挂：清风晓露，蝉鸣枝头，却与友人相隔千里，诗人只能独上洛桥，看天边碧云直至傍晚，不断向西眺望，期盼友人早日归来。洛桥承载了诗人对友人深深的思念之情。白居易的《长相思》则塑造了一位深陷相思的女性形象：“妾住洛桥北，君住洛桥南”，洛水将女子与心上人分隔两岸，“洛桥”便成了他们沟通、相见的渠道，连接起他们绵绵不绝的相思。史载古洛水宽约110米，水上又有洛桥连接，现实距离并不遥远，然而诗中的男女却因相思之苦而“一日肠九回”，原来在相爱的人眼里，再短的桥也是漫长得看不到尽头的啊。

“洛桥”意象不仅可以作为思念友人、爱人的寄托，有时也承载了羁旅漂泊的游子乡愁：

旅恨生乌浒，乡心系洛桥。谁怜在炎客，一夕壮容销。（刘言史《广州王园寺伏日即事寄北中亲友》）

由于洛桥所在地点为大唐的东都洛阳，从这里出发的游子更多了一丝去国怀乡的意味和几分对前途命运的忧虑。洛阳是文人才子、名门显贵的聚居之处，歌酒繁华之后的离别越发显出萧条落寞的意味，因而洛桥上的离别同时承载着远行人的强烈不舍与送行人的悠悠牵挂：

何处送客洛桥头，洛水泛泛中行舟。可怜河树叶萋蕤，关关河鸟声相思。（张说《离会曲》）

河桥送客舟，河水正安流。远见轻桡动，遥怜故国游。海禽逢早雁，江月值新秋。一听南津曲，分明散别愁。（储光羲《洛桥送别》）

靖安客舍花枝下。共脱青衫典浊醪。今日洛桥还醉别。金杯翻污麒麟袍。（白居易《醉送李二十常侍赴镇浙东》）

别时暮雨洛桥岸，到日凉风汾水波。荀令见君应问我，为言秋草闭门多。（白居易《送卢郎中赴河东裴令公幕》）

洛桥歌酒今朝散，绛路风烟几日行。欲识离群相恋意，为君扶病出都城。（白居易《皇甫郎中亲家翁赴任绛州宴送出城赠别》）

津桥残月晓沈沈，风露凄清禁署深。城柳宫槐谩摇落，悲愁不到贵人心。（白居易《早入皇城赠王留守仆射》）

洛桥是洛阳的洛桥，也是盛世的洛桥，但当盛世褪去昔日的光晕，洛桥也只能成为追忆中的伤感之所在。当行人从洛桥经过，残月当空，夜色沉沉，层层紧闭的宫门，凉风凄露，落叶凋零，洛桥上看到的景致中透着一丝丝颓废，溢出一点点落寞。此时的洛桥是地理意义上的所在，也是追忆的切入口。曾经盛世的繁华早已不再，甚至连悲愁都难以言传，白居易的千古之寂寞就这样在洛桥边蔓延开来……

宋朝以后，文人在诗词中常常用“天津桥”代替“洛桥”，北宋时期都城虽然设在东京开封，但是洛阳城作为西京的地位依旧举足轻重。北宋初期，国家安宁，城市经济繁荣，洛桥基本上维持着昔年的繁华景象，如欧阳修诗云：

朝云来少室，日暮向箕山。本以无心出，宁随倦客还。春归伊水绿，花晚洛桥闲。谁有余罇酒，相期一解颜。（《南征回京

至界上驿先呈城中诸友》）

诗人南征回京，刚至边界的驿馆，便已经迫不及待地写诗寄给城中的朋友：春日融融，绿水环抱，洛桥边的春花开得正盛，还未进城，诗人已经在想着与二三好友相约至洛桥边闲饮几杯，一展欢颜。这时的“洛桥”成了诗人归来一解乡愁、与好友相聚畅饮的美好归宿。

然而，好景不长，在强敌环伺的压力下，大宋王朝日渐风雨飘摇，北方的金国不断南侵，宋王朝南渡以后偏安淮河以南，昔日繁华西京洛阳沦为金国属地。天津桥从此成了南宋文人梦回故园的深沉寄托。其后，蒙古铁骑踏平南宋国土，宋末遗民文人和元代汉族文人更是将天津桥当成了故国象征性的地标。

不如归去，锦官宫殿迷烟树。天津桥上一两声，叫破中原无住处，不如归去。（梁栋《四禽言》）

燕山。望不见吴山。回首一征鞍。慨故宫离黍，故家乔木，那忍重看。钧天。紫微何处，问瑶池、八骏几时还。谁在天津桥上，杜鹃声里阑干。（杨立斋《木兰花慢·北归人未老》）

在这些爱国文士的笔下，“洛桥”成了最为沉重的桥，寄寓了作者浓厚的黍离之悲，亡国哀思化为洛桥上的一声长叹，它似乎成了横亘在中原王朝脊背上的一个沉重的枷锁，是一代文人不可触碰又痛彻心扉的伤痕。

从大唐盛世繁华中走来，洛桥几度兴废的经历又何尝不是一段令人感慨至深的历史缩影呢？

第七节　题品垂虹多古作

“久客怀归辞旧知，扁舟江上欲行时。多情最是垂虹月，千里悠悠照别离。”吴江松陵是苏州的南大门，苏州文人诗友送客远行总要送到垂虹桥畔才依依惜别。戴昭（字明父）是一位安徽商贾的后代，他游学苏州，师从唐寅治《诗经》，并广交姑苏的文人墨客，向他们习文学画，执弟子之礼。多年后，戴昭准备返回老家安徽休宁，姑苏文人不舍他离开。明正德三年（1508）中秋，姑苏文人们雇了一艘画舫送别戴昭，朝发姑苏，一路悠悠地欣赏着吴地美景，傍晚至松陵东门城外，画舫停泊在吴江垂虹桥畔，文友们携手走上垂虹桥畔的酒楼，欣赏着楼外的“垂虹夜月”，品尝着除却吴江天下无的鲈鱼脍，畅饮着吴江特有的美酒，真可谓是“鲈鱼味老春醪浅，放箸金盘不觉空”（唐伯虎《松陵晚泊》）。文友们在这良辰美景之中诗性大发，祝允明题下“垂虹别意”四个字，唐伯虎作了一幅《垂虹别意图》，祝字、唐画还有包括文徵明在内的众多姑苏文人的诗作，共同结成了一个长卷，戴昭的族兄戴冠为长卷写下《垂虹别意诗序》。戴昭与惺惺相惜的友人们在垂虹桥就此别过，“垂虹别意”从此为文坛留下了一段千古佳话。

垂虹桥，位于今苏州市吴江区。北宋庆历八年（1048）桥成，当时的吴江知县李问与县尉王庭坚将这座桥取名为“利往桥”，即建桥以利往来之意，俗称长桥。由于桥中间有垂虹亭，且长桥三起三伏，环如半月，长若垂虹，因此在后来的口口相传中，垂虹桥这一更具诗意的名字被人们广为传颂。利往桥虽成，但因其桥柱终年泡在水中，加上海水上涌与太湖水的冲刷，木柱腐朽，其后屡毁屡建，且木桥自建成后也多次遭受过战争的创伤。南宋建炎四年（1130），宋金之战再度爆发，金兵犯吴江，吴江松陵镇被金兵焚掠破坏，垂虹桥遭到严重破坏；南宋德祐元年（1275），完颜亮兵临长江，利往桥在战争中被焚毁。垂虹桥原本为木桥，直至元泰定二年（1325）始由知县张显祖易木为石，改建为联拱石桥，全用白石垒砌。

发生于垂虹桥上的雅集，除明代的“垂虹别意”外，还可追溯到宋代苏轼与忘年之交张先的唱和。苏轼在被放湖州知州之时，结识了以耄耋之年告老还乡，游历于杭州、湖州的张先，两人交往甚笃，苏轼有多首与张先的和诗，甚至可以这么说：张先是引领苏轼进入词坛的老师——在遇见张先之前，苏轼的主要精力放在诗文的创作中，极少涉足填词；认识张先，让苏轼真正认识到了词的魅力，而且苏轼初涉词坛时的作品多有模仿学习张先词的影子。苏轼对张先的文才颇为推崇，如《和致仕张郎中春昼》中“苦藏难没是诗名”和“细琢歌词

稳称声”之句，便是对张先诗才的仰慕。熙宁八年（1075），苏轼调任山东密州，他特意乘船去湖州向张先辞别，张先随即邀约几位老友与苏轼一同泛舟游于松江，待夜半月出，苏轼置酒垂虹亭上，他们一边赏月夜美景，一边吟诗作对。此时的张先已逾八十高龄，兴致却丝毫不输年轻人，他当场创作的《定风波令》四首词赢得大家的满堂喝彩。“溪上玉楼同宴喜。欢醉。对堤杯叶惜秋英。尽道贤人聚吴分。试问。也应旁有老人星。”将此次宴会场景的风雅描绘得淋漓尽致。“三百寺应游未遍。□算。湖山风物岂无情。不独渠丘歌叔度。行路。吴谣终日有余声。”表达了对即将远行好友的依依不舍。

元丰四年（1081）七月，垂虹桥被海潮上涌的大水冲毁，当时被贬黄州的苏轼听到这个消息，傍晚独自来到黄州临皋亭上，回想起当年与老朋友夜宴垂虹亭的情景。有朋友已经不在人世，垂虹亭和垂虹桥也消失在洪水之中。苏轼不由得感慨万千，写下《记游松江》一文怀念当年垂虹雅集的画面。元祐六年（1091），苏轼除龙图阁学士再知杭州，会友人于吴兴，故地重游，抚今追昔，回忆起16年前与张先等五人相聚的场景，感慨五人均已亡故，写下《定风波》追忆那份深埋于心底的美好：

月满苕溪照夜堂，五星一老斗光芒。十五年间真梦里。何事？长庚对月独凄凉。　　绿鬓苍颜同一醉，还是，六人吟笑水云乡。宾主谈锋谁得似？看取，曹刘今对两苏张。

“长庚对月独凄凉”，真可谓深情发自肺腑，对好友的缅怀之情跃然纸上。

垂虹桥、垂虹亭不仅是文人雅集的首选地，催生了千古不朽的文学经典，而且在文学史上还被赋予了独特的内涵——隐逸风骨。因为，垂虹桥的声名远播与“吴江三高”有着紧密的联系。所谓“吴江三高”指的是历史上著名的三位吴江隐士：范蠡、张翰、陆龟蒙。正如傅梦得《垂虹桥》所云：“题品垂虹多古作，去来征雁带秋霜。三高千古英灵在，经过祠前菊正黄。”在历代描写垂虹桥的诗词中，带有隐逸色彩的诗词数量最多，而“吴江三高”往往活跃于这些隐逸诗词中。苏轼曾去看过鲈乡亭的“三高”画像，并留下了《戏书吴江三贤画像三首》：

其一

谁将射御教吴儿，长笑申公为夏姬。却遣姑苏有麋鹿，更怜夫子得西施。

其二

浮世功劳食与眠，季鹰真得水中仙。不须更说知机早，只为莼鲈也自贤。

其三

千首文章二顷田，囊中未有一钱看。却因养得能言鸭，惊破王孙金弹丸。

其一咏范蠡。春秋时期范蠡助勾践兴越国，灭吴国，一雪会稽之耻，成就霸业，功成身退，与西施泛舟游于西湖之上。隐居期间三次经商成巨富，三散家财，后定居于宋国陶丘，自号“陶朱公”。其二咏张翰（字季鹰）。西晋张翰博学多才，曾被齐王任命为大司马东曹掾，然而在动荡的时局中，他不愿卷入诸王之间的争斗，遂借口秋风起时，思念家乡的蔬菜、莼羹、鲈鱼，决然辞官回到吴淞江畔，营别业于枫里桥。在此后的文学作品中，往往以张翰的“莼鲈之思”来表达对故乡的怀念。其三咏陆龟蒙。晚唐陆龟蒙出身于吴郡世家，自幼饱读诗书，科举落第后隐居于松江甫里，平时与世俗极少往来，以读书论纂为乐，后来朝廷以高士征召，他坚辞不就，布衣终生。“吴江三高”是隐逸风骨、江湖风雅的象征。“三高祠下天如镜，山色浸空濛。莼羹张翰，渔舟范蠡，茶灶龟蒙。故人何在？前程那里？心事谁同？黄花庭院，青灯夜雨，白发秋风！”（张可久《人月圆·客垂虹》）宋代鲈乡亭、三高祠的修建以及垂虹桥的扬名，都为垂虹诗词中隐逸主题的生根发芽提供了土壤。文人在政治上不得出路，游历山水，路经垂虹桥，与这里以“三高”为代表的隐逸气息不谋而合，他们心中的归隐之情也因为眼前的山水而拥有了切实的物质载体。

垂虹桥除了承载着文人的隐逸向往之外，还是失意文人的安慰与精神寄托。南宋词人姜夔在经过垂虹桥时留下了著名的《过垂虹》诗：“自作新词韵最娇，小红低唱我吹箫。曲终过尽松陵路，回首烟波十四桥。”一叶扁舟，泛行在江南的水乡，一座座石拱桥，如一道道弯弯的彩虹架在河上，倒影在清澈的水波中荡漾。一位清瘦修长的文人，立于船头，吹着洞箫，如泣如诉；一个明艳照人的美女，正随着箫声低吟浅唱，动人的吴侬软语，回旋在袅袅轻烟中。姜夔的《过垂虹》一诗为垂虹桥注入了风雅内核。在他所处的时代，南宋和金南北对峙，民族矛盾和阶级矛盾都十分尖锐复杂。战争的灾难和人民的痛苦使姜夔感到痛心，虽然他也为此发出过激昂的呼声，但受到了幕僚清客生涯的局限，其凄凉的心情表现在一生的大部分文学和音乐创作里。而垂虹桥畔"小红低唱我吹箫"的清幽雅韵，似乎让姜夔失意的心情得到了一丝治愈，为南宋词坛留下了一抹清艳的色彩。

后世文人对姜夔与小红在垂虹桥畔的浅唱低酌甚是神往。清乾嘉时期，大学者洪亮吉在一次大雪中过太湖，置身于白石当年同样的情景，想象白石垂虹夜泊之画面，"剩得琼箫，艳词难付小红了"（洪亮吉《台城路 · 冷吟渐入梅花梦》）。他未能感受到白石当年小红相伴低吟的风雅与幸福，唯有江湖沦落的飘零之感。"红牙曲罢声犹绕"（沈昌眉《中秋夜垂虹怀古次迦陵》），"小红低唱风情邈"（周麟书《叠韵和眉若先生垂虹亭怀古》），站在垂虹亭旁，小红的低唱之声似乎仍然萦绕在耳际，历史的回音壁仍然可以将 800 多年前白石风流雅韵的余响反弹到我们的内心。

从遥远的历史中走来，范蠡、张翰、陆龟蒙为垂虹桥注入隐逸风骨，张先、苏轼开启垂虹桥文人雅集风韵，姜夔与小红飘然而去的身影在垂虹桥留下浪漫风情，唐伯虎、祝允明、戴昭等才子的"垂虹别意"为垂虹桥再添诗情画意……从此，垂虹桥成为隐逸情怀的载体，是失意文人的寄托，是对爱情的向往，但同时其实也是事功的体现。

从垂虹桥的原名利往桥就可看出，垂虹桥最初修建的目的就在于实用功能，它也确实在日后保证南北交通、通流泄洪、军事防御、商市聚兴等方面发挥了重要作用。

为预防洪涝，监测太湖水位高低涨落，宋徽宗宣和二年（1120），在垂虹亭北左右两侧设立了水则碑，垂虹桥也因此成了古代太湖的水文站。古松陵镇具有一定的军镇性质，宋代时在长桥设立了巡检司，负责长桥的巡防。垂虹桥的修建对当地经济最大的影响则是在长桥以东的原城南地界形成了“江南市”。明莫旦《吴江志》记载：“出城东门过长桥为江南市，居民又千家，使舟官艘之往来，贡赋财物之接递，朝暮不绝难以备述。”长桥河东西两岸楼宇鳞次栉比，长桥河中客舟货船帆樯如林，白日街头人来人往熙熙攘攘，夜晚雅士商贾云集酒馆旅店，吟诗作画，对酒当歌，两岸楼阁彻夜灯火通明。杨万里有《舟泊吴江》：“江妃舞倦凌波袜，玉带围腰揽镜初。”蒋捷有《一剪梅·舟过吴江》：“一片春愁待酒浇，江上舟摇，楼上帘招。”柳贯有《垂虹亭晚眺》：“两界星河涵影倒，千家楼阁载浮萍。”这些诗词均是“江南市”繁华夜景的生动写照。

“云头滟滟开金饼，水面沉沉卧彩虹。”（苏舜钦《中秋松江新桥对月和柳令之作》）垂虹桥走过千年的风雨历程，它身后所承载的、记忆的、见证的，正如从它身下流过的滔滔河水般绵延不绝。后世隐逸士人在“吴江三高”身上找到了共鸣，失意文人在“小红低唱我吹箫”中追忆那份雅致与安宁，而我们每一个人都能在垂虹桥修桥为民、造福万世的事功价值中收获一份暖心的感动。

第八章

两情若是久长时

——诗意构想中的桥梁意象

与上一章的灞桥、渭桥等历史上真实存在的古桥不同，本章重点分析的蓝桥、鹊桥、谢桥、奈何桥则很难在现实中确定其对应的客观物象，其中的鹊桥更是只存在于神话（仙话）中，而奈何桥则是象征因佛教的传入而折射出的一种生死观念。然而这些现实中“虚幻”的桥梁对于构筑中国人尤其是中国文人的精神世界依然具有重要意义。经由这些抽象的桥梁意象，人们希冀逾越人与神、人与仙、出世与入世，乃至生与死之间的鸿沟，连接起具象的现实空间与抽象的精神世界。这些诗意构想中的桥梁意象，体现出根植于现实土壤中的中国人依然怀抱着对信仰空间的执着。

第一节　望极蓝桥，但暮云千里

作为现在流行语的“一生一代一双人”本自骆宾王的《代女道士王灵妃赠道士李荣》，清代词人纳兰性德化用骆诗作《画堂春》：

一生一代一双人。争教两处销魂。相思相望不相亲。天为谁春。

浆向蓝桥易乞，药成碧海难奔。若容相访饮牛津。相对忘贫。

对于这首描写爱情的《画堂春》历来有多种解释，其中最重要的一种解释认为这是纳兰性德写给结发妻子卢氏的悼亡词，因为纳兰在这首词里一连用了古代三对夫妻的传说来比拟他和卢氏的婚姻：“浆向蓝桥易乞”说的是裴航与云英，“药成碧海难奔”是指神话中的羿与嫦娥，“若容相访饮牛津”则应是引用牛郎织女的故事了。

“浆向蓝桥易乞”一句包含了“蓝桥”的典故。关于“蓝桥”之典故，有两个说法，其一出自裴铏《传奇》中裴航遇仙的故事。唐朝长庆年间，一位叫作裴航的秀才，落第以后到鄂渚游览，在此期间拜会了老朋友崔相国。在从鄂渚返回京城的途中，裴航和樊夫人同舟。这位樊夫人写了一首诗送给裴航：“一饮琼浆百感生，玄霜捣尽见云英。蓝桥便是神仙窟，何必崎岖上玉清。”此诗预言了裴航将在蓝桥邂逅他一生的爱情与婚姻。后来，裴航途经蓝桥驿时，向路旁织麻的老妪求水解渴，老妪让一个名叫云英的女子给他取来水喝。裴航与云英一见钟情，便向老妇人提出想要重金聘云英为妻子。老妇人对裴航说：“想娶我的女儿可以，但我这里有一些神仙给的灵药，一定得用玉杵臼来捣药才行。如果你能帮我找到玉杵臼，我就将女儿许配给你。”于是裴航四处寻访，终于找来了玉杵臼，并且帮老妇人捣药百日，制成灵药，娶得云英为妻，最后夫妻一起得道成仙。

纳兰性德借用蓝桥的典故表达了对爱人刻骨铭心的想念之情，他的这首《画堂春》中所透露出的相遇、相爱却不能相守的沉痛催人泪下。而“蓝桥”之得名，主要是因为裴航遇仙的那座桥位于陕西蓝田县蓝溪上。

宋朝时期，蓝桥意象逐步定型，在诗词中频繁出现，常被用来表达爱情、相思以及隐逸之情。

在宋词中，蓝桥遇仙的典故被大量运用于爱情题材，如张先、李之仪、晁补之、周邦彦等许多词人的作品中都有这样的例子，“蓝桥”成了男女爱情的代名词。词人们以想念“蓝桥”暗示对爱情的渴慕，以离别“蓝桥”、怨“蓝桥路远”来写情人的离别相思之苦。

宋代最早将“蓝桥”之典入词的是张先的这首《碧牡丹·晏同叔出姬》：

步帐摇红绮。晓月堕，沈烟砌。缓板香檀，唱彻伊家新制。怨入眉头，敛黛峰横翠。芭蕉寒，雨声碎。　镜华翳。闲照孤鸾戏。思量去时容易。钿盒瑶钗，至今冷落轻弃。望极蓝桥，但暮云千里。几重山，几重水。

这首词是张先为晏殊（字同叔）遣走的歌姬而作的，“望极蓝桥，但暮云千里。几重山，几重水”这几句，淋漓尽致地写出了被赶走的歌姬内心极致的哀伤和思念，在凄冷落寞中对曾经主人的想念即使有重重山水阻隔也仍然连绵不绝。据说晏殊在听完张先的这首《碧牡丹》后，恍然大悟，他感慨道：“人生行乐耳，何苦自如此。”世间本已有太多的阴差阳错，人生苦短，又何必这样苦苦折磨自己、苦苦折磨所爱的人呢！于是晏殊立即命人赎回了此前被赶出家门的歌姬。

在《全宋词》中，以蓝桥意象入词的作品约有70首。当代学者武春媛在《论宋词中的桥意象》一文中，将宋词里用蓝桥意象所要表达的情感内涵大致分为了两种。

第一种是用蓝桥典故来抒写爱情。钱奕坤又将表达爱情的作品再分为“男女欢会”与“男女阻隔”这两种。欢会类如无名氏的《鹧鸪天》“君行直到蓝桥处，一见云英便爱卿”，一种见到心上人“便生出万千欢喜心”的感情跃然纸上；阻隔类如上文的张先《碧牡丹·晏同叔出姬》。在关于蓝桥意象的男女阻隔类作品里，有的作品以离别“蓝桥”、怨“蓝桥路远”写情人间的离别相思之苦，例如张先的《碧牡丹》、吴文英的《法曲献仙音》，都出现了“望极蓝桥”的句子；

有的作品直接写明了与恋人无法相见的思念之情，如晁补之《青玉案》中的“蓝桥远”；有的作品用“蓝桥”来写男女爱情欢会的情景场所，并且以“蓝桥约”比喻恋人之间的约会。

第二种则是借裴航蓝桥遇仙的故事抒发隐逸之情。裴航与云英双双成仙的故事，成了词人借以表达渴望远离尘世、超然物外的理想意象。例如苏轼这首著名的《南歌子·寓意》：

雨暗初疑夜，风回忽报晴。淡云斜照著山明。细草软沙溪路、马蹄轻。　　卯酒醒还困，仙材梦不成。蓝桥何处觅云英。只有多情流水、伴人行。

苏轼用一句“蓝桥何处觅云英”描写人生失意落寞的颓唐与自嘲。在他看来，那成仙的美梦终究是一场空，欲想脱离这人世间的愿望也根本不可能实现，只能自答“只有多情流水、伴人行”。在此，苏轼把蓝桥看作仙居之所，因为那里有仙凡结缘、凡人得道成仙的美好故事，但于寻常世人而言，此种好事仿佛那蓬莱、瑶台一样遥不可及，故而此词中的蓝桥便成了诗人想要努力追寻却终不可得的象征。

关于蓝桥之典的第二种说法有很大的争议，其源自《庄子》。在《盗跖》篇中有这样的记载：“尾生与女子期于梁下，女子不来，水至不去，抱梁柱而死。”这个故事在《史记》《战国策》《汉书》中都有类似的记载。根据《说文解字》：“桥，水梁也。”《盗跖》中的“梁”就是桥，但以上文献均未说明尾生抱梁柱的“梁”就是陕西蓝田的“蓝桥”。根据当代学者钱奕坤在《论中国古代文学中的蓝桥》一文中的考论，这个说法当源自元代初年，由金入元的作家李直夫在《尾生期女淹蓝桥》这部杂剧中将尾生的故事与蓝桥进行了关联。

事实上，“蓝桥”真正的具体地理位置在哪里，目前依然众说纷纭，而这种不确定性在极大程度上增加了其神秘感。正因为这座联系着男女之间真挚感情、负载着士人们失意痛苦的桥“漂泊不定”，才更有利于我们脱离具体物象的束缚，不刻意寻求一个“标准”，而是去用心品味诗词里种种动人心魄的深层意蕴，领悟出属于自己的独一无二的深切感受。

第二节　忍顾鹊桥归路

桥是恋人的邂逅之地、分离之所、重逢之处，是世间情缘的见证者，亦是爱情故事中不可剔除的经典意象。古往今来，多少才子佳人在桥上互诉衷肠、山盟海誓，谱写了一曲曲“诗与桥”的爱恋悲歌。

在日本的“记纪神话”中，伊邪那岐与伊邪那美二神创造日本岛屿时站在连接天与地的“天之浮桥”上。正如伊邪那岐与伊邪那美二神站立的“天之浮桥”一般，鹊桥实际上也并不存在于现实世界，而是只存在于人们幻想世界中的纯粹虚构的桥，同时是连接主体所在空间与外部空间的一种特殊媒介。

在中国古典诗词的世界中，鹊桥意象是伴随着牛郎织女神话传说的演进而被构建起来的。牛郎织女传说是家喻户晓的爱情传说，这一传说的源头可以追溯到先秦时期。古代劳动人民在长期的观察中，发现牛郎（牵牛）、织女二星位于银河东西两侧，便根据这两个星座的形状、分布等特征对其进行艺术想象与加工，牛郎织女传说正是在星座故事的演化过程中逐渐诞生的。历来认为牛郎织女传说的雏形肇自《诗经·小雅·大东》，诗云：“维天有汉，监亦有光。跂彼织女，终日七襄。虽则七襄，不成报章。睆彼牵牛，不以服箱。”该句中的“织女”“牵牛”还只是指星辰的名字，“汉”字说明古人此时已经注意到了横亘于二星之间的天河，并将其与人间的河流相比，为之后鹊桥意象的诞生提供了前提条件。

汉代是中国民间故事发展的重要时期，相传最早明确提到“鹊桥”的是西汉《淮南子》中的“乌鹊填河成桥而渡织女”，白居易《六帖》曾引此文。在《古诗十九首》“迢迢牵牛星，皎皎河汉女”中，“牵牛”与“织女”二星已经明显被拟人化了，他们被迫隔河相望却不得交语，这说明最晚到汉代，牛郎织女的故事架构中已经在《诗经·小雅·大东》的基础上增加了二人鹊桥相会的情节和恋爱故事。此后，“鹊桥”

在牛郎织女传说中成为固定意象并流传至今。

牵牛、织女二星分隔银河两地的客观地理位置从一开始就为牛郎和织女的爱情埋下了悲剧的种子，人神恋的宿命更意味着这对恩爱夫妻会永远被银河分隔。但鹊桥意象打破了原本的悲剧性结局，使传说悲中带喜，在一定程度上调和了牛郎织女被银河阻拦而不得相见的悲哀，为牛郎织女传说增添了浪漫主义色彩。

鹊桥是七夕时牛郎织女跨越银河相会的主要方式。似乎在人们的认知里，每年七夕给牛郎与织女提供相会契机与地点的应该是鹊这种鸟类。实际上，牛郎织女相会原本还有星桥、凤凰引渡、燕子架桥、乘船等多种方式，如张文恭《七夕》中所说的“星桥百枝动，云路七香飞”。但这些方式在流传过程中均日渐式微，只有鹊桥至今仍被广泛接受。这是因为喜鹊大多成双成对，是人们心中的忠贞之鸟；喜鹊有“鸟中鲁班”的美誉，具有高超的筑巢才能；喜鹊有群飞习性，而架桥正需有无数飞鸟才能共同完成；古人有瑞鸟崇拜心理，喜鹊是报喜鸟，可以给人带来福音，是助人成事的灵物。此外，“鹊”和“桥”这两个意象所承载的内涵有相通之处，都可以作为爱情的象征和连接恋爱双方的纽带，这两个意象双面一体，相互映衬，其合二为一有内在之必然。而且，喜鹊在人们的生活中如同柴米油盐酱醋茶一般常见，人们见到喜鹊，便会联想到鹊桥，继而想到将相见之约系于鹊桥上的牛郎与织女。这大大拉近了牛郎织女传说与人间的距离，使之不再遥不可及、无法捉摸，而是浸润着人间烟火气和人情味。仿佛因为喜鹊在我们身边，鹊桥也就在我们身边，历经悠悠千古却从未离去。

作为牛郎织女传说中不可缺少的重要元素，鹊桥意象通常与这一传说相伴出现，是以七夕为主题的文学作品中的常见意象。鹊桥既是牛郎织女七夕相会、欢愉温情之桥，又是二人聚后再散、惆怅离恨之桥，此后文人借鹊桥意象抒怀时，更赋予了它多元情感内涵。

鹊桥在传说中扮演着帮助二人相会的重要角色，多被用作牛郎织女夫妻团圆的象征。晏几道《蝶恋花》中有“喜鹊桥成催凤驾”，刘威《七夕》中也有“乌鹊桥成上界通，千秋灵会此宵同”之句，其中的鹊桥意象承载着文人为牛郎织女欢聚而喜悦的心情以及对诚挚美好爱情的向往。

鹊桥意象还可用于表达恋人之间的离别之苦与相思之愁。幸福的时刻总是稍纵即逝。片刻的欢娱之后，是离别时的肝肠寸断，因此亦有文人在七夕主题的诗词中着力刻画牛郎织女“相逢草草”的无限怅惘，如杨无咎的《鹊桥仙·云容掩帐》：

> 云容掩帐，星辉排烛，待得鹊成桥后。匆匆相见夜将阑，更应副、家家乞巧。　经年怨别，霎时欢会，心事如何可了。朝朝暮暮是佳期，乍可在、人间先老。

又是一年七夕秋夜，月华皎皎，星河熠熠，牛郎织女登上鹊桥，携手共度此宵。可不过匆匆片刻，此夜将阑，又到了分别之际。其实，从鹊桥上重聚的那刻起，牛郎织女便进入了分离的倒计时。无论多想紧握住恋人的手，也无法让时间暂缓它的脚步。双方爱之越深，分别时便悲之越切。七夕过后，鹊群便会散去，鹊桥要待来年才能重现于世。在除七夕外的日日夜夜里，牛郎与织女只得望天河却不能渡，“盈盈一水间，脉脉不得语”（逯钦立辑校：《先秦汉魏晋南北朝诗》）。身陷永无休止、无法摆脱的聚散循环，纵使相逢，也不过草草一面，欢乐不及离愁多，反而重搅心绪，前愁未灭，后愁已生，倒不如不见！但若真的不遇，心中千般心事，又能与何人倾诉？这种矛盾让人左右皆挣扎，前后尽无路，只能默默咀嚼这份深沉哀伤。

亦有文人将自身经历融入鹊桥意象，借以表达自已与爱人相聚受阻的悲惨命运。如李雯《凤来朝》：

> 秀靥宜春面，碧云□、好风透乱。近阑干、素影承纨扇。犹记得月中见。小语风情温软，玉枕凉、轻分一半。问绛河浅，怎禁得鹊桥断。

词上片描写了佳人的秀丽容颜，并抒发了自己对昔日欢娱景象的追忆眷恋；下片则用“鹊桥”喻指二人的相伴相随、比翼双飞，而“断”则暗示有情人之分离。该词以具有丰厚内蕴的鹊桥意象来传情达意，不仅可以使人联想到鹊桥背后的牛郎织女传说，还借鹊桥断后牛郎织女不得不分离指代自身经历，委婉地抒发了心中有苦难言之痛，显得含蓄隽永又颇具深情。

牛郎与织女聚少离多，但聊胜于无，他们还能有来年七夕时鹊桥相见的盼头，总好过人间那些分别两地、终日相思却又与心上人相见无期的男男女女。因此一些诗人将牛郎织女与人间男女进行对比，进一步突出后者与情人相聚受阻的悲惨命运。如徐凝《七夕》：“一道鹊桥横渺渺，千声玉佩过玲玲。别离还有经年客，怅望不如河鼓星。”天上相见稀，在鹊桥的帮助下，牛郎织女才能一年一会，但在人间，一旦分开就是去而难返！又如袁晖《七月闺情》：“不如银汉女，岁岁鹊成桥。”牛郎与织女每年都能于鹊桥上相聚，深闺女子却只得终日孤身一人，眼泪空流，心中万般贪嗔痴爱都无处排遣，不得不默默忍受孤独。

牛郎、织女实则与凡间眷侣拥有相似的情感模式：恋爱中人总渴望浪漫美好、长相厮守的爱情，想要“永老无别离，万古常完聚”“在天愿作比翼鸟，在地愿为连理枝”，但现实总是事与愿违：所爱之人总是留不住，一去无期约，只有那残存于记忆中的看不清也摸不到的身影，因此只能退而求其次，等待短暂的重逢。在众多七夕诗词中，有一首词对这种爱情遭际做出了回应，并因其难能可贵的爱情观被赞为“破格之谈”，那便是秦观的《鹊桥仙》：

纤云弄巧，飞星传恨，银汉迢迢暗度。金风玉露一相逢，便胜却人间无数。　柔情似水，佳期如梦，忍顾鹊桥归路。两情若是久长时，又岂在朝朝暮暮。

这首词开篇写七夕时分，纤云舒卷，流星飞逝，堕入人间，仿佛也在传递着牛郎织女经年未见的离愁别恨。“暗度”意在点明七夕时牛郎织女二人是偷偷相会的，这一细节暗示我们，牛郎织女七夕相会不过是人们的一个美好幻想。杜甫有诗云：“万古永相望，七夕谁见同。”（《牛郎织女》）“牛女年年渡，何曾风浪生。”（《天河》）按照天文情况，二星跨越银河相会是永远不会在现实中发生的，故而永远不可能有人目睹鹊桥上佳偶携手的情景，但这恰恰满足了民众的情感需要。正如保尔·汤普逊所说：“不真实的叙述仍然是心理上‘真实的’。”[1] 这又何尝不是普天下所有与心上人不得相聚的痴男怨女的共同心愿呢？下片前三句写牛郎与织女于鹊桥相聚与分离的情形。

1 汤普逊．过去的声音——口述史［M］．覃方明，渠东，张旅平，译．沈阳：辽宁教育出版社，2000：170.

二人情意如水一般缠绵，但相聚的时光总是如梦似幻，倏忽而逝。词人笔锋突转，从重逢的欢娱过渡到别离之际的悲痛。该词结尾“两情若是久长时，又岂在朝朝暮暮”一句点明主旨，不落言筌：若是二人的感情坚贞真挚，身在情长在，又何必日日相对？此语在一定程度上化解了别离之苦，点出爱情的真谛是“此情绵绵无绝期”，而非朝暮相伴永不离。

在我国浩如烟海的民间传说中，鹊桥意象与牛郎织女传说洋溢着超凡的灵性和想象力。一水银河隔两厢，在七夕之夜，在鹊桥桥头，久别的爱人终于得以团圆。织女、牛郎走上鹊桥，就像普天下所有痴情儿女走上人间的桥头一样：这些佳偶相会之桥正是人间的鹊桥，使有情人纵使相隔千山万水，也终会有相见之日。鹊桥已经相伴牛郎织女数千年，也从未离我们远去，就像这世间永远会有真情人一样。鹊桥为我们提供了得以窥探古人心灵中幽微隐秘、难以言说的心绪的窗口，使我们在纵使相隔千年但仍有相似之处的生命情感体验中与古人共情。

第三节　梦也何曾到谢桥

与实体的桥、虚构的桥不一样，谢桥是有姓氏的桥，谢桥姓“谢”，与一位名叫谢娘的美人有关。谢娘，未详何人，一种说法谓谢娘是晋代名人谢安侄女谢道韫，因名句“未若柳絮因风起”而被称为“咏絮才”；一说谢娘是唐时名妓谢秋娘。中唐时期宰相李德裕有一位爱妾名叫谢秋娘，李德裕非常宠爱她，“眷之甚隆，贮以华屋”。后来李德裕镇浙江时，谢秋娘仙逝，李德裕为悼念她，将隋炀帝《望江南》曲改为《谢秋娘》曲。后来“谢娘”便成了侍妾或者歌女的代称。

在诗词中每以“谢娘桥”“谢桥”代指冶游之地，或指与情人欢会之地。“谢桥”成为一种象征，只要桥头站着那位心爱的女子，那座桥便配得上被称为“谢桥”。如北宋词人晏几道梦中的那座“谢桥”：

小令尊前见玉箫。银灯一曲太妖娆。歌中醉倒谁能恨，唱罢归来酒未消。　　春悄悄，夜迢迢。碧云天共楚宫遥。梦魂惯得无拘检，又踏杨花过谢桥。（晏几道《鹧鸪天》）

这里的谢桥是晏几道爱人曾经驻足的地方，更是他安放相思的地方。在这个春天的夜晚，晏几道和一位名叫玉箫的歌女共度了一个浪漫之夜。半醉半醒的晏几道一边回味着玉箫在银灯下的歌声，一边进入梦乡。在梦里，无拘无束的他又踏着杨花走过了“谢桥”。相传与晏几道同时代的道学家程颐也很欣赏“梦魂”两句，还称其为“鬼语也”（邵博《邵氏闻见后录》）。这是赞赏晏几道在写词方面的神来之笔，而其中的谢桥当是晏、程二人情感共鸣的一个触点。毕竟现实中相爱的人要面临无数障碍，而梦魂却可以“无拘检”，自由自在地去到任何迫切想去的地方，一个“又”字既写出了相思的频度，也表达了相思的执着，谢桥就是那个魂牵梦绕的相思之地。

在晏几道词中，谢桥作为一个频繁出现的意象非常惹人注目。后来的词人也纷纷以其真挚的感情和天才的词笔构造了一个个有关谢桥的意象系统：

两袖梅风，谢桥边、岸痕犹带阴雪。过了匆匆灯市，草根青发。燕子春愁未醒，误几处、芳音辽绝。……如今但、柳发晞春，夜来和露梳月。（史达祖《万年欢·春思》）

梦仙到、吹笙路杳，度巘云滑。溪谷冰绡未裂。金铺昼锁乍掣。见竹静、梅深春海阔。有新燕、帘底低说。念汉履无声跨鲸远，年年谢桥月。曲折。……银烛短、漏壶易竭。料池柳、不攀春送别。（吴文英《浪淘沙慢·赋李尚书山园》）

算多少、相思恨，被东风、吹上柳梢。罗窗夜夜梨花瘦，奈月明、香梦易消。便拟倩、题红叶，趁落花、流过谢桥。（陈允平《引令·恋绣衾》）

流水谢桥湾。几行柳色。愁损江南旧相识。乱云向晚。（沈起凤《感皇恩》）

意象的组合，是作者以意象进行布景意识的体现，反映出后代词人对晏几道所创造的“谢桥”意象的集体认同和共同追忆，“谢桥”

终究是爱情的寄托和归宿，是可以安放深情与眷恋的地方。

清代才子纳兰性德在谢桥意象的运用上又推陈出新，他对连惯称“无拘检”的梦境都不能将他带到日思夜想的谢桥表达了无限的伤感与悲叹：这是一种绝望的、永无止境且无法缓解更无从排遣的相思。

谁翻乐府凄凉曲？风也萧萧，雨也萧萧。瘦尽灯花又一宵。

不知何事萦怀抱？醒也无聊，醉也无聊。梦也何曾到谢桥。

（纳兰性德《采桑子》）

在一个凄凉的夜晚，纳兰听着窗外风雨潇潇，独自在灯前又枯坐了一夜。他何曾不想睡去，他何曾不想在梦里与逝去的妻子重逢，他何曾不想借助梦的翅膀飞到那座美丽的谢桥，再与爱人共度美好时光。但他“醒也无聊，醉也无聊”，他的相思之苦已经侵蚀了他的记忆，一夜又一夜，梦与醒的交织折磨，他已经分不清虚幻与现实之间的距离。命运似乎有那么多的不确定，而人对于不确定性往往有一种天然的恐惧，纳兰却把随相思之苦而来的深深恐惧、深深绝望以淡语道出，令人唏嘘感叹。

对于现实中失落的爱情，诗人们总是希冀可以在梦中的谢桥得到补偿。因为，谢桥是通往心爱女子的桥，是通往温馨爱情的桥，是通往美好回忆的桥。或许现实世界中找不到一座名为“谢桥”的实体建筑物，但任何一座心爱女子曾经驻足过、曾经登临过或曾经携手相依过的桥梁，都是爱情字典里不朽的谢桥。

“梦魂惯得无拘检，又踏杨花过谢桥”，呵护现实中难得的宝贵爱情，珍惜梦境里永远美丽的谢桥——如果爱，请深爱！这也许就是古典诗词里有关谢桥的爱情书写留给后人的隽永回味。

第四节　奈何桥上难行走

如果说谢桥蕴含着爱情的浪漫幻想，鹊桥饱含着相思哀愁，蓝桥兼有爱情与隐逸的双重信仰，那么奈何桥则是人们对生与死有着深刻理解的明证。

生与死是两个相互对立的概念。范成大《重九日行营寿藏之地》中的“纵有千年铁门限，终须一个土馒头”两句，道出了一个简单的事实：人生于世间，不管贫富贵贱，无论是以身殉道的英雄豪杰还是一世汲汲营营的市井庸人，都无法回避死亡的结局，最后的归宿都将是一个“土馒头”般的坟丘而已。红尘诸人对世俗功利汲汲以求、患得患失，殊不知生前万般权势富贵都是“彩云易散琉璃脆”。相比不死不灭的神明，凡人只能拥有蟪蛄一般春生夏死或夏生秋死的生命，终有一日会迎来死亡。

早在先秦时期，中国就已经产生了以泰山为中心的冥界观。先民认为泰山主死，是鬼道属地，人死后魂灵归于泰山。[1]唐代小说《冥报记》中写一个僧人行至泰山，夜遇山神，山神对僧人“是否由大山治鬼”的疑问给予了肯定。同为神山的蒿里、梁父也被视为亡魂归宿。

自187年东汉康巨译《问地狱事经》以来，中国本土的“泰山主死”观与来自印度的佛教地狱观念、道教的北阴酆都大帝故事相互融合，产生了与人间官府对应的十殿阎罗以及体现因缘果报观念的地狱刑罚制度，逐渐形成融合了佛道元素的、较为完善成熟的中国冥界观。在佛教传入之前，中国本土对死后地下世界的想象相对而言并不算丰富。佛教的传入为我国的地狱构想提供了大量素材，地狱承载的伦理观念、个体生命延续方式等复杂构想日趋丰富。

具有沟通连接的实用功能的桥梁，经过人们的联想与想象，被赋予了沟通已知世界与未知世界的特殊功能，成为连接现实世界与仙界、阴间等虚拟世界的通道。在中国民间传说中，桥不仅是溺亡者的鬼魂常常徘徊逗留之地，也是灵魂在人间与冥途之间进行交替和转化的媒介。在中国民间冥界传说中，存在着人间与冥途之间以河流相隔、亡魂以桥渡河的传说，奈何桥即在这一背景中产生。

奈河之说起于何时尚不可考，但可以确定的是，奈河至迟在初唐已产生，且诞生时间早于奈河三桥。奈河意象与印度佛教地狱观念的传入有关，“地狱”一词的巴利语为“naraka”，读音开头与“奈”相近。游历冥界主题的佛教变文中也有很多关于奈河及奈河三桥的描写，从

1 俞樾. 茶香室丛钞 [M]. 贞凡，顾馨，徐敏霞，校. 北京：中华书局，2000：132.

中不难推测出奈河与佛教的联系。唐初诗人王梵志有诗云：“荒忙身卒死，即属伺命使。反缚棒驱走，先渡奈河水。”贞观年间寒山诗中亦有“临死度奈河”之句。在《大目乾连冥间救母变文》《太子成道经》中均有对奈河的描写，如“奈河之水西流急”“地狱还交渡奈河”。《宣室志》第四卷中写道：“行十余里，至一水，广不数尺，流而西南。观问习，习曰：‘此俗所谓奈河，其源出地府。’观即视，其水皆血，而腥秽不可近。”由此可见，奈河出自地狱，是死者由生界进入冥界的必经之途。

冥界是人间官府的再现，蕴含着世俗的价值判断。“奈河”意象融合了印度佛教观念并进行了本土化改造，逐渐衍生出奈河三桥。在关于奈何桥的民间传说中，有一种说法是奈河上共有金桥、银桥和奈何桥三座桥梁，过河人有善恶之分和身份之别，因此过河时的待遇亦有所不同。金桥、银桥与奈何桥的情景形成了鲜明对比，行善者可以顺利过桥，作恶者要遭受惩罚，不仅要遭受毒蛇、恶狗的百般折磨，还有可能堕入血河池受罪，忍受诸多痛苦。《西游记》第十回《二将军宫门镇鬼　唐太宗地府还魂》详细描写了唐太宗的魂灵游历阴司地府的经过，并借唐太宗之眼细述地府情状，介绍了地府的十代阎君、十八层地狱，并描绘了鬼门关、阴山、奈何桥等种种惊怖景象。太宗还魂时走的是金桥，在银桥上走的则是“忠孝贤良之辈、公平正义之人”，金银两桥上都有鬼卒执幢幡接引。与之形成鲜明对比的是奈何桥，文中对奈何桥的描写为：“寒风滚滚，血浪滔滔，号泣之声不绝。”“时闻鬼哭与神号，血水浑波万丈高。无数牛头并马面，狰狞把守奈河桥。”

另外，在具有宗教性质和说教意味的说唱文学——宝卷中，常有对奈河及奈河上的三座桥的描写。《三世修行黄氏女宝卷》中写道：“行善人有金桥银桥安排。”黄氏女走银桥时有童子在旁服侍，称其体验为“真乃个快乐景胜似蓬莱”。反观奈何桥：“恶人去奈何桥难把头抬。”《何仙姑宝卷》云：“血湖池中浪滔滔，恶狗地狱奈何桥。”在《三世修行黄氏女宝卷》《何仙姑宝卷》等宝卷中，关于奈何桥的情景描述均十分相近，极力突出其血腥恐怖：奈何桥下血水翻滚，毒蛇密布，桥上狂风阵阵，阴气逼人，行走困难，叫苦呼痛之声令人不寒而栗，一旦跌落桥下，便会被毒蛇撕咬。在这些对奈何桥种种惊怖景象的详细描述中，止恶行善的宗教目的便得以申说。

在冥界传说中，死后亡魂过奈何桥实际正是一个接受宗教审判的过程。作为地狱刑罚制度之一的奈何桥渗透了佛教思想因子，会基于人生前的“业”来对亡魂进行或赏或罚的审判。这种“生前行善，死后享福；生前作恶，死后受苦”的民间信仰在一定程度上能够化解贫苦百姓的心中郁结，是一种自我慰藉。同时，奈何桥还可以对人们起到心理上的威慑作用，使人对鬼神带有畏惧之心，具有感化功能，可以用来规范人世间的行为、语言和思想，引导人们积德行善，多造善业。

之后，在佛教冥界传说中原本是死者由阳间前往冥途的奈河上的桥梁，又成了死者的鬼魂脱离阴间、还魂转世的通道，其地狱审判功能在后世被明显弱化。这在一定程度上反映了人们对死亡和生命的思考：生死相续，死亡是此生的终结，亦是新生的希望。而“奈何桥”就是这种生死观念的一个显著标志：你必须从此岸到达彼岸，才意味着新生。

第九章

独立小桥风满袖
——日常生活中的桥梁

正如留名青史的往往都是在历史转折中起过关键作用的重要人物一样，古典诗词中的桥梁意象亦有像灞桥、二十四桥这样声名显赫的存在，但更多的却是小桥、溪桥、野桥、画桥、板桥等不甚有名却无处不在的意象。历史的巨变固然需要英雄横空出世，但推动历史前行的其实更是不计其数的“无名英雄”的合力。同样，当我们驻足在历史名桥之上感叹世事沧桑、陵谷变迁的时候，也不会忘记我们一生中经过的那些无名小桥：它们曾和我们一起“沉思往事立残阳”，曾陪伴我们静静期待“似曾相识燕归来”，也曾在月明星稀的夜晚，仿佛相识已久的故人，和我们一起“举杯邀明月，对影成三人”。在本章中，就让我们再度走近“小桥流水人家”，在人间烟火中看桥下流水潺潺，桥边柳色依依，桥上衣袂飘飘……

第一节　小桥流水一枝梅

提到小桥，人们首先可能会背诵“枯藤老树昏鸦，小桥流水人家”“独立小桥风满袖，平林新月人归后”“平岸小桥千嶂抱，柔蓝一水萦花草”等经典名句，或许还会不时想起市井巷口抑或是荒郊野外那些静默伫立的历经沧桑的木质或石质小桥，可能还会在记忆里不断重温自己曾走过的那一座座不知名的小桥……古往今来，人们对“小桥”都有着别样的感受和记忆，“小桥”不仅是中国古典诗词中摇曳生姿的存在，而且已经成为我们生命中、生活里最温暖的一部分。

小桥并非某一座具体桥梁的名字，而是泛指那些没有名字的桥。它们或许没有悠久绵长的历史，但自有独特风采。它们在历代诗词中或隐或显，见证了诗人遗世独立的姿态，寄寓着诗人归隐田园的渴望。我们或许已无法考证每一座小桥的具体地理位置，但与小桥一起流传下来的诗词及其背后的文化则是我们珍视的精神财富。

一、不似当时，小桥冲雨，幽恨两人知

谁道闲情抛弃久。每到春来，惆怅还依旧。日日花前常病酒，不辞镜里朱颜瘦。　　河畔青芜堤上柳。为问新愁，何事年年有。独立小桥风满袖，平林新月人归后。（冯延巳《鹊踏枝》）

这是五代十国时期南唐冯延巳笔下的小桥，是他久久驻足、孤单眺望的地方。冯延巳少年时代跟随父亲在南唐先祖（庙号烈祖）李昪的军营里长大，并且成为李昪的儿子、后来的南唐中主李璟府上的掌书记（类似于李璟的高级文秘）。李璟即位之后，冯延巳累官至户部侍郎、翰林学士承旨，保大四年（946），进中书侍郎，拜同平章事，这就是宰相的位置了。虽然后来历经几起几落，几度罢相又再复相，但基本上可以说一直是南唐的重臣。

作为一个国家的宰相，冯延巳工作的繁忙与紧张是不言而喻的，“闲情”对于他而言，显然是一种奢侈的享受。所以，冯延巳在词中一开始就明确亮出了他的主观愿望——尽管内心对“闲情”有强烈的向往，但他还是极其理智地想要摆脱“闲情”的纠缠。他甚至用了“抛弃”这样情感很强烈的词汇，含有那种狠狠地、用力地甩出去，希望能甩得远远的含义。这说明“闲情”在他的内心深处实在是很顽固、很难摆脱的一种情绪：“每到春来，惆怅还依旧。”每年的冬去春来，他还是会感到惆怅，会感到紧张和焦虑，并且，他竟然还被情绪折磨到“日日花前常病酒，不辞镜里朱颜瘦”的地步。上片短短的五句，已经让我们看到了一个极其矛盾、无比纠结的冯延巳。一方面，作为一个日理万机的堂堂宰相，他努力地想要抗拒“闲情”的纠缠；另一方面，他万般努力之后发现“闲情”就像深爱的恋人一样，如影随形，无法摆脱，从来不需要想起，也永远不会忘记。

这种极其矛盾的状态，不单是作为读者的我们发现了，词人自己也发现了。于是他又发出质问：“河畔青芜堤上柳，为问新愁，何事年年有？”杨柳芳草年年都会在春天绽放新绿，就好像词人的愁绪一样，每年都会不请自来。那满眼的新绿就好比词人的愁绪一样，无边无际，旧愁未去，又添新愁，真是愁何以堪啊！

这首词，从一开始的“抛弃”，到“惆怅”，到“日日病酒”，到“敢辞”“瘦”“新愁”等，感情是越来越强烈，用字也是越来越“狠”。词虽然是写“闲情”，可词人的笔调一点都不悠闲。反而直到最后两句，词人好像才真的悠闲了一把：“独立小桥风满袖，平林新月人归后。”

表面上看来，这两句词是纯粹的写景：夜幕降临，月色如水，词人悠闲地站在小桥上，夜风拂来，钻进他宽大的衣袖，让衣袖随风扬起，远远看去，简直有如神仙中人。

新月一般指农历月初的月亮，弯弯的仿佛蛾眉一般的月牙儿，渐渐地升到了树梢上。夜渐渐深了，路上的行人也渐渐看不到了，没有喧嚣了，没有繁忙的工作要处理了，没有复杂的人际关系要面对了，没有“文山会海”需要应付了，万籁俱寂的时刻，只留下词人独自在月色下的小桥上悠闲地享受着夜色。

词中前半部分渲染的强烈情感，到这个时候忽然变得宁静了，悠闲了，也优美了。似乎这种状态，才是我们通常所理解的“闲情逸致”。在词的末尾，我们才真正看到了那位“闲庭信步”、从容欣赏着风花雪月的浪漫词人。

沉静的小桥、和煦的夜风、柔美的新月抚慰了词人焦虑的精神世界，自然的静美抚慰着词人紧张的情绪状态，消解着生命的悲剧情怀，营造着一个远离尘嚣的悠然情境。在词中，抒情是那么沉痛而感性，写景又是如此沉静而理性的，这就是冯延巳词中表现出来的理性而节制的悲情之美。

在古典诗词中，无名小桥是诗人们争相追慕的“名角”。伫立小桥之上，一川平远，杨柳拂水，碧波微澜，小桥不仅是诗人们观赏的风景，亦是诗人们忧伤灵魂的栖息地：

天然不比花含粉。约月眉黄春色嫩。小桥低映欲迷人，闲倚东风无奈困。（梅尧臣《玉楼春》）

昨日小桥相送。芳草恨，落花愁。去年同倚楼。（晏几道《更漏子》）

几时一叶兰舟。画桡鸦轧东流。新市小桥西畔，有人长倚妆楼。（贺铸《清平乐》）

而今丽日明金屋，春色在桃枝。不似当时，小桥冲雨，幽恨两人知。（周邦彦《少年游》）

雪尽小桥梅总放。层楼一任愁人上。万里长安回首望。山四向。澄江日色如春酿。（晁冲之《渔家傲》）

诗人们驻足小桥边，目光流连于眼前画境，心神流转于时空的迢递苍远。桥边风景随四季更迭而变幻，小桥行走在流转轮回的时光里。在那一座座同名的不同“小桥”之上，我们与诗人们一起，在走向远方的路途中彳亍回眸，多少次看到了人生如寄的岁月匆匆，看到了物是人非的凄冷孤独，然后无奈转身，追赶悠悠岁月的脚步，把自己的背影融入历史的苍茫中。

二、曲巷斜街信马，小桥流水谁家

走过一座座小桥，它们常常同淙淙流水、巍巍青山、朗朗明月、徐徐清风相映衬，组成了一幅幅苍茫开阔而又寄意高远的画卷。马致远的散曲《天净沙·秋思》这样写道：

枯藤老树昏鸦，小桥流水人家，古道西风瘦马。夕阳西下，断肠人在天涯。

看似凄冷清寒的诗句中流露出作者对温暖家园的向往，虽然诗歌描绘的是深秋时节的荒凉衰败之景，但“小桥流水人家”一句所流露出的思念家园之情，对家乡、对故园的思念跃然纸上。因为，有水的地方才有“人家”，有“人家”才需要“小桥”的联结，小桥既是日常生活中不可或缺的交通要道，更是象征家园的亲情符号，“小桥流水人家”才会在恬淡自然之中蕴含着融融暖意，温暖了千百年来的读者。白朴的《天净沙·春》也写道：“春山暖日和风，阑杆楼阁帘栊。杨柳秋千院中。啼莺舞燕，小桥流水飞红。”暖日和风，帘栊轻动，莺舞杨柳，小桥则在流水飞红中若隐若现，与眼前诸景融为一体，构成了一幅柔婉明媚的春景图，生机盎然。

除却寄托、排遣诗人们内心复杂惆怅的愁苦孤独之情，小桥因其多坐落于乡野，也常被诗人用来描写自然山水田园，借以表达其内心的闲适淡然之情：

泛水新荷，舞风轻燕，园林夏日初长。庭树阴浓，雏莺学弄新簧。小桥飞入横塘。跨青苹、绿藻幽香。朱阑斜倚，霜纨未摇，衣袂先凉。（刘泾《夏初临》）

霏霏疏影转征鸿。人语暗香中。小桥斜渡，西亭深院，水月朦胧。（宋齐愈《眼儿媚》）

别酒带愁酸，千里失群黄鹄。行到小桥梯下，便飞云南北。（吕渭老《好事近》）

渔翁家住寒潭上。晓霜晚日时相向。三尺白鱼长。一双摇玉光。前朝来献状。果慰携壶望。水月正商量。小桥梅欲香。（汪莘《菩萨蛮》）

曲巷斜街信马，小桥流水谁家。浅衫深袖倚门斜。只缘些子意，消得百般夸。（陈师道《临江仙》）

为向东坡传语。人在玉堂深处。别后有谁来，雪压小桥无路。归去。归去。江上一犁春雨。（苏轼《如梦令》）

小桥流水，微风拂面，自耕自食，投身自然，远离浮世的喧嚣，摆脱虚名的牵累。无论是身居田园，纵享恬淡自然生活的乐趣，还是偶然因桥生愁，胸中泛起浓浓乡愁，诗人笔下的小桥无不饱含深情，充满诗意。

三、小桥流水，门巷愔愔，玉箫声绝

从某种程度上而言，桥其实就是由此及彼的路，而路似乎寓意着未来和希望。因此，诗人们常会在桥边感悟人生与生活，思考世界与未来。桥成为诗人哲思的触媒与载体，而往往这些桥都是一些不知名的小桥。

敧帽垂鞭送客回。小桥流水一枝梅。衰病逢春都不记。谁谓。幽香却解逐人来。　　安得身闲频置酒。携手。与君看到十分开。少壮相从今雪鬓。因甚？流年羁恨两相催。（陆游《定风波》）

陆游送客归来“敧帽垂鞭”，斜戴着帽子，垂着马鞭，一派懒散颓唐、率情恣意的潇洒模样。他途经小桥，看到流水边只有一枝梅花绽放。这枝梅花，就好像当时的陆游一样，身边空无一人，却并不感到孤单，似乎在向我们透露一个讯息——陆游精神世界的丰满与充实。陆游不由地感叹道：“衰病逢春都不记。谁谓。幽香却解逐人来”，虽然他因久病未能及时感知春天的到来，但幸好有梅花的幽香提醒，才没有错过这宝贵的春光。下片开头书写友谊之深厚，“安得身闲频置酒。携手。与君看到十分开”，写与好友把酒赏花，似乎为悠闲的生活平添了几分乐趣，但细玩词意，还是能够透过看似洒脱的字面，触碰到陆游深藏的无奈与痛苦：报国的理想根本无从实现，满腔的抗金热情只能深埋心底，每天烦琐且复杂的地方事务已经耗尽了他的全部心力，他只能借酒消愁，排遣内心的苦闷。然而举杯消愁愁更愁，酒醒之后，他看到的是“少壮相从今雪鬓。因甚？流年羁恨两相催”，流年羁恨，时光飞逝，曾经意气风发的少年，如今已经变成了白发苍苍的老翁了，而理想已经变得如此遥不可及。

陆游一生志在报国，忧国忧民，一心光复中原，他曾写下“当年万里觅封侯，匹马戍梁州。关河梦断何处？尘暗旧貂裘。胡未灭，鬓先秋。泪空流，此生谁料，心在天山，身老沧州”这样慷慨激昂的词句，但在这首《定风波》中，隐藏在报国志向之下的是陆游对人生理想的执着，对真挚友情的珍视，对坚贞内心的自守，更有对年华已逝的感叹与无奈。“芳林新叶催陈叶，流水前波让后波”，叶子新生，陈叶凋零，而成芳林之深秀；历史长河，波涛奔涌，而人如浪花，朵朵竞流，毕竟后来居上。陆游终究无法与时间对抗，唯有把思绪、思念与思索赋予那广渺无垠的时空。

放翁在前，追随者众。后来的文人墨客对于小桥意象寄托的家国之志、时光流逝之叹念念不忘。

城上春旗催日暮。柳絮沾泥，花蕊随流去。记得前时行乐处。小桥水渌初渚。　　玉子纹楸谁胜负。不道光阴，暗向闲中度。天若有情容我诉。春来底事多阴雨。（王之道《蝶恋花》）

试六花院落。正柳绵飘坠，因风无著。吴王旧城郭。记乌衣门巷，小桥帘幕。他州寥索。漫等闲、桃英杏萼。认幽香来处，群芳尽掩，蕙心先觉。（仲并《瑞鹤仙》）

朱颜二十有四，正锦帏秋梦，玉帐春声。望吴江楚汉，明月伴英魂。浥浥小桥红浪湿，抚虚弦、何处得郎闻。雪堂老，千年一瞬，再击空明。（王质《八声甘州》）

伫立小桥，还可以欣赏风景之秀丽：“晓来一树如繁杏，开向孤村隔小桥。”（元淮《立春赏红梅之作》）可以忘记尘世之喧嚣：“小桥流水人来去，沙岸浴鸥飞鹭。谁画江南好处。”（刘学箕《桃源忆故人》）可以品味离人之忧思：“细水涓涓似泪流，日西惆怅小桥头。”（白居易《小桥柳》）可以享受乡野之闲适：“一径入寒竹，小桥穿野花。碓喧春涧满，梯倚绿桑斜。”（郑谷《张谷田舍》）可以抒发时光命运之感悟：“小桥风月年年事，争奈潘安老去何。”

（陈峤《句·其二》）……

小桥边风景依旧，往日声势浩荡的人事变幻却已漫随流水湮灭在时光深处。迁客骚人多会于此桥，凭桥怅望，回想起历史兴亡，感叹着繁华竞逐，忧伤于仕途偃蹇，不禁觉得那些千秋往事、豆蔻年华与点滴光景都恍如大梦一场。因为小桥，因为诗词中的小桥，我们安然入梦，且一梦千年。

第二节　人迹板桥霜

板桥，通常指的是以板作为上部结构主要承重构件的桥梁，其主要特点是构造简单、施工方便，而且建筑高度较低。在古代，由于建筑水平、科学技术不够发达，而材料的获取与改造相对容易，故而板桥相对较为常见。

值得一提的是，中国有一个以“板桥”命名的小镇——板桥镇。该镇位于江苏省南京市，为历史最悠久的重镇之一。板桥镇位于雨花台区西南部，东南方向紧靠江宁区，北部与雨花经济开发区相邻，同时连接西善桥街道。板桥向来以地形条件多样著称，其自然风光类型繁多，不仅西部濒江，而且南部永安村地形起伏，丘陵显露。山水兼备的自然风貌与城市景观相互映照，在对比中显现了板桥镇的多样化魅力。

早在南朝至唐代，板桥地区便作为繁华秀丽的游览胜地，吸引了不少文人墨客，鲍照、谢朓、李白、杨万里等诗人写板桥镇的诗篇流传千古、脍炙人口。南朝《三洲歌》：“送歌板桥湾，相待三山头，遥见千幅帆，知是逐风流。”诗中的“三山”便是“三山矶”——隶属板桥镇的风景名胜。

板桥镇有一条板桥河，其上有一座青石板桥，石板桥连接了小镇的南北两端，它的历史可以追溯到大约1500年前。当时小河上的桥，还只是一个将木板铺在木船或者竹筏上的简易浮桥，后来随着科技的发展与交通的需要，浮桥变成了拥有固定桥桩、桥板的木板桥，板桥镇便因此桥而得名。板桥下水流湍急，“阔三丈、深一丈，下入大江”。郦道元《水经注》载：“江水经三山，又湘浦出焉，水上南北结浮桥渡水，故曰板桥浦。俗称人字河。”这里说的“浮桥”便是这座最早的板桥。《太平寰宇记》载：“板桥浦，在升州江宁县南四十里，五尺源出观山三十六里，注大江”，说明了板桥的历史悠久以及地理位置的重要性。

康熙二十七年（1688），由专人组织进行了一场大规模的募捐，用以将板桥由最初的木质桥改造成青石板桥。改造后，板桥的栏杆采用砖头修建而成，外侧雕刻出龙头的花纹，并且镶嵌了石刻，桥的内侧则嵌入花纹石雕以及记事碑。东侧的记事碑上字迹清晰、记事完整，上载：“大清康熙二十七年岁次戊辰十一月初二重造，郭贤吾与祠山庙羽士（道士）赵嵩如共同募款重修。”最初，板桥的形态为单曲拱桥，后来改为三曲拱桥，其三曲拱桥的形态一直保留至今。根据测量，板桥长 23 米，宽 12 米，高 4 米，可以承担 10 吨的重量。

其实这座青石板桥，在当地并不被称为板桥，居民们习惯叫它为“花篮桥”。根据《南京市雨花台区地名志》，这个名称的由来是“桥形如花篮，俗称‘花篮桥’”。还有一种说法：当年柏家村慈堂庵的蒋道士到许多地方募施，借此修建了一座木板桥，不料这座桥在一次洪水中被冲垮了。河道附近有一个姓陈的富翁，他本来希望儿子可以继承自己的家业，但是由于儿子已经成年却不务正业，整天在外面游乐赌博，富豪的希望落空了，他便将钱款捐献出来，把冲垮的木板桥重新修建为石板桥。于是人们感慨，这位陈姓的富豪辛苦一生，原本希望能将财产留给自己的孩子，最后却“花篮子打水一场空”，人们为了纪念他的善举并吸取其中的经验教训，将这座桥称为“花篮桥”。

板桥镇的历史非常悠久，唐代著名诗人李白也和板桥颇有渊源。李白曾经在板桥上徘徊思索，在板桥河中泛舟游览，在板桥街上畅饮美酒、享受美食，并且留下了不朽作品，《秋夜板桥浦泛月独酌怀谢朓》就是写他板桥秋夜独酌望月怀远的诗篇：

天上何所有，迢迢白玉绳。斜低建章阙，耿耿对金陵。汉水旧如练，霜江夜清澄。长川泻落月，洲渚晓寒凝。独酌板桥浦，古人谁可征。玄晖难再得，洒酒气填膺。

李白在板桥河中泛舟饮酒，在清寒恻恻的秋夜想起了南朝诗人谢朓。李白仰望苍茫辽阔的夜空时发现了明亮的玉绳星，放眼远眺所见的是玉绳星光辉下的金陵。他远离了人群与纷繁嘈杂，周围是寂静空灵，皎洁清幽。此时的李白渴望与志同道合之人一起畅览美景。他在板桥中寻找前人的痕迹，可是时空相隔，再难找到像自己的偶像谢朓那样才华横溢的诗人了，因此发出了“古人谁可征”的感叹，胸中意难平，唯有以酒浇块垒。

清代著名诗人王士禛曾写过这样一首诗：“青莲才笔九州横，六代淫哇总废声。白纻青山魂魄在，一生低首谢宣城。”（《戏效元遗山论诗绝句三十六首》之三）让李白“一生低首”的那位偶像派诗人，正是“谢宣城”，也就是南朝齐的谢朓，因为谢朓曾经当过宣城太守，又被称为“谢宣城”。在板桥幽静的夜晚，李白寄托了自己的哀思和怅惘，而被李白仰慕的谢朓，也为板桥留下了属于他的诗篇。

齐明帝建武二年（495），32 岁的谢朓，以中书郎出为宣城（今安徽宣城）太守。上任途中，谢朓写下了《之宣城郡出新林浦向板桥》诗：

江路西南永，归流东北骛。天际识归舟，云中辨江树。旅思倦摇摇，孤游昔已屡。既欢怀禄情，复协沧州趣。嚣尘自兹隔，赏心于此遇。虽无玄豹姿，终隐南山雾。

诗人还未到达板桥，就已经开始在诗中宣泄浓烈的乡愁——“旅思倦摇摇”，他一方面怀揣着出仕建功的梦想，另一方面又难舍对故乡的眷恋。也难怪，他的家乡不是别的地方，而是建康。在那个时代，建康就是最精彩的地方，是所有人梦想中的诗和远方。建康，是最繁华的京城，是最壮丽的帝都，是谢宣城亲情、友情、乡情等所有感情牵系的地方！谢朓曾经在《晚登三山还望京邑》一诗中将建康比作曾经的都城长安和洛阳。而到谢朓写这首诗的时候，建康不仅曾经是三国时候的东吴、东晋、南朝宋的都城，还是南朝齐的都城。这里不仅有壮美的自然山川，而四朝古都的地位，又让这里的建筑气势非凡。

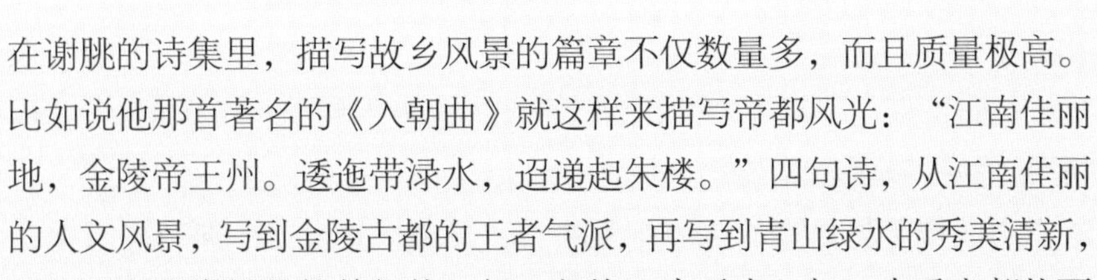

在谢朓的诗集里，描写故乡风景的篇章不仅数量多，而且质量极高。比如说他那首著名的《入朝曲》就这样来描写帝都风光："江南佳丽地，金陵帝王州。逶迤带渌水，迢递起朱楼。"四句诗，从江南佳丽的人文风景，写到金陵古都的王者气派，再写到青山绿水的秀美清新，再写到宫殿巍峨的壮美气势。每一句换一个重点，每一个重点都从不同侧面勾勒出建康与众不同的帝都气象。

作为一名建康人，谢朓对自己的故乡当然充满了自豪，也充满了热爱。就在他即将离开故乡前往宣城赴任的时候，他回望建康，对故乡的依依不舍甚至远远超过了他对锦绣前程的向往——他还没有离开故乡，就已经开始深深思念。

谢朓的"天际识归舟，云中辨江树"两句还成了脍炙人口的千古名句，历朝历代被这两句诗倾倒的诗人不计其数。例如王船山就评价说，这两句诗"隐然一含情凝眺之人，呼之欲出"。这样写自然风景的人，才真正是把风景给写活了。天际归舟、云中江树，这本是客观存在的风景，可加一个"识"、一个"辨"字，看风景的人就完全将自己融入风景之中了，主观情意和客观风景无缝对接，这才真的是情景交融，而且完全没有雕琢的痕迹。

除了特指南京的板桥成了永恒流传下来的诗意文字，在诗歌史上，还出现过不少带有"板桥"意象的诗歌，《全唐诗》中有22首诗提及"板桥"，《全宋词》中有5首词提及"板桥"，而《全宋诗》中共有46首涉及"板桥"或"板桥"意象。

有一小部分的"板桥"是有具体地址的，例如上文中谈到的南京市板桥镇的板桥，可是更多的板桥已然难以确指其具体地理位置。有些板桥只是一座被诗人记载下的默默无闻的桥梁，有些板桥由于文献的缺失难以被明确定位，而有些板桥已经消失在战火中。现实中的板桥充满了不确定性，而诗词中的"板桥"却相对稳定，它作为羁旅乡愁的意象活跃在历代诗人的笔底。

温庭筠最早让"板桥"的意象刻在了我们的乡愁里。"晨起动征铎，客行悲故乡"，温庭筠的这首《商山早行》首联就写出了游子晨起赶路的艰辛与无奈，颔联"鸡声茅店月，人迹板桥霜"，惨淡的月亮挂在天空中，路边茅草屋中传来三两声鸡鸣，夜色还未散尽，黎明尚未降临，而诗人已不得不出发，向着未知的远方继续前行。“人迹”“板桥”“霜”三个意象连用，烘托出一派凄清、孤寂、寒冷的景致，游子内心的凄苦与风景的凄凉相互映衬，可谓情景交融的典范。宋梅尧臣和欧阳修曾有一次聊到“最好的诗”，梅尧臣讲到最好的诗便是“状难写之景如在目前，含不尽之意见于言外”，用“鸡声茅店月，人迹板桥霜”这句作为例证，可见此诗于细节中含无限情、无限意的高妙。在后来的诗词世界中，这句“人迹板桥霜”被反复化用，例如杨万里《德远叔坐上赋肴核八首》中的“嚼成人迹板桥声”，李纲《望江南》中的“茅店鸡声寒逗月，板桥人迹晓凝霜”，赵藩《菩萨蛮》里的“鸡声茅店炊残月，板桥人迹霜如雪”等，都有非常明显取法温庭筠的痕迹。

第三节　画桥南北翠烟中

有人说，北宋有两大著名城市——开封和杭州。如果想知道北方的京城开封有多繁华富庶，那最好去欣赏张择端的名画《清明上河图》；如果想知道江南的杭州有多繁华富庶，那最好去欣赏柳永的著名词作《望海潮》：

东南形胜，三吴都会，钱塘自古繁华。烟柳画桥，风帘翠幕，参差十万人家。云树绕堤沙，怒涛卷霜雪，天堑无涯。市列珠玑，户盈罗绮，竞豪奢。　　重湖叠巘清嘉。有三秋桂子，十里荷花。羌管弄晴，菱歌泛夜，嬉嬉钓叟莲娃。千骑拥高牙。乘醉听箫鼓，吟赏烟霞。异日图将好景，归去凤池夸。

柳永用铺叙的手法在词中描写了杭州声色之盛，用“烟柳”“画桥”“风帘”“翠幕”等意象的连缀来突出杭州之繁华。这里的“画桥”指雕饰华丽之桥，美轮美奂，是构筑杭州城市之美不可或缺的建筑元素。杭州的桥不仅美而且多。宋人周密《武林旧事》记载，苏轼在元祐年间担任杭州知州的时候筑了苏公堤，该堤从南到北，横截湖面，夹道遍种花柳，其中间有六桥九亭，苏轼还记下了六桥的名称，例如第一桥名映波，第二桥名锁澜，第五桥名东浦，第六桥名跨虹。六桥之外，还有数不清的小桥，例如西泠桥、涵碧桥、黄山桥、石函桥、行春桥等，当然也包括了最为人所熟知的断桥。

其实《望海潮》不仅仅是柳永单纯赞美杭州的词作，更是一首投赠词，投赠的对象就是杭州知州孙沔。

北宋皇祐五年（1053）四月，孙沔来到了杭州。孙沔是一个文武双全的能臣，不但军功累累，且在文学、音乐方面都颇有造诣，尤其欣赏宋朝的"流行歌曲"——宋词。因此孙沔一到杭州，就有人投其所好，将西湖边一位歌唱技艺绝佳的名叫楚楚的女歌伎引荐给孙沔，从此，楚楚就成了孙沔府上的座上宾。

一年中秋佳节，清风朗月，丹桂飘香，孙沔府上夜宴正酣。这一天的中秋佳宴，孙沔照例邀请楚楚清歌一曲以飨嘉宾。楚楚献唱的便是新曲《望海潮》，楚楚的歌声一如既往的美妙动听，可今天孙沔却更被歌词的内容所吸引。他细细揣摩，歌词看似是在赞美杭州的繁盛，但实则句句歌颂他这位父母官的政绩，而且还含蓄地祝愿他不久就要高升回朝。下阕中的"异日图将好景，归去凤池夸"即是说等有朝一日，孙沔高升再回京城朝廷的时候，就可以向皇帝和满朝文武大臣好好夸耀一番他治理杭州的可喜面貌了。凤池即凤凰池，晋代之后往往以凤池代指宰相。如此赞美，孙沔自然是心花怒放，他急忙询问楚楚歌词的作者是何人。

原来歌词作者就是三十年前孙沔还未曾发达之时，与他有过布衣之交的柳永。如今一别三十年，孙沔年近花甲，柳永也已是六十八岁的老人，年轻时代的好友到暮年再聚，自然是感慨至深。只是当初分别时两人身份相差无几，如今却一位是地方长官，政绩卓著，富贵风流，另一位几十年来沉沦下僚，为生计而到处奔波，只能担任一些无足轻重的低微官职。

一首《望海潮》不仅让两位失联多年的老友暮年重聚，再续友情，而且词作本身亦词名远播，据说这首词还传到了"国外"，连当时金国皇帝完颜亮听到之后，都情不自禁地感叹道："有三秋桂子，十里荷花。”如此美丽富饶的江南让完颜亮内心直痒痒，恨不得早日将其据为己有，“遂起投鞭渡江之志”，大举挥师南下，企图占领江南的秀美河山。这个传说虽然有些离奇，倒也从另外一个角度说明了《望海潮》描写城市风光的动人魅力。

无独有偶，作为柳永后辈的著名词人秦观也有一首《望海潮》极写扬州之繁华，并且也提到了扬州的画桥：

星分牛斗，疆连淮海，扬州万井提封。花发路香，莺啼人起，珠帘十里东风。豪俊气如虹。曳照春金紫，飞盖相从。巷入垂杨，画桥南北翠烟中。

宋初贾昌朝的《木兰花令》中同样出现了画桥，在他的词中，画桥也属于展现城市风韵之桥。

都城水绿嬉游处。仙棹往来人笑语。红随远浪泛桃花，雪散平堤飞柳絮。　　东君欲共春归去。一阵狂风和骤雨。碧油红旆锦障泥，斜日画桥芳草路。

词作描写的是汴京士女泛舟游园的情景，语调轻松，风物柔和，“画桥”与末句的“斜日”“芳草路”共同构成了一幅夕阳下众人游玩尽兴归家的图景。《木兰花令》和上述两篇《望海潮》都在作品中展现了一幅承平岁月的行乐图，其中雕饰精美的“画桥”均是作为具体实指的桥来烘托整体氛围的。

除了作为繁华市景中的装饰之桥，“画桥”还在春景中扮演了重要角色。

弄晴数点梨梢雨。门外画桥寒食路。杜鹃飞破草间烟，蛱蝶惹残花底露。（谢逸《玉楼春》）

前日春归。画桥杨柳弄烟霏。池面东风先解冻，龟上涟漪。（毛滂《浪淘沙·生日》）

御水縠纹风皱，画桥横处，沙路晴时。曲坞藏春，朱户翠竹参差。（王安中《玉蝴蝶·和梁才甫游园作》）

和风细雨、依依垂柳掩映下的画桥，仿佛报春的仙女，风情万种而又不失娇羞之态。

画桥在宋代开始普遍出现于市井中，这与宋代城市经济的发展，特别是江南城市的繁华分不开。而宋代园林的发展，亦为画桥之美的呈现提供了更多的契机：

镂牙歌板齿如犀。串珠齐。画桥西。杂花池院，风幕卷金泥。（张先《江城子》）

过雨小桃红未透，舞烟新柳青犹弱。记画桥深处水边亭，曾偷约。（张先《满江红·初春》）

燕外青楼已禁烟。小寒犹自薄胜绵。画桥红日下秋千。惟有樽前芳意在，应须沉醉倒花前。绿窗还是五更天。（舒亶《浣溪沙·次权中韵》）

桥不仅是连接两地的媒介，更是男女双方心灵的会合之地。画桥意象在宋词中也常常承载着词人的热恋之甜、相思之苦。张先偏爱将画桥意象与爱情联系：在画桥西畔，院子里的花也与女子争相斗艳，酒后女子的体态变得更加婀娜，她的娇美从蛾眉中传递出来。词人的笔触未涉及情感，字里行间却充满了对女子的欣赏与珍惜。作为他们小酌之地的画桥池院，是他们爱情的见证。

从宋词中画桥的数量之多、造型装饰之精美可以窥见宋代园林发展之盛况，同时园林的兴盛也是画桥意象频频出现在文人作品中的原因。“两宋时期，文人主题园大量出现能注意与自然环境有机结合。园林规模愈来愈小，空间变化愈见丰富，景物愈趋精致，园林成了‘立体的画，凝固的诗’。”在宋代，园林之景入画、入诗词已经十分常见，作为园林重要因素之一的园桥也日趋精美，于是文人们习惯于用画桥来描述这些样式多变、优美浪漫的园桥，这些园桥见证过的爱恨情仇也被写入词中而流传后世。

画桥早在南北朝时就被文人写入诗歌，阴铿有《渡岸桥诗》：“画桥长且曲，傍险复凭流。写虹晴尚饮，图星昼不收。”至唐代，画桥意象的使用频率日渐提高。初唐时，画桥意象的使用多在应制诗中。画桥入词则在南唐宰相冯延巳之时，其《点绛唇》中有“荫绿围红，梦琼家在桃源住。画桥当路，临水双朱户”。这里的画桥是指居所旁边的景象，刻画的依然是一种富贵景象。总体而言，宋代以前画桥的出现频率并不高。

魏晋以来，随着人性的觉醒与文学的自觉，许多司空见惯的日用品、工艺品都已不止于实用功能，而是开始被赋予审美的意义。桥梁由实用的交通建筑发展成为城市的点缀、园林中的景致，这是桥梁审美功能的强化，是从实用到审美的一次跨越。不论是文人倚于桥头赏景，还是在远处观看桥之风景，都反映了人们对生活的细心体察、对美好事物的热爱、对美的细腻表达。至宋代，娱乐与审美相向而行，共同成就了宋词。天水一朝文人士大夫的心态与社会的变异相适应。“经过中晚唐的沉溺声色繁华之后，士大夫们一方面仍然延续着这种沉溺（如花间、北宋词所反映），同时又日益陶醉在另一个美的世界中，这就是自然风景山水花鸟的世界……他们的现实生活既不再是在门阀士族压迫下要求奋发进取的初盛唐时代，也不同于谢灵运伐山开路式的六朝贵族的掠夺开发，基本是一种满足于既得利益，希望长久保持和固定，从而将整个封建农村理想化、牧歌化的生活、心情、思绪和观念。”[1] 可以说，宋词中的画桥承载着数代人的悲欢离合，而装饰画桥的不仅有那些雕刻与那些色彩，还有多情的词人与不朽的文字。

1 李泽厚．美的历程[M]．北京：三联书店，2009：171.

第四节　载酒携琴过野桥

说起野桥，人们的脑海中可能会出现各种各样的图画：也许是乡野之中的一段小木板，踩上去“嘎吱”作响。也许是几条绳子或铁索，摇摇晃晃地连接着两岸。有时在一些小溪或者河沟里，几块并不平整方正的石头，按照二尺左右的距离歪歪斜斜摆放成一列。稍微讲究一点儿的地方，人们或许会花一些功夫，用石块细心砌起一座石拱桥。石拱桥不高，却能使用很长一段时间。荒郊野外这些孤独的小桥，大多数都没有一个正式的名字，却也在古典诗词的长河中烙下了诗情与诗心的痕迹。或许，我们也可以通过仰观俯察、游目骋怀，来探寻野桥背后的故事，感受野桥中的美。

初唐诗人沈佺期的《咸阳览古》较早地使用了“野桥”这个意象：

咸阳秦帝居，千载坐盈虚。版筑林光尽，坛场雷听疏。野桥疑望日，山火类焚书。唯有骊峰在，空闻厚葬余。

此诗主旨为登临怀古。首句即点明题意，说明所怀古迹的具体内容。秦王扫六合虎视群雄，其都城咸阳也因此成了一代“王气”聚集之地。但诗人却没有把过多的笔墨放在追忆秦国过去的繁荣上，而是严肃地以“野桥”意象引出了颈联，带领读者走进了不一样的情境。诗人特意在秦国历史画卷中攫取了一个镜头——“焚书”。林木的作用不是使得山清水秀，而是用来作为焚烧书籍的燃料！至于后来秦国的命运怎么样，诗人已经无须赘述，一切道理已尽在不言之中。尾联急转一笔，点到了而今能看见的景象——骊山。故山仍在，旧事却再也无法寻回。“空闻厚葬余”，盛衰的无常，王朝的兴废，只能以慨叹而言之。

《太平御览》卷七三引《齐地记》：“秦始皇作石桥，欲渡海观日出处。旧说始皇以术召石，石自行至，今皆东首隐轸似鞭挞瘢，势似驰逐。”这里便引申出了一个典故——“始皇鞭石”。传说秦始皇建造石桥，想东渡过海观日出之处。当时有神人，能驱赶石头下海自动成桥，因嫌石头行得慢，神人就用鞭子抽打，石头都被鞭得流血。至今石头还向东倾斜，颜色还是红的。始皇帝用石头筑成的野桥仍在，却成了焚书坑儒的见证者。秦国的崛起与衰亡尽入它的眼中。它不言不语地站在那里，一望就是上千年。

“野桥”从此成为诗词中频现的一个意象，再如杜甫的《野望因过常少仙》：

野桥齐度马，秋望转悠哉。竹覆青城合，江从灌口来。入村樵径引，尝果栗皱开。落尽高天日，幽人未遣回。

仇兆鳌在《杜诗详注》中为这里的“野桥”注释为“沈佺期诗：野桥疑望日。”这提示了从沈到杜的一脉相承的意象沿袭。

或许因为“野桥”总是寂寞地立于荒野，遗世独立的形态更易于被赋予仙怪的色彩。其不单单在“始皇鞭石”的典故中如是，在宋代的笔记大家洪迈的《夷坚志》中也出现了它的身影。作为志怪集的《夷坚志》，其叙事虽有不经之处，但从总体而言，“英州野桥”的事件看起来是有一定现实基础的。

洪迈的父亲洪皓遭受奸臣秦桧的排挤，被贬到英州。在钱粮禄米匮乏的情况下，洪皓让小儿子景徐（洪迈的弟弟）去距离英州城七十里的东乡买价廉的好田地，以解决吃饭问题。然而天有不测风云，正值稻谷收获的时候，洪皓却突发疾病，便只得让景徐先回来。回家的路途之中，景徐遇到了一座“桥”。当时已经是黄昏，月色也有些朦胧。心急如焚的景徐此刻离英州城不远了，但一个大水塘挡住了他的去路。无船可渡，无桥可过，正焦急中，忽然，他瞥见一段木头横在水塘中。“也许这是一段方便人通行的临时野桥？”景徐心下高兴了起来，便决定从“桥”上通过。

让他甚为意外的是，野桥的手感是“黏黏的”，如同糖稀一般，还带着腥臭味，踩上去滑得几乎立不住人，只得骑在上面慢慢地向前挪动。等他好不容易赶回家的时候，天已经亮了。更令人惊讶的是，在此后的一天，景徐再回到原地，发现这里根本就没有什么供人通行的野桥。于是有人推测：此“野桥”不是自然界中常常能看到的野外随处可见的横木或者石头之类的真实可触的桥，而是一种如蛟螭等动物的脊背。当日景徐踩上它时，它正在熟睡而未察觉，背上的人因此逃过一劫。当然了，记录这段“野桥”的洪迈还赋予了其一定的道德含义，认为其弟的孝心感动上苍，凶猛的野兽也能成为辅助回家的“野桥”。这实际上是对善人善举的推崇，具有很强的儒学色彩。

在诗人们的笔下，“野桥”更经常作为一种幽僻的意象来营造一种僻静幽深的氛围，以表达一种出世和隐逸的高洁情志，亦传递出友朋之间志同道合的情趣与深厚友谊。如唐刘长卿的《碧涧别墅喜皇甫侍御相互访》：

荒村带返照，落叶乱纷纷。古路无行客，寒山独见君。野桥经雨断，涧水向田分。不为怜同病，何人到白云。

唐汝询《唐诗解》解读此诗云：“暮景凄其，路无行客，所见独侍御耳。试观桥之断，水之分，地之幽僻可想。苟非同病相怜，畴能至此耶？深见侍御之知心也。雨水浮桥，故断。”傍晚时分的景色凄凉无比，路途之中鲜有人行，这里的“野桥”则是幽僻的代名词。桥经年失修，一遇雨水便断了。如果不是和朋友之间友情深厚且同病相怜，为什么要涉足这么荒凉的地方呢？由此可见皇甫侍御和诗人之互为知心也。诗歌中采取野桥的意象主要是为了通过环境的艰苦来进一步烘托二人友情的深厚，而易断的野桥则成了幽静僻远的象征，暗示朋友居处远离尘俗的清绝高雅。

尘世的喧嚣与野桥往往是格格不入的，所以诗人常常用“古寺”“山寺”等同样远离尘嚣的意象进行搭配组合。如赵嘏在《越中寺居》中写道：

迟客疏林下，斜溪小艇通。野桥连寺月，高竹半楼风。水静鱼吹浪，枝闲鸟下空。数峰相向绿，日夕郡城东。

一轮孤月悬在古寺上空，一座野桥仿佛连接起了荒郊古寺与朦胧月色。野桥的幽僻与古寺的清静圆融地结合在一起，共同营造出一种悠远宁静闲雅的氛围。又如苏轼在其《江月五首·其四》中也提到了“野桥多断板，山寺有微行”。明代诗人李东阳亦有这样的句子：“欲问郊园幽寂地，野桥山寺不知名。”

除此之外，野桥作为诗歌中重要的意象，还可代指送别友人之所。“悲莫悲兮生别离”“多情自古伤离别”，古代交通不便，离别往往是最令人肝肠寸断的一件事情。昔日的好友一旦分别也许此生再不能相见。诗人们也常常将自己的感情寄托在一些具体的意象之中，而“野桥”等不知名的小桥，则逐渐成为与长亭、古道、灞桥、阳关等一样具有别离象征意味的、能够承载诗人忧思与情愫的典型意象。如唐代诗人张籍在他的《思远人》中写道：

野桥春水清，桥上送君行。去去人应老，年年草自生。出门看远道，无信向边城。杨柳别离处，秋蝉今复鸣。

这座野桥虽然没有名字，但在诗人的记忆中却是与远人离别的象征。在岁月的流转中，韶华易逝，青春渐老，而芳草萋萋，岁岁年年，思君却不见君，唯有相思成灾。这野桥也就成了忧伤之地了，它与送别的热门地点“灞桥”甚为类似，横亘于清澈的春水之上，映照旁边柔顺而茂密的柳条以供人攀折相赠。恍惚之间，杨柳间秋蝉复鸣，而别离的人已然湮没于渺渺远方。

又如赵嘏的《宣州送判官》：

来时健笔佐嫖姚，去折槐花度野桥。谁见尊前此惆怅，一声歌尽路迢迢。

或许，野桥没有灞桥那么厚重，没有断桥那么凄美，没有二十四桥那么浪漫，没有洛桥那么繁华，但它自有一种孤傲遗世的美丽。这是从城市走向荒野的必经之途，是荒野中聊以慰藉孤独和回望来路的必然之地。

当远行的游子他乡漂泊，羁旅不定，看到野桥下那潺潺的流水，会不会心生思乡的长叹？我们仿佛听见了晚唐李商隐苦涩的独白："江南江北雪初消，漠漠轻黄惹嫩条。灞岸已攀行客手，楚宫先骋舞姬腰。清明带雨临官道，晚日含风拂野桥。如线如丝正牵恨，王孙归路一何遥。"（李商隐《柳》）

这里的"野桥"被柔美多情的柳条拂面，并带出了下联"如线如丝"（谐音为"思"）的幽情，而这正是归愁与羁恨的根源。"王孙游兮不归，春草生兮萋萋"，野桥与春草竟都让归途变得遥远。

除了送别与羁旅，野桥还是闲居隐逸的象征。如许浑的《春日郊园戏赠杨嘏评事》：

十里蒹葭入薜萝，春风谁许暂鸣珂。相如渴后狂还减，曼倩归来语更多。门枕碧溪冰皓耀，槛齐青嶂雪嵯峨。野桥沽酒茅檐醉，谁羡红楼一曲歌。

又如万俟绍之的《元夕》：

小小茅居傍野桥，青灯一点度元宵。新诗多在景中得，宿酒都从睡里消。绕舍菜滋春后雨，过门船趁晚来潮。休嫌不住繁华境，最喜亲朋近可邀。

很多时候，我们渴望的也许只是平静又恬淡的幸福。亲朋之间比邻而居，一声吆喝便很快能见着面。温一壶热酒，炒一两个小菜，从巷口拎回一只冒着热气的黄澄澄的烤鸭。没有尘世的喧嚣与嘈杂，没有案牍的劳累与忧愁。大家尽情享用美食，分享乐事，纵酒放歌，相与枕藉。即使是一个人的时候，也可以回归本心，享受独处之妙。在中国古典诗词中，"野桥"正是能带来这种感受的意象。

“野桥”往往毗邻着那些令人神往的去处——或许是乡间的酒肆，或许是隐者的茅屋。诗人们不再为世俗外界的荣辱和个人的得失而悲喜，可以洒脱疏狂，在简陋的酒肆中图得一醉，从不向热闹的高楼酒肆投以欣羡之目光。繁华是身外之境，只有个人的自在欢喜才最为重要。明代诗人高启对这样的想法就有一定的共鸣：

何处溪山隐，衡门对野桥。晚风携鹤子，春雨种鱼苗。小径斜通竹，疏篱曲护蕉。人生闲自足，不问楚辞招。(《题溪山小隐》)

“衡门”常常被用于比喻隐者栖身之处，所以这里的“野桥”便很自然地被赋予了隐居的气息。人生在世，与其登堂入阁，不如清闲自在，曳尾涂中。

“野桥”是尘世间不朽的见证者，而“野桥”意象也是夕阳晚照之美不可或缺的元素。

这些不知名的桥，超越了时间，超越了历史。它们在人事的变化与兴废的无常之中，成了“不朽”的代言人。不管之前的场景多么繁盛热闹，到了现在还剩下些什么呢？桥面上可能会长出几株衰草，桥头处可能歇着几只鹧鸪。旧时的繁盛和今日的凄清比照鲜明，读者便感同身受，形成共鸣。这样的“野桥”意象多出现在怀古咏史诗或者赠答诗之中，如前面提到的沈佺期的《咸阳览古》。晚唐诗人齐已也在《寄吴拾遗》中对此意象进行了妙用：

新竹将谁推重轻，皎然评里见权衡。非无苦到难搜处，合有清垂不朽名。疏雨晚冲莲叶响，乱蝉凉抱桧梢鸣。野桥闲背残阳立，翻忆苏卿送子卿。

诗人通过这首赠别诗，对朋友的未来进行了展望。齐已希望吴拾遗能够在历史上留下自己的不朽清名，如同出淤泥而不染的莲，如同居高声自远的蝉。野桥将会成为他们的一生见证。

另外，在夕阳西下时，野桥别具魅力。如宋代诗人吕江的《宿横金延庆寺》：

水路通城近，人家与寺连。西风渔市鼓，落日野桥船。尘土非吾事，湖山似去年。今宵禅榻梦，定是到鸥边。

夕阳西下，野桥一座，小船一叶，古寺一间，鸥梦一场，从此归去，作别“尘土”俗事，隐于“湖山”千年。

又如宋周弼的《野桥》：

日暮野桥边，都归醉客船。数竿沙际日，一片水中天。影落冲烟鸟，声移带雨蝉。殆非人境得，江月又初圆。

灵气引入心灵，往往只在一瞬。此诗首联便引领着读者进入一个与世俗暂时绝缘的场景。傍晚时分的一座“无人问津”的桥边，满载着醉客的小舟们在水面上横七竖八地旋转着。这小小的野桥如同一幅水墨画的点睛之笔，它不喧不闹、不争不抢地静静地伫立在那里，看着冲烟而飞的鸟，翅膀上沾了一点儿雨水的蝉穿梭在这幅画卷之中，尘世间是找不到这种美景的——野桥就是这片仙境的守护者。它抬起头看看，月光荡漾于江水之中，亮亮的，圆圆的，好像掬一捧水，就能变出一个月亮来。

“野桥”重在一个“野”字。它与繁华对峙，与喧闹隔绝，与可以预见的欢喜绝缘，与一成不变的俗艳无关。“野桥”可以是送别之所、闲居之地，也可以是漫漫归途中的一抹亮色、一次惊喜、一场邂逅，又或者是一次与自然和解的契机，一段与自我对话的心灵旅程。

在璀璨的诗词星河中，野桥那么远，又那么近，它闪闪发光，照亮古往今来诗人们的远行之路。

第五节　市桥灯火春星碎

在古典诗词中有关“桥”的意象里，市桥无疑是非常特殊的一种。市桥既是诗词中的一个固定名词，又代表着城市、市井之桥，所以它还有另一种定义，这种定义就囊括了多种桥的意象，如虹桥、灞桥、断桥、画桥、小桥等，即桥只要位于城市或市井之中，我们都可以称之为市桥。

本节主要以宋代的市桥为观照对象，因为宋代的城市经济与城市文化空前繁荣，市桥是宋代城市文化兴盛的标志性建筑之一，大致可

以细分为两大类——城市园林桥和市井桥。

一、宋代城市园林桥

宋朝的城市几乎都是依山傍水形成的，尤其是随着城市文明的发展、城市人口的剧增，出现了汴梁、临安、建康等特大城市，泉州、扬州等中型城市也先后出现，而不断发展的城市经济与城市文化亦推动了市民娱乐休闲生活水平的提升。北宋韩琦的《定州众春园记》中写道："天下郡县，无远迩小大，位署之外，必有园池台榭观游之所，以通四时之乐。"宋代的统治者非常重视对山水园林的建设，在儒家与民同乐思想的指导下，统治者不仅通过修建、维护园林来缓解阶层矛盾，丰富民众生活，提高市民生活质量，还将政治意图灌注其中。

对于宋代的城市园林，并没有一个很严格的标准来进行分类，通常可大致分为皇室园林、贵族私人园林、陵寝园林、寺观园林等，这里将它们分为两类：公共园林和私人园林。

公共园林占地面积大，根据自然山水湖泊修建而成，没有过多的刻意雕饰，强调与自然相融合，比如大名府有香山和西山、杭州的西湖、泉州的东湖等，还有著名的陆游与唐琬重逢的沈园。私家园林尤其是皇家园林、贵族私人园林，建设前一般要封山育林，规划格局，前期的准备就要较长的时间。私家园林的目的性更为集中，每一处的作用都要清楚标识，比如著名的洛阳园林、苏州园林等。

城市园林桥就出现在这些各式各样的园林中。园林里的桥多精致小巧，在公共园林中也有大型桥，但是数量不多。不管是私人园林还是公共园林中的桥，都常和周围的植物组合造景，比较常见的是柳、荷，当然还有一些较矮的灌木。除此之外，园林桥的两端多有亭台，形成桥、柳或荷、亭台三者构景的整体画面，若是夜晚有一轮明月，那就是诗词里更具意境的场所了。园林桥还常建于建筑的东侧，东侧为人们活动的场地，这也是一种约定俗成；还有的园林桥置于较为湍急的小型瀑布之上，为从桥上向下观景提供了很好的角度；还有的桥位于墙下，比如李石的《临江仙》里的"粉墙东畔小桥横"就是说的墙下之桥。总的来说，园林桥要么置于开显处，成为园林核心建筑之一，华美大气；要么置于幽暗处，形成“画桥深院”的朦胧美，与中国审美传统相契合。从数量上看，往往后者多于前者。

置于开显之处的桥能让人一眼就看到，它不被亭台楼阁所遮挡，也不被花草树木所隐藏，这种桥往往更加精巧，不需要和周围的景物组合成景，独一座桥便自然成趣。张镃的《鹧鸪天》（自兴远桥过清夏堂）“闲立飞虹远兴长。一方云锦荐疏凉”写的是桂隐园的兴远桥，通过“闲立飞虹”四个字既能看出该桥形状应为拱桥，而且桥上视野开阔，没有遮蔽之物，位于池面的显著位置，尽收远景。

位于墙下、瀑布之上、花柳之间的桥梁都可以视为置于幽暗之处的桥梁，我们常说的画桥深院就是如此。如陈允平《玉楼春·其四》：“西园斗结秋千了。日漾游丝烟外袅。小桥杨柳色初浓，别院海棠花正好。　　粉墙低度莺声巧。薄薄轻衫宜短帽。便拚日日醉芳菲，未必春风留玉貌。”韩淲的《好事近·翠圆枝》：“一涧水南山，腊尽春生梅雪。行过小桥深处，带疏钟横月。”

在功能上，园林桥的融景、点景、造景功能有时甚至强过它的交通功能，尤其是在私家园林中，为了整体布局的美观，哪怕绕路也要将桥设在某处，以供人们赏玩。

二、宋代市井桥

中国真正的城市概念是在宋代形成的，宋代的“城市革命”将“市”与“坊”的界限打破，又大大缩短了宵禁的时间，各种宽松的政策使得城市管理从封闭走向了开放，城市由唐朝的以政治功能为主转变为以商业服务为主。晚上市民们不再早早睡去，各种娱乐活动丰富了市民的日常生活，消费之风愈渐奢侈。明胡震亨的《〈东京梦华录〉跋》记载：“《东京梦华录》多记崇宁以后所见，时方以逸豫临下，故若彩山灯火，水殿争标，宝津男女诸戏，走马角射，及天宁节女队归骑，年少争迎，虽事隔前载，犹令人想见其盛。至如都人探春，游娱池苑，京瓦奏技，茶酒坊肆，晓贩夜市，交易琐细，率皆依准方俗，无强藻润，

自能详不尽杂，质不坠俚，可谓善记风土者。”此处提到了元宵节的满山灯火，临水殿里龙舟争标比赛，宝津楼上男女伶人的杂技表演，射箭骑马，由此足以窥见宋代城市热闹繁华之景象。至于春游之时，游玩在山林苑囿之间，坊肆中的乐器弹唱、卖茶吃酒，夜市交易往来，这些都是当年京城中的盛世模样。

桥梁作为连通两岸的建筑，承载着大量的人流和车流。在城市的人口密集区域，特别是繁华地区，必须通过设置密集的桥梁来分散人流。建造桥的时候还得注意高度、宽度、颜色、花纹，实用性和美观性都需要兼顾。在宋代的城市里，入城之前几乎必经一桥，这仿佛已经成为宋代城市的一种定例，比如说典型的汴京东水门外的平桥。这种城门前的桥建造得较为精妙，主要是作为入城的标志性建筑，便利城市外围边缘的交通往来。

处于城市中心的繁华之地的桥则有所不同，它们更为壮阔宏大。《东京梦华录》中，孟元老介绍了自己居所附近的景象，天子脚下，万象升平，高桥林立，蔚为壮观。明李梦阳《汴京元夕》“齐唱宪王春乐府，金梁桥外月如霜”佐证了孟说。像金梁桥这种可以作为确认方位的具有地标性质的桥，必定更为恢宏。在宋代城市中，以视觉效果而言，最为壮观的是虹桥。虹桥又名垂虹桥，以其形状像空中彩虹一样而得名，是一种“河上架桥，桥上建廊，以廊护桥，桥廊一体”的古老而独特的桥梁样式。虹桥又称作虹梁式木构廊屋桥，因桥上建有桥屋，俗称“厝桥”。例如《清明上河图》中出现的虹桥其实是一种木拱桥，它横跨汴水，其下可通较大的船只，常设于宽阔的江河之上，所以虹桥又被称为“横江大桥”。《中国科学技术史》称这种廊桥“在世界桥梁史上唯中国有之”。

交通是市井桥的基本功能，但是市井桥由于所处的地理位置在城市地段，沟通的往往是两侧的繁华中心，人流量大，必须非常注意承重和防护，要考虑到水流湍急水位上涨之时，以及万一船只碰到桥梁之时如何最大限度地保护人员的安全。《清明上河图》里，虹桥上的防护栏是市井桥一般都具备的防护措施，这在我们看来很平常——只要是座桥都会有护栏，但是在古代，由于建筑技术不成熟，大量的郊野之桥只是用普通的木板、竹子、石头简单地架在、堆在溪水之上，基本没有任何保护措施。

宋代市井桥其实已经承载着大量的商业功能，包括物资交换和休闲娱乐。有的廊桥上面盖了廊屋，能够遮风挡雨，形成一个半封闭的小空间，桥的两岸及桥面两侧都有一定数量的卖小食或是日用品的商贩，还有唱曲的、说书的、做杂役的，桥上还可以观景赏物等，是满足人们部分生活和娱乐需求的公共场所。

民俗和传说往往是不可分割的，有很多桥的名字由来都和故事传说有关——或是仙人赐福，或是神龙架桥。这些传说让桥具有了寄托心愿的功能，所以人们会在特定的时间在桥上举办一些民俗活动，以福除秽。这在一个小范围里形成了特定的文化形式，比如“观音桥”“通灵桥”等此类名字的桥即有着这类功能。

建筑物和楹联的结合往往可以增添建筑物的文化内涵，桥与楹联的结合也不例外。宋代楹联处于刚刚起步阶段，数量少，篇幅短，内容也是随性而发。比如说宋代的坐落在直街东端、跨漕河的单孔石拱桥广宁桥，上面的楹联是学生缅怀先师的：“踩长虹，看塔影倒映，山色空蒙，始觉心胸宽广。望拱背，听师长教诲，学生吟诗，方感同胞和宁。”虽然不如后世那般形式、内容浑然天成，但传递了时人之真实情感。

市井桥宏伟、精巧，色彩绚丽，而且绝大多数的市井之桥都是耗费了巨大的人力、物力和财力建成的，并且有很多还包含政治因素，赋予了桥梁政治性的功能。比如，在宋代之前，桥梁占据交通要道，在桥梁附近设置了很多关卡用来稽查行旅。但在宋代，由于“城市革命”和“城市商业化”，官府往往在近桥之处征收商税，设置在桥梁附近的场务及税务官吏通过拦河以征税。从陆路通行的商品需在城门或征税处交纳过税、门税等通过税，从水路通行的商品则有“船栰之征”，多在近桥的河锁处缴纳。从汉唐的关市之征到宋代的近桥而征，体现的是宋代商税征收网点的密集化与商税征收的普遍化。

另外，市井桥建成后，都会在桥上留下些“痕迹”，比如说建桥的缘由、年代、受谁的命令、主要建造者的名字等，这些都是珍贵的

史料，对后世的历史、文化、文学、建筑学等学科的研究都有参考价值。

三、宋代诗词中涉及市井桥的常见情感表达

北宋初，百姓安居，经济恢复发展，至仁宗朝时可谓盛极一时，皇室贵族亦非常喜欢举办大型活动，在固定的日子开放皇家园林与民同乐。柳永的《早梅芳·海霞红》非常生动地描述了当时的西湖盛况："海霞红，山烟翠。故都风景繁华地。谯门画戟，下临万井，金碧楼台相倚。芰荷浦溆，杨柳汀洲，映虹桥倒影，兰舟飞棹，游人聚散，一片湖光里。"词中描写的山川风物四时之景都与园林息息相关。

宋代理学思想盛行，闲雅的文化风气也在宋代士人中风靡一时。在园林中作诗作词，与友人诗词相赠相答，娱情遣兴，别有一番风趣。如陈著的《沁园春·丁未春补游西湖》：

出禁城西，湖光自别，唤醒两瞳。有画桥几处，通人南北，绿堤十里，分水西东。问柳旗亭，簇山梵所，空翠烟飞半淡浓。偏奇处，看笙歌千舫，泛绮罗宫。　　从容。莫问城中。是则是繁华九市通。奈一番雨过，沾衣泥黑，三竿日上，扑面尘红。那壁喧嚣，这边清丽，咫尺中间夐不同。休归去，便舣舟荷外，梦月眠风。

词中写的"那壁喧嚣，这边清丽"体现了当时一些流连于园林的文人士大夫们钟情山水的独特心态。

城市中的桥梁很多都是大工程，是一座城市的标志建筑之一。每一次朝代的更替，每一次战火纷飞，都有无数的桥梁消逝在历史的烟尘里。北宋末年和南宋末年均有大批世家子弟亲身经历从繁华盛世到国破家亡的转变，其中南宋末年的词人张炎颇具代表性。张炎前半生生活在富裕的贵族之家，宋亡以后家道中落，贫困不能自给，抑郁落魄而终。他的《高阳台·西湖春感》将这种情感展现得淋漓尽致：

接叶巢莺，平波卷絮，断桥斜日归船。能几番游，看花又是明年。东风且伴蔷薇住，到蔷薇、春已堪怜。更凄然。万绿西泠，一抹荒烟。　　当年燕子知何处，但苔深韦曲，草暗斜川。见说

新愁，如今也到鸥边。无心再续笙歌梦，掩重门、浅醉闲眠。莫开帘，怕见飞花，怕听啼鹃。

曾经的西泠桥畔是多么繁华热闹，而如今却连窗帘不也愿打开了，抚今追昔，怀古伤今之情可见一斑。

“黯然销魂者，唯别而已。”（江淹《别赋》）水边渡口，桥上杯酒，很多离别场景就发生在桥梁附近。陈允平的《吴江道上》：“夜半扁舟出洞庭，客帆初挂早潮平。社风才起海鹰至，岚雾未收江鹄鸣。吴岫乱云擎古塔，楚皋寒叶拥荒城。垂虹桥外天连水，无限别离生杜蘅。”诗歌写的是江边送别的情景。看到远方茫茫一片，勾起了诗人无穷无尽的离愁。这些诗词都是以市井桥作为情感抒发的载体，市井桥成了一种典型的文学意象。

总之，伴随着宋代城市经济的勃兴，千姿百态的市井桥不仅展现了宋代桥梁工艺的大幅进步，折射出宋代审美思潮的嬗变，成为宋代城市文化的一种载体，亦在文学作品中尽显其妩媚与厚重的韵味。

第十章

州桥南北是天街
——文人与古桥情缘

一座桥，可以是一段历史、一个时代，也可以是与一个人剪不断的情缘。在中国文化与文学传统里，桥与人的不解之缘是一种永恒动人的存在。在古往今来诗人的笔下，桥或者呈现出哲学思辨的深邃，或者摇曳着爱情里的悲欢喜乐，又或者承载着悲壮的家国情怀。桥，原本没有生命，没有思想，是人赋予了它们灵魂，丰富了它们的情感世界，也镌刻出了它们在文化史上不可忽略、无可替代、独一无二的风姿。

第一节　濠梁最忆知鱼乐
——庄子与濠梁之想

濠，即濠水，在安徽省；梁，桥也。濠梁因为庄子与惠子曾在此处游玩而闻名，《庄子·外篇·秋水》记载的“子非鱼，安知鱼之乐”的故事正是发生在濠梁之上。事情的经过是这样的：

庄子和惠子一起走在濠水的桥上。庄子说：“白鲦鱼在水里从容自在地游动着，这是鱼很欢喜快乐的表现。”惠子说：“你不是鱼，怎么会知道鱼是欢喜快乐的呢？”庄子说：“你不是我，哪里晓得我不知道鱼是欢喜快乐的呢？”惠子说：“我不是你，本来就不了解你；你原本也不是鱼，所以你也完全不了解鱼的快乐。”庄子说：“请让我们顺着原来的话说起。你说：‘你哪里知道鱼是快乐的’，这是你已经知道我了解鱼的快乐才来问我的。而我是在濠水的桥上知道鱼是快乐的。”

庄子以诗意的眼光来观察水中的游鱼，他眼中的游鱼是自在而快乐的。面对庄子的感性直观，同行者惠子持有不同的看法，后者从理性的角度出发，认为庄子既然不是鱼，就无法得知鱼是否快乐。虽然庄子在故事的最后所做出的辩解看似答非所问，但实则他是在用审美的方式回应惠子的发问，他的回答超越了理性的界限，带来的是审美的体验。鱼在水中自由自在地游着，顺其天性而为，由此庄子以审美的态度表达出这样的“濠梁之想”：当人的心灵与万物相沟通时，人的精神当与自然相联系。而这样的人生境界所展现的便是人与万物的和谐统一，以及人的精神自由的深层意蕴。自此，庄子的“濠梁之想”成了后代文人哲思的触点，并演化为极具意象化色彩的典故，被不断地化用在文学作品中。

早在魏晋时期，就有文人以庄子“濠梁之想”的典故入诗，例如孙绰的《秋日诗》：“澹然古怀心，濠上岂伊遥。”这两句诗是全诗的要旨所在，诗人表达的是对摆脱名利的束缚，追求任情适性、归真返璞，最终逍遥闲游的理想状态的向往之情。

唐代有关“濠梁之想”的诗歌更是层出不穷，例如唐代著名诗人杜甫的《陪郑广文游何将军山林十首·其一》：“不识南塘路，今知第五桥。名园依绿水，野竹上青霄。谷口旧相得，濠梁同见招。平生为幽兴，未惜马蹄遥。”这首诗表达的是诗人向往与自然相融合，以及对山林的自然风景的喜爱与赞美之情，“濠梁”指向的是和谐的自然。

唐“大历十才子”之一韩翃有《赠张五諲归濠州别业》：“常知罢官意，果与世人疏。复此凉风起，仍闻濠上居。故山期采菊，秋水忆观鱼。一去蓬蒿径，羡君闲有余。”《秋水》中鱼之乐的意象在这里成了悠闲自适、隐逸避世的代表，诗的主题则是诗人向往朋友“濠上居”逍遥生活的愿望。除此之外，还有李白的《书情题蔡舍人雄》：“投汨笑古人，临濠得天和。”柳宗元的《游南亭夜还叙志七十韵》：“鹿鸣验食野，鱼乐知观濠。”贾岛的《寄令狐绹相公》：“不无濠上思，唯食圃中蔬。”吴融的《绵竹山四十韵》：“但乐濠梁鱼，岂怨钟山鹄。”这些诗篇无不透露着类似的隐逸之思和逍遥之乐。

宋代诗词同样不乏化用濠梁之辩典故的作品，而且宋诗具有偏理性、好议论、重哲思的特点，惠庄充满机锋的濠梁之辩更加契合了宋诗言理的需要。苏轼的《濠州七绝·观鱼台》：“欲将同异较锱铢，肝胆犹能楚越如。若信万殊归一理，子今知我我知鱼。”这首诗以庄子知鱼之乐来类比人与人之间相互理解、心意相通的道理。与苏轼这首诗有异曲同工之妙的是南宋著名文学家周必大的《太和县丞厅葺三亭于官廨曰真清曰特秀曰成蹊又有读书台龙首池寄题三叠·其三》：“池疏龙首水循除，日暖游鲦得自如。官已忘机民正乐，鱼今知我我知鱼。”此处心意相通的对象是诗人与鱼，这正体现着庄子的人与自然万物融和相通的思想。

濠梁之想因其所象征的自然、自由的状态，常常作为隐逸的代名词出现，用以表达远离仕途、归隐山川的愿望。例如北宋著名的思想家、文学家王安石的《沟西》诗：“沟西直下看芙蕖，叶底三三两两鱼。若比濠梁应更乐，近人浑不畏春锄。”《次韵吴季野再见寄》：“远同鱼乐思濠上，老使鸥惊耻海滨。”《次韵杨乐道述怀之作》：“濠梁最忆知鱼乐，牢策翻惭为彘谋。”《招约之职方并示正甫书记》：“濠鱼净留连，海鸟暖追逐。”这几首诗都不同程度地暗含了王安石的归隐之志。

值得注意的是，不仅善于言理议论的宋诗中频现濠梁之想的典故，以缘情婉约为本色的宋词也常常涉及这一典故。如北宋词人李弥逊的《永遇乐·初夏独坐西山钓台新亭》：“曲径通幽，小亭依翠，春事才过。看笋成竿，等花着果，永昼供闲坐。苍苍晚色，临渊小立，引首暮鸥飞堕。悄无人，一溪山影，可惜被渠分破。　　百年似梦，一身如寄，南北去留皆可。我自知鱼，翛然濠上，不问鱼非我。隔篱呼取，举杯对影，有唱更凭谁和。知渊明，清流临赋，得似恁么。”词中濠梁的意象同样蕴含着词人的归隐之意，而鱼的意象则表达了诗人脱离尘世纷扰，悠闲自适、快乐自得的心境。

南宋的戴复古则通过化用濠梁之想表达了不一样的观点，其《鹧鸪天·题赵次山鱼乐堂》词云：“圉圉洋洋各自由。或行或舞或沉浮。观鱼未必知鱼乐，政恐清波照白头。　　休结网，莫垂钓。机心一露使鱼愁。终知不是池中物，掉尾江湖汗漫游。”这首词一反此前“观鱼知鱼乐”的惯例，而是提出了“未必知鱼乐”，但词的中心思想仍是在表达只有摆脱世俗功利束缚、畅游在自然的广阔天地中，才能获得自由的快乐。

在中国诗歌的长河中，“濠梁之鱼”是象征自由自在、任性快乐的意象，而“濠梁之想”则是文人墨客或表达归隐之志，或叙写自由喜悦，或追求自由的常用典故。庄子的“濠梁之想”已然成为诗人们的一种共有知识，而这里的“濠梁”既是诗思的触媒，也是典故的载体；既见证了那场千古之辩，又仿佛无数次跨越中国诗词的滔滔江河，连接古今的历史，沟通你我的哲思。

第二节　暮宿枫桥半夜钟
——张继与枫桥

枫桥（见图 10-1）是江苏苏州西郊的一座古桥，现与寒山寺、铁岭关和枫桥古镇共同组成了枫桥景区。自唐代以来，慕名而来的人络绎不绝。

枫桥原名“封桥”。据记载，枫桥所在地原本是水路交通要道，但由于唐以前水匪经常进犯此地，因此夜间都要将桥封锁起来禁止船只通行以保障安全，封桥之名也就因此而来。而后来，“封桥”之所以改为极富审美内涵的“枫桥”之名，之所以天下闻名、千古不朽，是源于唐代诗人张继的一次失眠。

图 10-1　枫桥

唐代天宝年间（742—756），张继乘船经过姑苏（苏州）封桥，因天色已晚，于是，他便泊船岸边过夜。

据《唐才子传》记载，此时张继已经考中进士，但铨选未中，不能有所作为，因此深感前途渺茫，忧从中来。

是夜，张继宿于水岸桥边。当时已是深秋，秋风生凉，张继无法入眠。而此时此刻，月亮已经西落，只有乌鸦发出几声凄凉的啼叫。如此寒夜，倒使人的感觉格外敏锐。张继仰头看着秋霜漫天，只觉寒意袭人。只有岸边一丛火红的江枫在秋风中摇曳，映着明净江水与萧萧古桥，更增寒意。远远几处闪烁的渔火，有了几分人间烟火的暖意，让他的心中稍感几分慰藉。此外就是寂静，如同宇宙一般无边无际的寂静。张继默默无言，此刻，他很想写下什么，但是却又不知如何下笔。

突然间，附近的姑苏寒山寺响起了洪亮浑厚的钟声。寒山寺距离封桥不及一里，那声音悠悠透空而来，在张继所在的小船上回旋，洪亮高扬，不绝如缕……如此凄清的夜，如此孤单之人，空寂中久久回荡着的深沉悠远之钟声，仿佛刹那间抵达了内心最柔软的地方，激起悠远的回想与无限的感慨。

灵感忽然就此而生，张继满怀惆怅，就着微弱的灯火，在小船中展卷磨墨，写下了一首千百年后依然脍炙人口的《枫桥夜泊》：“月落乌啼霜满天，江枫渔火对愁眠。姑苏城外寒山寺，夜半钟声到客船。”

诗中前两句密集点染月落乌啼、霜天寒夜、江枫渔火、山寺孤舟这些萧瑟夜景，意象的挑选极其精心却又浑然天成，有动景也有静景，动静相宜，而霜天寒夜的冷色调又搭配了江枫渔火的暖色调，明暗分明，从而构建成凄清旷远之境。后两句则单纯以寒山寺的夜半钟声的回荡来刻画和渲染诗人心中的愁怀。夜半时分，久久回荡的钟声，打破了整个夜晚的宁静，使得秋景更增幽渺，让人更添愁绪。整首诗情景交融，余味无穷。

张继此诗一出，登时闻名天下，被誉为千古绝唱。生命难以言说的孤独之意与苍凉之感轻而易举地被此诗一语道尽，引发无数人的情感共鸣，回荡在千年的时空之中。这首诗也赋予了诗中意象两个全新的名字，封桥因此诗而改名为画面感极强的“枫桥”，姑苏寒山寺原本是因为唐代诗僧寒山而得名，因此诗而又名为充满了古思幽意的“枫桥寺”。

在唐及唐以前的诗歌之中，常以枫叶或者枫树入诗，凝聚了一缕悲凉秋愁与远游离愁。最早有战国屈原《楚辞·招魂》中的“湛湛江水兮，上有枫。目极千里兮，伤春心”，魏晋时阮籍的《咏怀》中有“湛湛长江水，上有枫树林”，唐代也有张若虚的《春江花月夜》中的“白云一片去悠悠，青枫浦上不胜愁”。另外，送别诗中也常出现“枫林”“枫岸”“枫叶”“枫洲”之意象，但以“枫桥”意象入诗当以张继此诗为始。

据说，安史之乱后，张继为避战乱而漫游吴越，写下了大量的诗歌，但留存下来的诗不足五十首。后来他年老时重游寒山寺，见江枫渔火，古桥依旧，于是便如年轻时一般泊船岸边过夜，以重温当时之诗境情怀。夜晚他在小舟上再听山寺钟声，又写了一首《枫桥再泊》：“白发重来一梦中，青山不改旧时容。乌啼月落寒山寺，依枕尝听半夜钟。”但这首诗再无《枫桥夜泊》的巨大反响，妙手偶得的那种高远浑成的诗境，就连张继自己也无法超越。

“枫桥”因张继的《枫桥夜泊》成了一个极具审美内涵的意象，融羁旅愁思与天涯漂泊之感于一体。而后多少名家写手不惧在“枫桥”与张继一决高下，写“枫桥”的诗词作品喷薄而出，不胜枚举。张祜《枫桥》诗云：“长洲苑外草萧萧，却算游城岁月遥。唯有别时今不忘，暮烟疏雨过枫桥。”暮霭云烟中携手过枫桥的情谊，是诗人心中的念念不忘。宋胡珵《枫桥》：“朝辞海涌千人石，暮宿枫桥半夜钟。”元孙华的《枫桥夜泊》：“画船夜泊寒山寺，不信江枫有客愁。”明张元凯的《枫桥与送者别》：“枫桥秋水绿无涯，枫叶满树红于花。”这些诗都是承接张继《枫桥夜泊》的诗意而来的。

虽然有如此多的诗人写过枫桥，但如今一提起枫桥，人们首先想到的还是张继，是他那场独对江枫渔火、愁听夜半钟声的“不朽的失眠”，而“枫桥”也早已成为我们孩童时代对唐诗印象的拼图，并且永恒地镌刻在我们的文化记忆中。现存的这座古桥已非张继所见之“枫桥”，因为清乾隆三十五年（1770）在枫桥原址上进行了重建，咸丰十年（1860）桥又被毁坏了。现桥为同治六年（1867）所建，桥身上还有同治六年（1867）留下的“重建枫桥”字样。1985年桥又经重修，现为花岗石单拱石桥，桥宽顶部3米，底部3.5米，长39.6米，单孔，跨度10米。桥洞由8块条石横梁支撑着9组拱券，每券由9块立起的拱石组成。桥洞两侧用花岗石横砌，桥石栏间用城砖封砌，东西各有花岗石踏步石阶20级，以便行人通行。

今天，慕名而来造访苏州枫桥的人依然络绎不绝，人们在枫桥上和水岸边久久流连，似乎希望也能亲身感受当年张继诗中那份空灵旷达与惆怅凄清。此时的枫桥无疑成了文化之桥、记忆之桥，它从千年以前唐代的那个夜晚飞跨而来，永恒地矗立在我们的精神家园之上。

第三节　醉乡广大人间小
——秦观与海棠桥

海棠桥（见图10-2、图10-3）在今广西南宁境内，它与宋代词人秦观息息相关。海棠桥的故事得从一段师生情说起。

宋神宗熙宁七年（1074），苏轼从杭州前往密州。途中经过扬州的一座寺庙，忽然看到寺庙墙上有“自己”的字迹，大吃一惊：墙上是我的字吗？我没来过这里啊，我是谁？我在哪儿？什么情况？满腹疑惑的苏轼到高邮拜访孙觉。孙觉与苏轼相谈甚欢，并拿出了一本诗

图10-2 海棠桥（袁双冬 摄）

词小册子。苏轼读罢这百篇诗词，立即想到扬州寺庙墙上的那些字，他断定：墙上的字，一定出自此人之手。而这个人，就是宋代著名词人秦观。

图 10-3 海棠桥简介（袁双冬　摄）

原来，秦观一直很崇拜苏轼，不过认为自己才疏学浅，还没有准备好见自己心中“偶像”，只好采用这种方式“露才不露脸”。尽管苏轼和秦观二人这一次没有见面，但这段“神交”的故事却流传开来。后来秦观拜入苏轼门下，师徒二人于元丰元年（1078）在徐州相见，从相遇初识到形成师生之谊，从官场得意到被贬离京，苏轼与秦观这段师生感情持续了长达三十二年。

宋哲宗元祐八年（1093），太皇太后高氏去世，哲宗亲政，次年改元绍圣。“绍圣”的意思就是继承先帝的变法政策，哲宗要重回神宗路线的想法昭然若揭。随着最高施政原则调整而来的，自然就是人事调整。宋哲宗开始打击元祐党人，苏轼及其门人首当其冲，秦观自然难逃此厄，其历时七年之久的贬谪生涯由此开始。绍圣元年（1094）三月，秦观外调杭州通判；四月，他的老师苏轼以左朝奉郎，责知英州（今广东英德）军州事。秦观在出京往杭州途中，又遭弹劾，贬监处州（今浙江丽水）酒税，接着是“削秩徙郴州”。绍圣四年（1097），朝廷又诏秦观“移横州编管”。秦观与海棠桥的故事就发生在他被贬横州这段时期之内。

横州在今天的广西南宁境内，初到横州的秦观，只能“寓浮槎馆，居焉”[1]。“浮槎”原是指在海上与天河之间往来的木筏。秦观在横州寓居“浮槎馆”，有可能就是用木筏搭建起来的简易屋子，生活环境自然大不如前。南迁之痛，生活之苦，令多愁善感的秦观一蹶不振，整天酗酒度日。这天他又一次喝醉了，晕晕乎乎竟然走到了城西。既

1 徐培均．秦少游年谱长编[M]．北京：中华书局，2002：561．

已至此，秦观只得投宿到一个祝姓书生家里。第二天早上起来，秦观看到桥的南北皆种了海棠，感慨不已，在桥的柱子上题写下一首《醉乡春》：

唤起一声人悄，衾冷梦寒窗晓。瘴雨过，海棠开，春色又添多少。　　社瓮酿成微笑，半缺椰瓢共舀。觉倾倒，急投床，醉乡广大人间小。

《醉乡春》是秦观的自创词调，因上片末句为“春色又添多少”，又名为《添春色》，双调四十九字。秦观精于音律，填词很注重词调、词韵的配合，甚至他还曾提出“一言一字，必要声律”，追求词中每一个字的音律和谐。但他一生创调并不多，《醉乡春》是其中之一。

“唤起一声人悄，衾冷梦寒窗晓。”“唤起”又名为“春唤”，也就是报春鸟。一夜的宿醉，清晨在报春鸟儿的啼鸣声中惊醒，浓睡中没有感觉到寒意，倒是在醒来以后甚是“衾冷梦寒”。窗外已经蒙蒙亮了，新的一天又要开始了，新一天的愁苦又涌上心头了。

既然已被吵醒，索性走出门去。昨晚走过祝家旁边那座桥，朦朦胧胧还有点印象。“瘴雨过，海棠开，春色又添多少。”“瘴雨”是指湖广一带山林之间湿热蒸郁、容易诱发人生病的雨水。一夜的瘴雨过后，桥南北两边的海棠花已经开了，为这荒落的横州增添了几分春色。这座桥后来也因为秦观这句“瘴雨过，海棠开”而被命名为“海棠桥”。

海棠春色，自然会让词人的心情多少变得明媚一些。“社瓮酿成微笑，半缺椰瓢共舀。”又碰上社日这一天，久酿的春酒终于可以启封。四邻也都很高兴，不需要高档的分酒器、晶莹的酒杯，大家就拿上半个椰瓢舀出来，你一口、我一口地喝着。

“觉倾倒，急投床，醉乡广大人间小。”不知不觉，秦观又喝多了，感觉自己就要醉倒了，赶紧倒到床上去，这一天又这样过去了。今朝有酒今朝醉，秦观是日日伴酒日日醉，可是他想醉，他愿意醉，他渴望着喝醉。因为“醉乡广大人间小”！只有在醉境里，他才能忘记现实人间的局促，徜徉在无边无际、空旷的精神之乡。“醉乡”出自唐代王绩的《醉乡记》：

醉之乡，去中国，不知其几千里也。其土旷然无涯，无丘陵阪险。其气和平一揆，无晦朔寒暑。其俗大同，无邑居聚落。其人甚清。

在王绩的笔下，“醉乡”距离他所生活的空间很远，土地平旷，屋舍俨然，仿佛就是陶渊明所描绘的桃花源。

在醉乡里，少游是自由的，他能随心所欲于宇宙之间。

在醉乡里，少游是逍遥的，他能安闲自得于人世之中。

在醉乡里，少游是独立的，他能怡然自乐于桃花之源。

醉乡广大人间小！秦观在赵宋王朝最偏远的西南穷荒之地，喊出了生命中最绝望的心声。

这首《醉乡春》就这样留在了海棠桥的柱子上，后来进入州志，从而被永久保存了下来。除了《醉乡春》之外，秦观还在祝家的帮助下，在海棠桥边设馆讲学，做了一位乡村教师。秦观广收弟子，迅速成为一位不折不扣的语文高级教师——“经指授作文皆有法度可观”（刘受祖《海棠桥记》）。凡是被他教授过写作技巧的学生，文章都能写得不错。后来横州百姓为了纪念秦观，在他授课的地方建起了海棠亭。清黄琮担任横州地方官，将海棠亭更名为淮海书院，进一步体现出横州地方政府和百姓对秦观当时所做的文化普及工作的认可。

这座始建于北宋哲宗元祐三年（1088）的海棠桥，随秦观一起，走进了横州的文化史，刘受祖《海棠桥记》载：

今之言宁浦者，必曰海棠桥，言海棠桥必曰秦淮海。是州以海棠桥重，桥以秦淮海重矣。桥名海棠，未可更也。

南宋之时，海棠桥已经是横州的地标性建筑，谈到横州，就必须谈到海棠桥。而谈到海棠桥，就必然提到秦观。

少游已逝，海棠桥却永久保存了下来。1988 年，广西横县重修海棠桥，塑秦观坐像一尊。1999 年，海棠桥畔正式命名为“海棠公园”，并打造了“海棠历史文化公园”主题，秦观和海棠桥，一同写入了横州的文化。

第四节 伤心桥下春波绿
——陆游与春波桥

南宋庆元五年（1199），七十五岁的老诗人陆游故地重游，来到他一生梦萦魂牵的沈园并写下了两首非常著名的悼亡诗《沈园》，悼念他心里永恒的爱人——唐琬。其中第一首是这样写的：

城上斜阳画角哀，沈园无复旧池台。伤心桥下春波绿，曾是惊鸿照影来。

老人站在沈园的小桥上，看着桥下依旧碧绿的春水，深深地沉浸在对往事的回忆当中。恍惚中，他仿佛又看到了那个风姿绰约、美丽可爱的女孩——“曾是惊鸿照影来”，唐琬就好像是翩若惊鸿的仙女一样，在春水之上亭亭玉立。老人惊喜万分，可是当他张开双臂，想上前去迎接她、拥抱她的时候，“仙女”却又突然消失得无影无踪，只剩下一池碧水，在老人眼前默默地荡漾。老人这才意识到，原来刚才的这一幕美好的场景只不过是幻觉，是四十多年来，唐琬深深刻在他心里的一个影子。这个身影，他是一辈子都不可能抹掉了。

“伤心桥下春波绿，曾是惊鸿照影来”，这真是一个最美丽又最无奈的感慨。而这首催人泪下的诗又让一座原本平凡的小桥从此拥有了另一个名字、另一个让人联想万千的动人身份——春波桥。

春波桥（见图10-4）原名罗汉桥，坐落在禹迹寺前，为单孔石拱桥，拱券为纵联分节砌置，桥面纵坡很小，采用两根石梁做桥栏。相传禹迹寺内供奉着500尊罗汉像，因此被称为罗汉桥，因陆游感伤前妻唐琬所留下的诗句“伤心桥下春波绿，曾是惊鸿照影来”改名春波桥，并且沿用至今。

沈园就在浙江绍兴城南禹迹寺的旁边，距今已有八百多年的历史，园子的主人沈氏是宋代越州（今绍兴）的大户。而沈园从一座普通的

图 10-4　春波桥（又名春波弄桥，戴秀丽　摄）

江南园林一跃而成为最有魅力的园林之一，最需要感谢的人，却应该是陆游。

“城上斜阳画角哀”，陆游重游沈园的时候正是黄昏，而七十五岁的陆游也已经是在人生的黄昏了。四十多年前，他也是在独自游沈园的时候和唐琬重逢的；四十多年后，他再来这里，却再也不可能遇见他的爱人了。七十五岁的老人，此刻的心情是那么凄凉而无助，在他听起来，连远处传来的画角声也显得那么悲哀，眼前的沈园也不再像从前那样花红柳绿、春光明媚。

沈园的风景是不是真的有多大变化呢？恐怕也并不一定，欧阳修有诗云：“人生自是有情痴，此恨不关风与月。”（《玉楼春》）草木无情人有情，在感情丰富的人看来，一草一木都是有感情的，都是通人性的。在陆游的眼里，因为经历过了生离死别，沈园的每一处风景都成了他感情的寄托，每一个角落都显得那么寂寞、那么荒凉，再也不是他熟悉的那个沈园了。只有那座春波桥，在岁月的激荡里，依然为他执着地守着这一方只属于他的爱情的角落。

从此，春波桥乃至沈园，就像一条剪不断理还乱的线一样牢牢地系住了陆游，而线另一端的人，名叫唐琬。

故事要从绍兴十四年（1144）开始说起。大约在这一年的秋天，陆游迎娶了一生中最爱的妻子唐琬，这年陆游虚岁二十。婚后二人如胶似漆，吟诗作对，琴瑟和谐。陆游便缱绻于这温柔乡里，仿佛爱情可以是他全部的世界。陆游的母亲认为唐琬的存在严重影响了陆游对仕途的追求，“二亲恐其惰于学也，数谴妇”，甚至于最后勒令陆游休妻。万般无奈之下，夫妻二人忍痛分别。不久之后，陆游再娶名门闺秀王夫人，唐琬改嫁给了同郡宗子赵士程，这对璧人便彻底断了复合的念想。

但离婚并不代表他们忘记了彼此，分离反而使他们的记忆更加深刻。七年后，陆游在第三次进士考试中名落孙山之后来到沈园散心，邂逅了同样来赏景的赵、唐夫妇。这次意外的重逢改变了两个人的命运轨迹，据说那首著名的《钗头凤》就是陆游为此次重逢而写的：

红酥手，黄縢酒，满城春色宫墙柳。东风恶，欢情薄。一怀愁绪，几年离索。错、错、错！　　春如旧，人空瘦，泪痕红浥鲛绡透。桃花落，闲池阁。山盟虽在，锦书难托。莫、莫、莫！[1]

词的上阕重点在写被迫离异带来的伤感，下阕转到对两地相思的悲叹命运。而最让人动容的是上下阕结句的三叠词“错错错”和“莫莫莫”。命运啊！你到底要安排多少人间的阴差阳错呢？既然一切都无法挽回，我们还这么伤心、这么痛苦，又能改变什么呢？“莫莫莫”的再三感叹，又让我们深深体会到了陆游的无奈、无助与无力。

沈园分别后，唐琬不堪忍受相思的折磨，心力交瘁，终于病倒了。不久，她就在这种煎熬中去世了。

直到今天，在绍兴沈园最显眼的墙壁上，还刻着陆游的这首《钗头凤》，陆游和唐氏的爱情故事是沈园主打的旅游名片。很多年轻的恋人，甚至还专门选择到沈园这个地方来许下属于他们的山盟海誓，结下同心锁，期待爱情天长地久。

陆、唐成了他们心目中的“爱神”；沈园也成了见证爱情的圣地。

短短两年的婚姻，成了陆游一生都沉浸其中的一个梦。他常常回想起梦里那些甜蜜的点点滴滴，梦醒后的凄凉却更加折磨着他。

1 有学者认为，陆游的《钗头凤》并非在山阴所作，亦非为唐琬而作，代表性的观点详参吴熊和《陆游〈钗头凤〉本事质疑》，见吴熊和．唐宋词汇评（两宋卷第三册）［M］．杭州：浙江教育出版社，2004：2039.

一想到自己要一个人孤独地走向生命的终点，再也不能来沈园陪伴心中永远的爱人，陆游就觉得痛不欲生。在《沈园》第二首诗中，他这样写道：

梦断香消四十年，沈园柳老不吹绵。此身行作稽山土，犹吊遗踪一泫然。

爱人唐琬已经香消玉殒四十年了，陆游这一生关于爱情的所有梦想，也随着爱人的去世而烟消云散了。连沈园的柳树都老得不再开花，而七十五岁的陆游，也预感到自己已经来日不多了。“此身行作稽山土”，稽山应该就是指山阴的会稽山，陆游的意思是自己也活不了多久了，死后他将会安葬在会稽山上，也会化作山上的一抔泥土。可是在自己离开人世之前，他最放不下的人还是唐琬，所以他还是坚持着要再来一趟沈园，最后“看”上爱人一眼。因为沈园是他和唐琬见最后一面的地方，也是他们分别后唯一重逢的地方。“犹吊遗踪一泫然”，正是这个黯然泪下的老人，让我们看到那个豪情万丈的“爱国诗人”的另外一面——多情善感的一面。

其实陆游七十五岁时重游沈园，并不是他和唐琬分离后唯一的一次来沈园，也不是他最后一次来沈园凭吊唐琬。沈园是陆游无数次在现实中、在梦中流连徘徊的地方，是他这辈子最想来但也最怕来的地方。怕来，是因为“沈家园里更伤情”——每次到沈园，他都会触景伤情，肝肠寸断；想来，是因为只有在这个熟悉的地方，他才能排除一切干扰，安安静静地和他的唐琬“说说话”。尤其是到了孤独的晚年，沈园更是成了他频繁光顾的一个地方。比如，在他六十八岁的时候，他也来过沈园，写过悼念唐琬的诗；八十一岁的时候，他梦到自己又来了沈园，来寻找他的爱人，可是凄冷的沈园里“只见梅花不见人”；八十二岁的时候，他再一次独自回到沈园，他说自己就像一只孤独的鹤一样，徘徊在那些熟悉的亭台楼阁之间，他找不到自己的爱人，找到的只有无穷无尽的悲伤；八十三岁的时候，他再一次来到沈园，这时候沈园的墙壁已经破败不堪了，他抚摩着自己当年在墙上留下的那首《钗头凤》，痛苦地凭吊他心里永远的爱人；八十四岁的时候，也就是他临终前的一年，他还挣扎着，最后一次重返沈园，追寻唐琬的身影……

沈园的春波桥，就这样一次次地见证着年迈的诗人徘徊其上的不舍与忧伤。陆游在八十一岁梦游沈园时写下了两首《十二月二日夜梦游沈氏园亭》，其一云：

路近城南已怕行，沈家园里更伤情。香穿客袖梅花在，绿蘸寺桥春水生。

这里的寺便是禹迹寺，桥便是春波桥了。陆游在暮年之时，经常来到沈园，这个他痴缠了一生的地方。哪怕还没有走到园子跟前，仅仅是看着这条熟悉又陌生的路已然是有些不敢继续走下去了，更何况要去到那承载了美好回忆的沈园呢？梅花在枝头散发着清香，沾湿了衣袖，小桥仍然在水中静静地伫立，春水涨起，陆游的思绪仿佛回到了那几十年前，当年和唐琬在这座桥上携手走过。如今佳人已逝，物是人非，依旧是桥上春风，桥下流水，但是自己早已不是那个意气风发的少年，身边的唐琬也早已埋于黄泉之下。一路走着走着，陆游仿佛又看见唐琬的倩影映照在那碧绿的春水之中，微笑着看着自己……说什么时间能够带走所有的伤痛，有些伤口一旦划开便是刻骨铭心，即使行将就木，仅仅睹物思人，泪水就仍然止不住地翻涌而出。

春波桥见证了陆游和唐琬的爱情，也埋藏了他们的悲伤。在陆游的心中，它不是一座可有可无的建筑，更像是承载了过去所有美好的日记，每有微风吹过，水面上泛起的涟漪就好像在一页页地翻过那些旧日的回忆。

暮年之时，陆游经常徘徊在春波桥上思念故人，“梦断香消四十年”难以忘怀，“回向蒲龛一炷香”聊以祭奠，这样的深情世所罕见。陈衍在《宋诗精华录》里感叹道：“无此绝等伤心之事，亦无此绝等伤心之诗。就百年论，谁愿有此事？就千秋论，不可无此诗。”陆游和唐琬都早已不在，但他们爱而不得的遗憾被后人怀念，字字感伤的诗句被后人凭吊，而如今连接我们与陆唐的情感纽带，正是那春水之上的春波桥。

关于春波桥名称的来历，还有一种流传很广的说法，那便是来自唐代诗人贺知章的《回乡偶书》：

离别家乡岁月多，近来人事半消磨。唯有门前镜湖水，春风不改旧时波。

这是一个很风雅的误会，嘉庆《会稽县志》的记载："春波桥，在县东南五里千秋鸿禧观前。贺知章诗云云，故取此得名。"在万历版《绍兴府志》中亦有此记载："春波桥，在千秋观前，取贺知章'春风不改旧时波'之句。"贺知章在天宝三载（744）告老还乡后，玄宗赐鉴湖一曲，设道士庄，住千秋观。在他逝世以后，千秋观便迁到了行馆，而这座春波桥就在千秋观之前。《越中园亭记》记载："园内有幽襟、逸兴、醒心、迎棹四亭。又筑堤十里，夹道植垂杨、芙蓉。有桥曰春波桥，花间林影，望之如图绣。"由此可知，绍兴原本还有一座春波桥，在千秋观之前，但是后来桥废不存，于是渐渐附会到沈园的那座春波桥上去了，两座桥不过是恰巧重名罢了。早在清代，悔堂老人就在《越中杂识》中记述道："春波桥，俗名罗汉桥，在禹迹寺前。昔陆放翁娶唐氏，伉俪相得，弗获于姑，遂出之。后春日出游，相遇于禹迹寺南之沈氏园，放翁怅然，题词于壁。迨唐卒，放翁过此赋诗，有'伤心桥下春波绿，曾是惊鸿照影来'之句，后人因以名桥。《志》引贺知章'春风不改旧时波'句，盖失考也。"这给这桩桥名公案画下了句号。

实际上陆游和唐琬走过的那座春波桥早已湮没在了历史的长河之中，清代时重建了一座单孔石拱桥。二十世纪五六十年代，绍兴大规模修填河道，拆除了春波桥，之后在不远处的地方重新修建，改为了水泥板桥，长 5 ~ 6 米，宽约 3 米，水泥梁板连接两岸的石堪，细铁杆做桥栏。而根据陆游的诗词，春波桥当年应该在规模较大的沈园之内。

随着岁月的流逝，春波桥仍然在陪伴着绍兴的人们，每当往来的行人踏上这座桥时，仿佛就能感受到在时间的长河里两个真挚的灵魂在相互吸引、相互靠近。陆游把那份深到铭心镌骨的心意分成了两半，一半寄托在了那些直击灵魂的诗句中，另一半则交付给了这座在历史中轮转的春波桥。

桥上阳光正好，洒下的艳光流转在河岸柳树的叶子上，兜兜转转坠进了碧绿的水面，青灰色的石砖沉默不语，用身躯跨过了一条春水，好像在弥补当年未能跨越那爱情鸿沟的遗憾。波光粼粼，细碎而又耀眼的光影间，似乎有一道身姿飞过。

伤心桥下春波绿，曾是惊鸿照影来。

第五节　州桥南北是天街
——范成大与州桥

州桥，位于今天河南开封市内，又名天汉桥，修建于唐建中二年（781），为当时宣武军节度使李勉重修汴州城时所建，名为汴州桥，简称州桥。北宋以汴州（开封）为国都，州桥是当时横跨汴河之上的十三座桥中最雄伟壮观的一座，它不仅是北宋繁荣景象的组成部分，而且也见证了“靖康之耻”的历史伤痛。后代诗人每当登临此处，无有不伤痛哀叹者，南宋大诗人、政治家范成大就是其中之一。

宋孝宗乾道六年（1170），范成大担任祈请国信使，奉旨出使金国，这一年，他四十五岁。他此行的目的是谋求废除有损宋朝国格的跪拜受书礼、索取河南陵寝地等。当时南宋群臣都视出使金国为畏途，而范成大慷慨请缨，表现出凛然不可侵犯的使臣气节，广受朝野赞誉。

范成大是吴郡人，也就是今天的江苏苏州人，曾暂代吏部尚书之职，官拜参知政事（相当于副宰相的地位）。范成大晚年致仕后住在家乡苏州西南的石湖，并且面湖修筑了亭子，宋孝宗亲自御书“石湖”二字赐给范成大，故范成大以石湖居士为号。

范成大的好友、南宋著名词人姜夔曾自创了一首词《石湖仙》送给他，词中有“须信石湖仙，似鸱夷、翩然引去”的句子，将范成大比作春秋时的越国大夫范蠡。范蠡帮助越王勾践灭掉吴国之后，急流勇退，归隐江湖，自号为鸱夷子皮。姜夔借范蠡的典故来赞美范成大的功成身退和隐逸高洁的风骨，也羡慕他能像当年的范蠡一样优游江

湖，潇洒自在。

钱锺书先生说范成大算得上是中国古代田园诗的集大成者，他将田园诗推向了新的高度，其影响最著者当属他晚年所作的《四时田园杂兴六十首》。这六十首诗原本分为五个部分，每组十二首，分别为“春日”“晚春”“夏日”“秋日”“冬日”。关于这组诗还有一个有趣的故事。据说宋孝宗原本有意提拔范成大为宰相，可是又担心他“不知稼穑之艰”，故而作罢。为了证明自己对农业生活有着细致入微的了解和丰富的切身体验，范成大就写了这组诗。无论这个故事的真假，可以肯定的是在范成大早年的诗作中，田园生活就已经是他笔下最常见的题材之一了。而且，范成大并非站在旁观者的角度上远远地去欣赏田园生活清新淳朴之美，他对农民稼穑生活的艰难是感同身受的。这也是他能够将田园诗推向新的高度的重要原因之一。例如《四时田园杂兴六十首》夏日篇中的第七首（《夏日田园杂兴十二绝·其七》）：

昼出耘田夜绩麻，村庄儿女各当家。童孙未解供耕织，也傍桑阴学种瓜。

全诗几乎全以白描手法，并无过多的刻意雕饰，清新质朴。从昼出耘田的农夫，到夜晚绩麻的农妇，再到初学种瓜的孩童，以及置身其中的诗人“老农”，几乎囊括了农业生活中的全部主要人物，既表现了农民生活的艰辛，又不乏田园生活的盎然情趣。简单的诗句却蕴含着丰富的生活体验。

在范成大之前的田园诗大多是借田园来表达隐逸的向往，多是写意的风格，钱锺书甚至说“宋代像欧阳修和梅尧臣分咏的《归田四时乐》更老实不客气的是过腻了富贵生活，要换个新鲜”，真正像《诗经·豳风·七月》里那样写实地描述农夫一年四季的辛苦劳作，像陶渊明那样书写亲自躬耕田园的经历的诗篇的确是罕见的。直到范成大的《四时田园杂兴六十首》，才“使脱离现实的田园诗有了泥土和血汗的气息，根据他的亲切的观感，把一年四季的农村劳动和生活鲜明地刻画出一个比较完全的面貌。田园诗又获得了生命，扩大了境地，范成大就可以跟陶潜相提并称，甚至比他后来居上”了。[1]

然而，在范成大从政经历和诗歌创作生涯中，最为人所称道的“高

1 钱锺书．宋诗选注[M]．北京：三联书店，2002：194.

光时刻”还是他于南宋乾道六年（1170）出使金朝的事迹。就在此次使金途中，他写了一组七十二首七言绝句和出使记《揽辔录》。

这首《州桥》即是其使金纪行诗中的代表作之一：

州桥南北是天街，父老年年等驾回。忍泪失声询使者，几时真有六军来？

这真是读来明白晓畅，几乎没有任何刻意雕琢却又令人忍不住泫然欲涕的一首诗。州桥是北宋故都汴梁的天汉州桥——《水浒传》里杨志卖刀就是在这座桥。

《水浒传》第十一回《梁山泊林冲落草　汴京城杨志卖刀》这样写道：“（杨志）当日将了宝刀，插了草标儿，上市去卖，走到马行街内，立了两个时辰，并无一个人问。将立到晌午时分，转来到天汉州桥热闹处去卖……牛二便去州桥下香椒铺里讨了二十文当三钱，一垛儿将来放在州桥栏干上，叫杨志道：‘汉子，你若剁得开时，我还你三千贯。’那时看的人，虽然不敢近前，向远远地围住了望……”

宋代话本《简帖和尚》里也有一段这样的情节：“只有小娘子见丈夫不要他，把他休了，哭出州衙门来，口中自道：‘丈夫又不要我，又没一个亲戚投奔，教我那里安身？不若我自寻死后休！’上天汉州桥，看着金水银堤汴河，恰待要跳将下去。”

虽是小说的描写，但天汉州桥在北宋年间人群熙攘、繁华热闹的景象如在目前。

北宋灭亡，古都汴京沦为金国属地。当范成大作为南宋使臣再度站上天汉州桥的时候，离北宋灭亡的1127年已经过去了四十多年。

“州桥南北是天街，父老年年等驾回。”北宋故都的御街“南望朱雀门，北望宣德楼”，当诗人以使臣的身份再度经过旧时御街（天街）的时候，父老乡亲们聚集在这里，年年岁岁、望眼欲穿地等候着御驾北归，“忍泪失声询使者，几时真有六军来？”他们强忍着内心的悲恸与满眼泪水询问使臣：“咱大宋的官军什么时候才能真的回到州桥、回到天街啊？”

“一个‘真’字，便说明那些已事实上成为金朝臣民的北宋遗民，尽管仍企盼着宋王朝的复归，但这种企盼由于经历了太多的失望而已

变得近乎绝望了。”[1]

这首诗的画面感也非常强，我们仿佛可以看到一层又一层的老百姓，如潮水般团团围住经过州桥的宋朝使节的场景，仿佛可以听到在旧都的天街上一声声痛彻心扉的询问声此起彼伏。这样的场景、这样的情感，如果不是亲身经历，是断然写不出来的。可以想象，作为使节的诗人，当时也一定会被这样的情景深深打动，并和父老乡亲一样“忍泪失声”，痛苦绝望。

范成大使金途中所作七十二首七言绝句组诗抒发了他在途经北宋故土时浓郁的黍离之悲，亦包含着深挚的爱国真情，同时还隐含了辛辣的批评。沦陷区山河破碎的萧条景象，中原百姓翘首盼望恢复的迫切情态以及爱国志士的慷慨事迹一一呈现在这组作品中。由于现实条件的局限，“南宋诗人描写中原的诗大多是出于想象，而范成大却亲临其境，所以感触格外深刻，描写格外真切，在当时的爱国主题诗歌中独树一帜”（袁行霈主编《中国文学史》）。而作为亲历过北宋京城的繁华盛世，又身陷国家灭亡的痛苦深渊中的天汉州桥，亦成为传递爱国情怀的标志性建筑。

1 章培恒，骆玉明. 中国文学史新著：中卷 [M]. 上海：复旦大学出版社，2007：279.

第六节　我家曾住赤阑桥
——姜夔与赤阑桥

赤阑桥（见图 10-5），位于合肥城南，是当地重要的文化标记。2002 年，合肥市政府在桐城路原合肥师范附小门口立下了刻有“赤阑桥”字样的石碑，标识这一遗迹。现今赤阑桥多被认作是原桐城路桥，而原址则似已湮灭在历史长河之中。但在文化史、文学史的领域中，桥更像是历史文化的活化石，流转在时光的轮回里，引得无数人驻足叹惋。一如“灞桥杨柳年年恨，鸳浦芙蓉叶叶愁”的轻别苦恨，或是“郎到断桥须有路，侬住处，柳如金”的楚楚动情，我们仍能在千百年后

图 10-5 赤阑桥（张栋栋 摄）

的今天，于吟咏中凭栏远思，临桥而望，回忆起一座座古桥名迹的风雨岁月，赤阑桥就是这众多古桥中的经典桥梁之一。

水边垂柳赤栏桥，洞里仙人碧玉箫。近得麻姑书信否，浔阳江上不通潮。（顾况《题叶道士山房》）

这是赤阑桥较早地出现在诗词之中，诗人从赤阑桥这一浪漫的意象引入与女主人公的相遇，碧玉箫声映衬着水边垂柳、落落小桥，无不显示出女子的娴静与美好。但或许再缠绵的情意也避不过“南浦凄凄别”，诗人在赤阑桥畔的美好邂逅也只能够留下不通潮、信难收的苦思与遗憾。也从此，赤阑桥在诗词之中，便与浪漫凄婉的爱情离别产生了深深的羁绊。

北宋词人陈克在《菩萨蛮》中写道：

赤阑桥尽香街直，笼街细柳娇无力。金碧上青空，花晴帘影红。

黄衫飞白马，日日青楼下。醉眼不逢人，午香吹暗尘。

词人用一系列鲜艳绚烂的意象极尽可能地渲染了一幅醉情花柳的靡靡图景，香浓日暖、白马黄衫，用绮丽华美的场景来展现士大夫贵族纵情欢娱之态。尽管全词是以讽刺为主，但我们仍不难从中感受到那份独属于赤阑桥的风流意味。

从温庭筠“正是玉人肠断处，一渠春水赤阑桥”到周邦彦“当时相候赤阑桥，今日独寻黄叶路”，赤阑桥在诗词作品中频繁可见，虽然这一意象传递的情感有所不同，但总关涉才子佳人的风流韵事，与美好爱情的凄凄苦别有着不解之缘，这是赤阑桥在人们的精神世界中所展现的浪漫意象。而将诗中意象与现实真正融接起来，让赤阑桥能够因诗词而闻名者，应是南宋大词人姜夔。

姜夔，字尧章，号白石道人，他出生于饶州鄱阳（今江西鄱阳），是南宋著名的文学家、音乐家。姜夔一生清贫，四处流寓，随父宦居，十四岁时双亲俱去，只得依附已出嫁的姐姐生活，不断往来于汉阳与饶州之间。自幼漂泊的生活并未随年岁愈长而有所安定，二十余岁的姜夔仍似浮萍般不断奔波，往来于江淮等地，常为衣食生计发愁。当时，尽管他已经词名大盛，但命运并未对其有所眷顾。十年间四次科举不第的痛苦经历，彻底磨灭了姜夔心中的火焰，落魄之中，失意之时，汉阳亲友与饶州故交似乎都未能给予他温暖，反而让他的愁思与怅然更加无处安放。正当飘零游荡、遍寻无果之时，赤阑桥适时地出现在姜夔的生活中。

在淳熙三年（1176）至十三年（1186）这十年间，也就是姜夔二三十岁的时候，他曾几度往返于江苏、安徽等地，与合肥赤阑桥初相遇，还认识了歌女姐妹二人。合肥歌女不但没有嫌弃落魄的词人，还给予了他真诚的帮助。失意的姜夔，终于在合肥歌女的陪伴下感受到了人生的温情，在这座合肥南城的雕红小桥畔寻到了为之牵念一生的情缘。自此，姜夔这位落魄才子的孤独离索终于有了排遣之处，而赤阑桥畔也俨然成了他的第二故乡。

可少年情事总成悲，尽管姜夔与佳人互生情愫，意趣相合，留下了“小舫携歌，晚花行乐”的美好记忆，但仍不能改变其漂游零落的命运，初见时的美好也无可避免地变成了别离的伤感。直至数年之后的宋光宗绍熙元年（1190），姜夔第三次来到合肥，他临桥眺望合肥城，不禁心生凄然，慨叹不已，于是提笔写道：“客居合肥南城赤阑桥之西，巷陌凄凉，与江左异。惟柳色夹道，依依可怜。因度此阕，以纾客怀。”因而创制《淡黄柳》一曲：

空城晓角，吹入垂杨陌。马上单衣寒恻恻。看尽鹅黄嫩绿，都是江南旧相识。　　正岑寂。明朝又寒食。强携酒、小桥宅。怕梨花落尽成秋色。燕燕飞来，问春何在，唯有池塘自碧。

柳色映照中，词人身披薄衫，在晓角吹寒的清早旧地重游，眼前景色是曾经的“旧相识”，而物是人非，故人如何？词人强打起精神，携酒向故居走去，池塘自碧，燕子成对飞来，让他更觉一个人的孤寂。或许此景之中，只有记忆中锁窗朱户下的佳人与这依旧默默挺立的赤阑桥能让词人感受到一丝温暖吧？这一次，姜夔在赤阑桥畔寓居许久，留下了不少名篇佳句，如感叹繁华消尽与世事无常的《凄凉别》中的“合肥巷陌多种柳，秋风起兮骚骚然”。合肥城饱经战火摧残，唯有夹道柳色依依，恰似来时春色。在中国诗歌传统中，“柳”与“留”谐音，意为停留。不是“鹅黄嫩绿”看不尽，只是那两位佳人的倩影再也无处寻觅。姜夔也许想留得更久一些吧，他在描写合肥城的词作中，多采用柳的意象，或起兴，或作结，以此来表现对这座故城的幽思与深情。

记曾共、西楼雅集，想垂杨、还袅万丝金。（姜夔《一萼红·古城阴》）

绿丝低拂鸳鸯浦。想桃叶、当时唤渡。（姜夔《杏花天影》）

岑寂。高柳晚蝉，说西风消息。（姜夔《惜红衣·簟枕邀凉》）

似是每逢柳色处便可忆合肥旧景、赤阑情事，这座原本平平、有着赤栏杆的小桥，随同夹岸柳色与巷陌佳人一起，共同成了姜夔一生的牵绊。

宋光宗绍熙二年（1191），姜夔第三次辞别合肥姐妹，感伤而作《浣溪沙》，也是在这首词中，首次见到了词人对二姐妹直抒情怀的深思与怀念：

钗燕笼云晚不忺，拟将裙带系郎船，别离滋味又今年。
杨柳夜寒犹自舞，鸳鸯风急不成眠，些儿闲事莫萦牵。

“别情无处说，方寸是星河。”如燕般的钗饰轻挽着云发，晚来梳妆也无法解去将要离别的惆怅，裙带怎能系得兰舟将过。姜夔从佳人的视角来诉离别之苦，郎去不可留，但实则却是表现自己难以排解的牵挂。“裙带系郎船”，这般不切实际的愿景更多的是无尽的心酸。

非是不想留，更多的却是不能，在衣食忧虑之中，赤阑桥这一魂牵梦萦之地，虽说是第二故乡，但久居终而无凭。

同年，友人范仲讷归往合肥，姜夔作三首七绝辞别友人，诗中仍不忘牵怀合肥旧事：“我家曾住赤阑桥，邻里相过不寂寥。君若到时秋已半，西风门巷柳萧萧。”（《送范仲讷往合肥三首·其一》）

姜夔的友人要前往合肥，于是他便写了这首诗相送。合肥赤阑桥，本是姜夔一生中最为梦萦魂牵的地方，然而他在向友人描述赤阑桥畔的景致时，却只是貌似淡然地说了一句“西风门巷柳萧萧”。

姜夔生活的时代，正是南宋朝廷以屈辱求和赢得数十年太平的时候。姜夔曾经频繁往返的江苏、安徽一带，因为曾经遭受金兵的洗劫，已经是一片破败荒凉，这种国破家亡的感慨曾多次出现在姜夔的诗词作品中。但是就在这凄惨荒凉的合肥城中，安静平和的赤阑桥、桥畔柔情万种的柳和柳树下居住的合肥恋人曾经那样地温暖过他。“君若到时秋已半，西风门巷柳萧萧。”就因为这段恋情，清冷凄凉的合肥也变得如此令人牵挂了。

可是，世事难料，后来姜夔屡试不中，科举无望。青年时代与合肥恋人的山盟海誓渐渐成了无法兑现的诺言。想当年，他惜别恋人的时候，一定是握着恋人的手，许下过郑重的承诺：“等着我，我一定会再回来！”姜夔其实从来都没有忘记过对恋人的承诺，也从来没有忘记过分别时恋人对他的依依不舍与再三嘱托。可是，怀才不遇的姜夔，一生沉沦下僚，自己都居无定所，他又能拿什么去履行自己对恋人的诺言呢？

家住赤阑之时是姜夔一生难忘的时光，深深的眷恋之情让其留下了“未老刘郎定重到，烦君说与故人知”的句子，这不仅仅是承诺与期许，更是词人对自身漂泊无依的安慰。但可惜，自此一别，二十年风雨，姜夔再未回过合肥，那段情缘也永远成了如烟往事。“平生不会相思，才会相思，便害相思。”姜夔对合肥姐妹的思念并未因时空阻隔而消磨，反而是愈加深忆，且饱受相思之苦。既早知如此，是否真的还不如不识？姜夔持着这般疑问在庆元三年（1197）元宵日写下了《鹧鸪天》一词：

肥水东流无尽期。当初不合种相思。梦中未比丹青见，暗里忽惊山鸟啼。　　春未绿，鬓先丝。人间别久不成悲。谁教岁岁红莲夜，两处沉吟各自知。

这首词是姜夔少有的直抒胸臆之作，小序仅五字——“元夕有所梦”，却道尽凄苦，纸上相思不觉少，分明只向梦里见。以清峻峭拔语诉刻骨深情，借元夕衬情，一如“不见去年人，泪满春衫袖”般的怅惘便跃然于纸上，最终只留得“不合种相思”的漫漫长叹，宽慰抑或悔闷，合肥赤阑桥终究成了姜夔回不去的“故乡”。

姜夔飘摇一生，从“天寒白马渡，落日山阳村”到“家在马城西，今赋梅屏雪”，居无定所。但细细看来，这位落魄词人的情意似是从未离开过赤阑桥，这座不起眼的石桥深深地刻在了词人脑海之中，一刻也不曾忘记，哪怕千年烟雨之后，仍旧深刻在宋词之中。这是桥脱离形体的永恒之美，将世俗与美好想象相联系，集烟火气与缥缈的虚幻感为一体，构成了文化中的宝贵财富。无论是停于烟水窄巷中看人来人往，抑或是立于古渡洲头观世事浮沉，桥于此间，既承载着尘世的过客，又撑起了一片梦中的桃源，成为人们精神上长久的依托，让人们身处现实之中，却得以构思着心灵中通往精神世界的桥梁，探求着永恒不变的对美好人间的渴望，更增添了一份浪漫与想象。

桥的意义，在更多时候并不是仅限于陆地与陆地的连接，桥不仅连接着两乡的山水，更是游子的归途，是乡愁之所在。“风雨离山驿，断桥危欲颠。去心奔逸骥，行路上青天。”赤阑桥在近千年的风雨沧桑中，旧址早已不在，但其在宋词中仍旧氤氲着浪漫与凄迷，兀自伫立在合肥南城之中，见证着千百年的兴盛衰亡。这是独属于桥文化的魅力，稳固、跨越式的美感不仅存在于现实结构之中，更是诗词中的经典意象所在。

不知是赤阑桥成就了姜夔的永恒，抑或是传世的名作成就了赤阑桥，但至少，在千年之后，我们仍能记起那段合肥旧城的往事，多少次聆听“戍楼吹角”，多少次穿越“绿杨巷陌”，多少次重温与感叹赤阑桥边那段“为大乔、能拨春风，小乔妙移筝，雁啼秋水”的千古风流。

第七节　万里桥边女校书
——薛涛与万里桥

坐落在成都锦江岸边望江楼公园中的濯锦楼中悬挂着这样一副对联：

少陵茅屋，诸葛祠堂，并此鼎足而三；饰崇丽，荡漪澜，系客垂杨歌小雅。　　元相诗篇，韦公奏牍，总是关心则一；思贤才，哀窈窕，美人香草续离骚。

这副长联将望江楼与另外两处毗邻的著名人文古迹——杜甫草堂和武侯祠相提并论，认为此三者“鼎足而三”，而曾官至宰相的唐代著名诗人元稹与曾任剑南西川节度使的韦皋对下联中的“美人”也是“关心则一”。

这位隐含在对联中的举足轻重的人物，就是望江楼曾经的女主人——薛涛。

薛涛与李冶、鱼玄机、刘采春并称为唐代四大女诗人，其实在这四个人中，刘采春只有几首疑似的作品传世，薛、李、鱼才能称得上是真正的女诗人。除去诗人身份外，她们三位还拥有一个共同的身份——女道士，因此，她们又被并称为唐代女冠三杰。而薛涛，无疑又是三位唐代女诗人中获誉最多、在诗歌历史上地位最高的那一位。

尽管，她在唐代诗坛获得的赞誉并没有改变她悲情的一生。

虽然那个年代的女子不需要填履历表上的“出身”一栏，但是很多人的命运，似乎是从出生那一刻起就已经注定了的。贵族门第，书香渊源，都与薛涛无关。幼年丧父的她，沦落风尘似乎是天定的出路。“枝迎南北鸟，叶送往来风”，八九岁的小女孩，出口成诗，却成了她一生命运的谶言——即使她将要迎来送往的都是一代名士，那又如何？他们愿意欣赏她、爱慕她，甚至不惜用最华丽的文辞赞美她，让她的名字和他们一起流传千古，但，又有谁真正用心温暖过她，用肩膀给她爱的依靠？

薛涛（约770—832），字洪度，原本是长安良家女子，随入蜀为官的父亲薛郧迁居成都。父亲死后，孀居的母亲艰难地将她抚养成人。韦皋镇蜀，曾经召她侍酒赋诗，对她的才貌赞叹有加。甚至还有人言之凿凿地说，韦皋本欲上奏朝廷将薛涛辟为校书郎，可他的一位手下护军从事认为不可，因为让一位风尘女子堂而皇之地充任校书之职有违礼制，传出去也有损韦皋声望，韦皋这才作罢。这个传说恐怕不大靠谱。不过，薛涛虽然没有当成校书郎，她的"校书"之名不胫而走却是不争的事实，连唐代著名诗人王建都寄了这样一首诗给她：

万里桥边女校书，琵琶花里闭门居。扫眉才子知多少，管领春风总不如。（《寄蜀中薛涛校书》）

万里桥，位于成都市城南锦江之上。三国时费祎使吴，诸葛亮在这里为他饯行，费祎感叹道："万里之路，始于此桥。"于是此桥得名为万里桥。与万里桥结缘的历史名人不计其数，而最引人瞩目的当属这位"万里桥边女校书"薛涛。而且，从薛涛开始，后来的妓女就拥有了一个雅称——"校书"。

当年的万里桥早已不复存在，而今日成都的繁华仿佛依然能够再现当年万里桥上的车水马龙，那个传说中才貌双绝的"女校书"薛涛，又为万里桥增添了多少传奇斑斓的色彩？

与万里桥毗邻的浣花溪正是薛涛当年所居之处，由于她酷爱菖蒲花和琵琶花，她的居所便种满了这两种花。"琵琶花里闭门居"，这位画眉的女才子，不幸沦落风尘却依然孤标傲世。她的诗名与才名不知让多少男人望尘莫及，她同时也是那时无数男人的梦想，却没有任何男子能够成为她感情的最终归宿。《唐才子传》说她"性辨慧，调翰墨"，才华卓绝，还有人说她是"营妓之中尤物也"。她不光工诗，善书法，"其行书妙处，颇得王羲之法"，还"机警闲捷，座间谈笑风生"。有一次，黎州刺史在酒席上行令，要求所说句子中必带禽鱼鸟兽，刺史说了一句："有虞陶唐"（"虞""鱼"谐音），刺史官大，座客不敢说破，只能"忍笑不罚"。轮到薛涛时，只见她款款起身，盈盈一句："佐时阿衡。"嘴角含笑，隐隐似有揶揄之意。她只是陪酒乐妓，自然不会有人轻易饶过她，于是就有人质问："这四个字里哪有禽鸟鱼兽？错了令，该罚！"薛涛却不慌不忙地答道："衡字里面好歹还有一个小鱼子，请问刺史大人的'有虞陶唐'里鱼儿又在哪儿？！"宾客无不绝倒，独留刺史一脸讪笑。

关于薛涛的风流故事实在太多，在她的一生中，几乎那个时代官场和诗坛中最优秀的男人都与她有过交集，多少男人为一睹她的芳容而不惜散尽千金，"求见涛者甚众"，万里桥边当年的"车马流连"，有多少冠盖是只为她而来？仅仅在她留下来的诗集中，确凿可知与她有过交往的人，就有韦皋、高崇文、武元衡、王播、段文昌、杜元颖、李德裕等，其中不乏宰相、封疆大吏。薛涛在蜀，从韦皋始，历事十一位剑南节度使，每一位都对她推崇备至，赞赏有加。

和她唱和过的诗人则有刘禹锡、元稹等人。在她死后，李德裕写过《伤孔雀及薛涛》诗，刘禹锡也有《和西川李尚书伤孔雀及薛涛之什》，刘禹锡诗中有"玉儿已逐金环葬，翠羽先随秋草萎。唯见芙蓉含晓露，数行红泪滴清池"的句子，感伤一代红颜的陨落。白居易在读了刘禹锡的这首诗之后，感慨地说："乃至'金环''翠羽'之凄韵，每吟皆数四，如清光在前。"众多名士如此倾倒于她的万千风情，甚至还传出来她与元稹有一段死去活来的恋情，这段恋情其实很可能是莫须有，但毕竟描写薛涛倾城倾国的容光与才华的诗句还是出自元稹之手的。在元稹心目中，成都一前一后出过两位留名青史的才女，一位是汉代的卓文君，另一位就是薛涛了：

> 锦江滑腻峨嵋秀，幻出文君与薛涛。言语巧偷鹦鹉舌，文章分得凤凰毛。纷纷词客皆停笔，个个公侯欲梦刀。别后相思隔烟水，菖蒲花开五云高。（《寄赠薛涛》）

薛涛也有《寄旧诗与元微之》诗，其中有句云："诗篇调态人皆有，细腻风光我独知。月下咏花怜暗澹，雨朝题柳为欹垂。"好一个"细腻风光我独知"，真真恍若"红颜知己"与"蓝颜知己"间最隐秘的"心有灵犀"。或许正是因为这些惺惺相惜的诗句，大家就一厢情愿地想象着元大才子与薛大美人之间跨越十岁差距的、刻骨铭心的姐弟恋情，并且继续让元稹背负始乱终弃的负心汉的千古骂名。因为，就在薛涛全身心投入这段爱情的时候，元稹又早已陶醉在“言辞雅措风流足，举止低回秀眉多”的别的美貌诗妓的石榴裙下……先不说这样的“绯闻”是否真实，即便是真，也不能全怪元才子负心，实实在在是那个时代赋予了男人太多的特权。也难怪薛涛薄命，她的不幸不在于她是风尘女子（良家女子又如何？），而在于她居然忘记了自己是风尘女子——过客无数，她居然只对他动了真情。

她的不幸更在于，她忘了自己是风尘女子，可是他没忘，他们都没忘；他们爱她，可最多也就是把她当一个才貌双全的风尘女子来爱。

传说，在被元稹抛弃之后，万念俱灰的薛涛从此闭门谢客，迁居城内碧鸡坊，着女冠服，在凄凉寂寞中度过余生。

薛涛爱写诗，可惜成都的纸笺太宽大，而薛涛独爱小诗，书写殊为不便，于是她亲自动手，创制了一种更为窄小精美的深红色小彩笺，这种彩笺于是得名为“薛涛笺”，一时间成为诗坛最流行的诗笺，并且频频见诸诗人歌咏：“浣花笺纸桃红色，好好题诗咏玉钩。”（李商隐《送崔珏往西川》）“浣花溪上如花客，绿暗红藏人不识。留得溪头瑟瑟波，泼成纸上猩猩色。”（韦庄《乞彩笺歌》）……

“独坐黄昏谁作伴？怎教红粉不成灰？”薛涛的绝代风华如流星划过夜空，浣花溪边的万里桥却依然默默守候着她生前的荣光与死后的寂寞，猩红色的薛涛笺也依然可以传递孤独灵魂的咏叹。

其实，万里桥默默守候过的人，并非只有薛涛。在薛涛之前，一代诗圣杜甫也曾结草堂于浣花溪畔、万里桥边。杜甫草堂刚刚修建完成时，老杜就曾为此写下《狂夫》一诗描写万里桥的优美环境：“万里桥西一草堂，百花潭水即沧浪。风含翠篠娟娟净，雨浥红蕖冉冉香……”

和薛涛同时的著名诗人张籍也写过一首《成都曲》，盛赞万里桥的繁华美景：“锦江近西烟水绿，新雨山头荔枝熟。万里桥边多酒家，游人爱向谁家宿。”

然而，无论多少才子佳人曾经走过万里桥，万里桥上最亮的那颗星无疑还是薛涛，而且，只能是薛涛。

如今，曾经汩汩流淌的薛涛井早已枯涸封闭；望江楼里的薛涛墓只留下一座荒草萋萋的空冢；倾城倾国的芳华难觅踪影，只剩下依旧青翠的竹林，固执地诠释着寂寞的含义。

树若有情时，不会得青青如此！

而桥若有情，又当如何？

或者，薛涛自己并没有想过要“千古”，更没奢望过当年走过万里桥的她，在历史上竟然要与杜工部、诸葛丞相平分秋色，“鼎足而三”。她的一生，其实只是在切切地等待着一份真心实意的怜惜。

“万里桥头独越吟，知凭文字写愁心。”（薛涛《和郭员外题万里桥》）“越吟”，原本是说战国时期的庄舄虽为楚国贵臣，却始终不忘故乡越国，经常吟唱越国歌谣以寄托乡思，“越吟”后来就成了思乡之歌的代称。如今的万里桥，繁华早已不复昔日的模样，但站在车如流水马如龙的桥边，当我们的目光穿透被灯火照亮的璀璨夜色，是否还能依稀看到独自伫立在万里桥头的薛涛，看到溶溶月色下衣袂飘飘的她一等千年的芳姿？是否还能依稀听到拂过万里桥的夜风中，依然传送着她浅吟低唱的凄美歌谣：“双鱼底事到侬家，扑手新诗片片霞。唱到白苹洲畔曲，芙蓉空老蜀江花”（薛涛《酬杜舍人》）？

图书在版编目(CIP)数据

诗话桥／何旭辉，杨雨主编. —长沙：中南大学出版社，2021.7(2022.8 重印)

ISBN 978-7-5487-4519-8

Ⅰ. ①诗… Ⅱ. ①何… ②杨… Ⅲ. ①古建筑—桥—介绍—中国②古典诗歌—诗歌欣赏—中国 Ⅳ. ①K928.78②I207.22

中国版本图书馆 CIP 数据核字(2021)第 119405 号

诗话桥

何旭辉　杨　雨　主编

□**策划编辑**　刘颖维
□**责任编辑**　郑　伟
□**责任印制**　唐　曦
□**出版发行**　中南大学出版社
社址：长沙市麓山南路　　邮编：410083
发行科电话：0731-88876770　　传真：0731-88710482
□**印　　装**　湖南鑫成印刷有限公司

□**开　　本**　710 mm×1000 mm 1/16　□**印张** 20.75　□**字数** 302 千字
□**版　　次**　2021 年 7 月第 1 版　□**印次** 2022 年 8 月第 3 次印刷
□**书　　号**　ISBN 978-7-5487-4519-8
□**定　　价**　88.00 元